环境保护与可持续发展

主编　庞素艳　于彩莲　解　磊

主审　孙晓君　艾恒雨

科学出版社

北京

内 容 简 介

本书系统介绍了环境、环境问题及可持续发展战略的理论与实践。全书共十章，内容包括环境与环境问题、生态系统与生态破坏、人口和资源、环境污染、全球环境问题、可持续发展的由来与基本理论、可持续发展的评价指标体系、环境污染防治、循环经济与清洁生产、环境伦理观。本书的特点是将自然科学与社会科学融为一体，既揭露问题、总结教训，又阐明了解决问题、寻求发展的战略和措施。

本书可作为普通高等教育非环境专业普及环境知识的教材，同时还可供从事环境保护的管理人员和关注环境保护事业的热心人士阅读。

图书在版编目(CIP)数据

环境保护与可持续发展／庞素艳，于彩莲，解磊主编．—北京：科学出版社，2015.6

ISBN 978-7-03-045095-1

I. ①环… II. ①庞… ②于… ③解… III. ①环境保护－可持续性发展－研究 IV. ①X22

中国版本图书馆 CIP 数据核字(2015)第 132946 号

责任编辑：孟莹莹　张　震／责任校对：鲁　素
责任印制：吴兆东／封面设计：无极书装

科学出版社出版
北京东黄城根北街 16 号
邮政编码：100717
http://www.sciencep.com

北京华宇信诺印刷有限公司印刷
科学出版社发行　各地新华书店经销
*
2015 年 7 月第　一　版　开本：787×1092　1/16
2024 年 8 月第十一次印刷　印张：15
字数：350 000

定价：38.00 元

(如有印装质量问题，我社负责调换)

前　言

进入 21 世纪，人类在为科学技术的飞速进步和经济的迅猛发展而欢欣鼓舞时，也面临着严重环境问题的威胁和危害。全球的生态环境问题愈来愈引起世界各国政府和民众的重视。尤其是中国，经过改革开放 30 多年的快速发展，目前正处于国际上公认的环境高污染时期。解决经济增长和资源利用、环境保护的矛盾和问题，谋求人类经济、社会和生态的持续发展，已成为当代人类的历史使命。

我国政府十分重视资源、环境和发展的问题。自 1978 年以来，先后把实行计划生育和环境保护作为社会主义现代化建设的两项基本国策。20 世纪 90 年代初，又把科教兴国和可持续发展作为两项基本战略，并制定和实施了一系列行之有效的法律和政策。1994 年，制定并实施了《中国 21 世纪议程——中国 21 世纪人口、环境与发展白皮书》，这是我国可持续发展的总体战略方案，也是我国政府制定国民经济和社会发展中长期计划的指导性文件。

保护环境，必须成为全人类的一致行动。保护环境主要应改变发展的模式，将经济发展与环境保护协调起来，走可持续发展道路。从高层决策者到普通百姓，从工、农、商、学、兵各行业到政治、法律、经济、文化、科技各界，无一不与环境问题密切相关，尤其是青年一代，作为未来世界的主人，他们的意识、伦理、知识、信念，都将在很大程度上决定着世界的未来。

本书通过对自然环境和社会环境的描述，分析当今社会存在的环境问题；介绍生态系统的概念、组成及功能，阐述生态破坏的主要标志、原因及后果；通过对人口与资源的介绍，使大家了解人口发展状况和自然资源短缺的问题，并分析人口增长对自然资源的压力；重点阐述目前存在的严重环境污染现象及全球所面临的共同环境问题，论述对人类生活和健康造成的危害；基于国家的可持续发展战略，介绍可持续发展的由来，描述可持续发展的定义、内涵、基本原则及主要影响因素，从理论基础和评价方法方面论述评价可持续发展的指标体系；通过对环境保护的由来、概念、目的和任务进行介绍，详细阐述了环境污染防治的技术，包括水污染、大气污染、土壤污染、固体废弃物、物理性污染的处理技术及资源化方法；针对所存在的环境问题，提出清洁生产、循环经济的可持续发展途径；基于人类在处理与自然之间的关系时，何为正当、合理的行为以及人类对自然界应负有的义务等问题，详细阐述人类对自然的道德伦理观，介绍环境伦理观的由来、主要内容及与人类行为方式。

本书以向高等学校非环境类专业学生普及环境教育为出发点，力求做到章节层次分明、内容重点突出、概念理论清晰、应用实例丰富，力争使非环境类专业学生在研修本书后,不仅对环境和环境保护有深刻的认识,而且还能在以后的生产、管理、设计、研究等工作与生活中自觉地把环境保护放在重要地位,增强环境意识,具备可持续发展观。

全书共十章,第一、四、五、六、七、十章由庞素艳编写,第二、九章由于彩莲编写,第三、八章由解磊编写。全书由庞素艳统稿,孙晓君、艾恒雨主审。

本书内容广泛,因编者学术水平和经验所限,书中缺点和错误在所难免,敬请读者批评指正。

编者

2015 年 5 月

目　　录

第一章　环境与环境问题 …… 1
第一节　环境 …… 1
一、环境的分类及组成 …… 1
二、环境与人体健康 …… 7
第二节　环境问题 …… 14
一、环境问题的产生 …… 15
二、环境问题的分类 …… 17
阅读材料:地方病 …… 18
参考文献 …… 19
第二章　生态系统与生态破坏 …… 20
第一节　生态系统 …… 20
一、生态系统的概念 …… 20
二、生态系统的组成 …… 21
三、生态系统的结构 …… 23
四、生态系统的类型 …… 25
五、生态系统的功能 …… 29
第二节　生态平衡 …… 37
一、生态平衡的概念 …… 37
二、生态系统平衡的主要标志 …… 38
三、生态平衡的调节机制 …… 38
四、生态系统失衡 …… 40
第三节　生态破坏 …… 40
一、植被破坏 …… 41
二、水土流失 …… 42
三、土地荒漠化 …… 43
四、生物多样性减少 …… 45
阅读材料:外来物种入侵 …… 48
参考文献 …… 49
第三章　人口和资源 …… 50
第一节　世界人口发展状况与问题 …… 50
一、人口与人口过程 …… 50
二、世界人口发展状况 …… 51
第二节　中国人口发展状况与战略 …… 53
一、中国人口发展状况 …… 53
二、可持续发展的人口战略 …… 57
第三节　自然资源 …… 59
一、自然资源的分类 …… 59

二、中国自然资源的特点 …… 60
第四节　自然资源的短缺 …… 62
一、水资源短缺 …… 62
二、土地资源短缺 …… 64
三、能源短缺 …… 65
四、矿产资源短缺 …… 67
第五节　人口增长对自然资源的压力 …… 72
参考文献 …… 74
第四章　环境污染 …… 76
第一节　水污染 …… 76
一、水环境的主要污染物 …… 76
二、水污染源的分类 …… 79
三、水污染的危害 …… 80
四、中国水污染状况 …… 81
第二节　大气污染 …… 101
一、大气污染源及污染物 …… 101
二、几种典型的大气污染 …… 104
三、大气污染的危害 …… 107
四、中国的主要大气污染问题及趋势 …… 109
第三节　土壤污染 …… 112
一、土壤污染源及污染物 …… 113
二、土壤污染的影响和危害 …… 114
三、中国土壤污染状况 …… 116
第四节　固体废物及有害化学品污染 …… 118
一、固体废物来源、分类及特点 …… 118
二、固体废物的环境问题 …… 119
三、化学品及有害废物对人类的危害 …… 121
四、电子电器废物 …… 122
五、固体废物的越境迁移 …… 122
第五节　环境物理性污染 …… 123
一、噪声污染 …… 123
二、电磁污染 …… 125
三、热污染 …… 127
阅读材料:八大公害事件 …… 128
参考文献 …… 131
第五章　全球环境问题 …… 132
第一节　气候变化 …… 132
一、地球系统的能量平衡 …… 133
二、人类活动对气候变化的影响 …… 134
三、全球气候变化可能造成的影响 …… 136
第二节　臭氧层破坏 …… 137
一、臭氧层 …… 137

二、臭氧层损耗 …… 138
三、臭氧层破坏的原因 …… 139
四、臭氧层破坏的后果 …… 141
第三节　生物多样性锐减 …… 144
一、生物多样性 …… 144
二、生物资源 …… 146
三、生物多样性资源经济价值及其评价 …… 147
四、生物多样性锐减 …… 148
第四节　海洋污染 …… 152
第五节　持久性有机污染物 …… 155
一、持久性有机污染物的概念及特性 …… 155
二、持久性有机污染物的种类及来源 …… 156
三、持久性有机污染物的污染及危害 …… 158
阅读材料:物种多样性丢失实例 …… 158
参考文献 …… 160
第六章　可持续发展的由来与基本理论 …… 161
第一节　可持续发展的由来 …… 161
一、古代朴素的可持续性思想 …… 161
二、现代可持续发展思想的产生和发展 …… 162
第二节　可持续发展的内涵与基本原则 …… 165
一、可持续发展的定义 …… 165
二、可持续发展的内涵 …… 166
三、可持续发展的基本原则 …… 167
参考文献 …… 168
第七章　可持续发展的评价指标体系 …… 169
第一节　可持续发展指标体系的理论基础 …… 169
一、可持续发展体系的概念 …… 169
二、可持续发展指标体系构建的基本原则 …… 170
三、可持续发展指标体系的分类 …… 170
第二节　可持续发展的单一指标评价方法 …… 171
一、绿色 GDP、国家财富、真实储蓄率 …… 171
二、生态足迹评价方法 …… 174
三、其他评价方法 …… 175
第三节　可持续发展的多指标加权评价方法 …… 175
一、人类发展指数(HDI) …… 175
二、常规多指标加权评价方法 …… 178
参考文献 …… 179
第八章　环境污染防治 …… 180
第一节　水污染防治 …… 180
一、水污染防治的目标、任务与原则 …… 180

二、中国水污染防治的政策措施 …… 181
三、废水处理的基本方法 …… 182
第二节 大气污染防治 …… 188
一、中国大气污染的综合防治措施 …… 188
二、大气污染控制技术 …… 189
第三节 固体废物污染防治 …… 192
一、固体废物处理处置利用原则 …… 192
二、固体废物的全过程管理原则 …… 193
三、固体废物的处理处置技术 …… 195
第四节 物理性污染防治 …… 197
一、噪声污染防治 …… 197
二、电磁辐射污染防治 …… 198
三、热污染防治 …… 199
阅读材料:莱茵河流域治理对我国流域管理的启示 …… 200
参考文献 …… 202
第九章 循环经济与清洁生产 …… 203
第一节 循环经济 …… 203
一、循环经济的概念 …… 203
二、3R 原则 …… 204
三、我国循环经济实践 …… 204
第二节 清洁生产 …… 206
一、清洁生产的定义 …… 206
二、清洁生产的内涵 …… 207
三、清洁生产的实施途径 …… 209
参考文献 …… 215
第十章 环境伦理观 …… 217
第一节 环境伦理观的由来 …… 217
一、人类对自然态度的变化 …… 217
二、协调人类与环境的关系 …… 217
三、环境伦理观的产生 …… 218
第二节 环境伦理观的主要内容 …… 218
一、尊重与善待自然 …… 218
二、关心个人并关心人类 …… 221
三、着眼当前并思虑未来 …… 223
第三节 环境伦理观与人类行为方式 …… 224
一、环境伦理观对决策者行为的影响 …… 224
二、环境伦理观对企业家行为的影响 …… 228
三、环境伦理观对公众行为的影响 …… 229
参考文献 …… 230

第一章　环境与环境问题

第一节　环　　境

环境是一个内涵和外延都非常丰富的概念，因此对于环境的定义并不统一。从哲学的角度讲，环境是一个极其广泛的概念，是相对于某一中心事物的存在而存在的，与某一中心事物有关的周围事物，就是这个事物的环境，不同的中心事物有不同的环境范畴。用辩证唯物主义的眼光看，任何事物都不是孤立存在的，当某个事物被当成中心事物时，与它相关的事物就变成了该事物的环境，所以环境也就具有多样性和无限性。对环境科学而言，环境主要是指各种自然因素和社会因素的总称，即自然环境和社会环境[1]。

对于人类，环境是指围绕人们生存的各种外部条件和要素的总和，也就是每个人所面对的一切——脚下的大地、呼吸到的空气、喝到的淡水、吃到的食物以及所看到的各种自然和人文景观。人类是环境的产物，要依赖自然环境才能生存和发展；人类又是环境的改造者，通过社会性生产活动来利用和改造环境，使其更适合人类的生存和发展[1]。

《中华人民共和国环境保护法》把环境定义为“影响人类生存和发展的各种天然和经过人工改造的自然因素的总体，包括大气、水、海洋、土地、矿藏、森林、草原、野生动物、自然遗迹、人文遗迹、自然保护区、风景名胜、城市和乡村等”。这里所指的是作用于人类这一客体的所有外界事物，即对于人类来说，环境就是人类的生存环境[1,2]。

一、环境的分类及组成

环境科学将环境分为自然环境和社会环境。自然环境是社会环境的基础，而社会环境又是自然环境人化的结果。

自然环境是人类生存、生活和生产所必需的自然条件和自然资源的总称，包括空气、水、岩石、土壤、阳光、温度、气候、动植物、微生物等，以及一定的地理条件等自然因素的总和。自然环境是先于人类而存在的地表环境，自身的运行机制不以人类的意志为转移。因此，只可能有没有人类存在的自然环境，而不可能有没有自然环境存在的人类。自然环境是人类的母亲，人类保护环境就是保护自身的生存和发展[3]。

社会环境是指人类在自然环境的基础上，为不断提高物质和精神生活水平，通过长期有意识、有计划、有目的的社会劳动，加工和改造了自然物质、创造了物质生产体系、积累了物质文化等所形成的人工环境体系，是与自然环境相对的概念，如城市、村庄、工矿区等。社会环境一方面是人类精神文明和物质文明发展的标志，另一方面又随着人类文明的演进而不断地丰富和发展。社会环境的发展受到自然规律、经济规律和社会规律的支配和制约。人类在社会环境中从事着生产活动和生活活动，并且创造和利用着日益丰富的社会物质财富和精神财富，形成不断发展的社会文化，与此同时，人类的活动也对环境产生了相当大的影响，引发了环境问题[1]。

(一)自然环境

自然环境是一个复杂的、有机的、动态的、开放性巨大的系统。按构成因子可以把自然环境划分为大气圈、水圈、土壤圈、岩石圈和生物圈；按结构特征可划分为高纬度、中纬度、低纬度环境或山地环境、平原环境、湿地环境等；按生态类型则划分为陆生环境、水生环境、森林环境、草原环境等。根据自然环境和人类的相互作用关系，还可以把自然环境划分为原生自然环境、次生自然环境、人化自然环境或人工自然环境等[1]。

1. 大气圈

大气圈是指在地球引力作用下聚集在地球外部的气体包层，也称大气层或大气环境，是自然环境的组成要素之一，也是一切生物赖以生存的物质基础。大气圈的主要成分有：氮气，占 78.1%；氧气，占 20.9%；氩气，占 0.93%；还有少量的二氧化碳、稀有气体（氦气、氖气、氩气、氪气、氙气、氡气）和水蒸气。大气圈的空气密度随高度而减小，越高空气越稀薄。整个大气圈随高度不同表现出不同的特点，根据大气圈垂直距离的温度分布和大气组成的明显变化，从下至上可分为 5 层：对流层、平流层、中间层、热成层、逸散层。见图 1-1[4]。

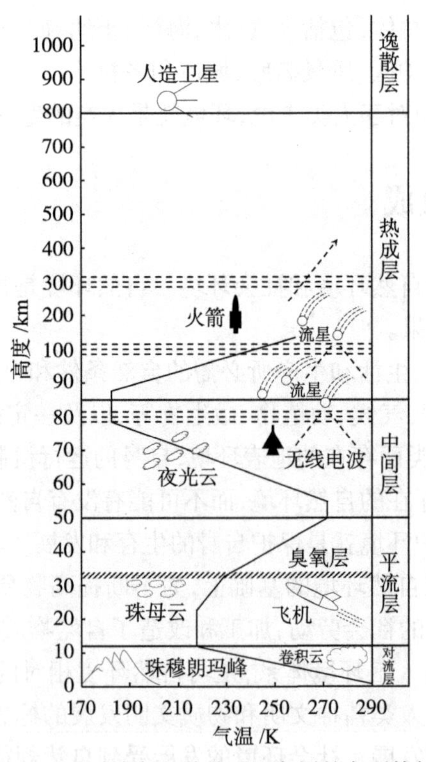

图 1-1 地球大气的热分层和各层的主要特征

（1）对流层

对流层位于大气圈的最低层，是空气密度最大的一层，直接与水圈、生物圈、土壤圈、岩石圈相接触。对流层厚度随地球纬度不同而有些差异，在赤道附近高 15~20km，在两极区高 8~10km，是大气圈中最活跃的一层，存在强烈的垂直对流作用和水平运动。对流层空气总质量的 95%和绝大多数的水蒸气、尘埃都集中在这一层。各种天气现象，如云、雾、霜、雷、电、雨、雪、冰、雹等都发生在这一层。在这一层气温随高度的增加而降低，大约每升高 1 000m 温度就下降 5~6℃，空气由上而下进行剧烈的对流，故称对流层。动植物的生存和人类的绝大部分活动都是在这一层，大气污染也主要发生在这一层，尤其在近地面 1~2km 范围内更为明显。

（2）平流层

平流层位于对流层顶至大约 50km 的高度，气流主要在水平方向上运动，对流现象较弱，空气比较稳定，大气是平稳流动的，故称为平流层。在较低的平流层内，温度上升十分缓慢，在 30km 以下是同温层，其温度在 −55℃左右，气流只有水平流动，而无垂直对流，并且在这里晴朗无云，很少发生天气变化，适合于飞机航行。在 20~30km 高空处，氧分子在紫外线作用下，形成臭氧层，太阳辐射的紫外线（$\lambda < 0.29\mu m$）几乎全部被臭氧吸收，像一道屏障保护着地球上的生物免受太阳高空离子的袭击。在 30km 以上，温度上升很快，在平流层顶 50km 处，最高温度可达 −3℃，空气稀薄，大气密度和压力仅为地表附近的 1/1 000~1/10，几乎不存在水蒸气和尘埃物质。

（3）中间层

中间层位于平流层顶，距地球表面 50~85km，这里的空气已经很稀薄，突出的特征是气温随高度增加而迅速降低，空气的垂直对流强烈。中间层顶最低温度可达 −100℃，是大气圈中温度最冷的一层。其原因是这一层几乎没有臭氧，而能被 N_2 和 O_2 等气体吸收的波长更短的太阳辐射大部分已被上层大气吸收。

（4）热成层

热成层位于中间层顶至 800km 的高度，强烈的紫外线辐射使 N_2 和 O_2 分子发生电离，成为带电离子或分子，使这层处于特殊的带电状态，所以又称电离层。在这一层里，气温随高度增加而迅速上升，这是因为所有波长小于 0.2μm 的紫外线辐射都被大气中的 N_2 和 O_2 分子吸收，在 300km 高度处，气温可达 1 000℃以上。电离层能使无线电波反射回地面，这对远距离通信极为重要。

（5）逸散层

高度 800km 以上的大气层统称为逸散层，气温随高度增加而升高，大气部分处于电离状态，质子的含量大大超过中性氢原子的含量。由于大气极其稀薄，地球引力场的束缚也大大减弱，大气物质不断向星际空间逸散，极稀薄的大气层一直延伸到离地面 2 200km 的高空，在此之外是宇宙空间。

在大气圈的这 5 个层次中，与人类关系最密切的是对流层，其次是平流层。离地面 1km 以下的部分为大气边界层，受地表影响较大，是人类活动的空间，大气污染主要发生在这一层。

2. 水圈

水圈是地球表层水体的总称。水体是由天然或人工形成的水的聚积体,包括海洋、江河、湖泊、冰川、积雪、地下水和大气圈中的水等。水圈中含有各种化学物质、溶解盐和矿质营养及有机营养物质等,为生物的生存、生活提供了不可缺少的物质条件。水圈分别以固态、液态、气态的形式分布于海洋、江河、湖泊、冰川、积雪、地下水和大气中,水的总量约为 $1.4\times10^{18}m^3$,其中海洋持有量约占水圈总量的97.5%,余下的约2.5%是淡水。淡水中的3/4以固体状态存在地球两极的冰盖和冰川中,只有约不到5%的水是供人类直接利用的液态淡水[1]。

水圈处于连续的运动状态。在太阳辐射和地球引力的作用下,水以固、液、气态的形式在地球水圈的各个部分进行着无休止的运动,形成自然界的水循环,见图1-2[1]。在太阳的照射下,地球上的水处于不间断的循环运动之中,海洋和陆地上的水受热蒸发形成水蒸气升入空中,成为大气水;大气水在适宜的条件下凝结为雨、雪、雾、冰雹降到地面、海洋或河流中;地面上的水汇入江、河、湖、海中,或渗入土壤成为地下水,或又直接蒸发进入大气,往复循环。在水的循环运动过程中,大气是水分的重要"运输工具"。由于地球上永不停息地进行大规模的水循环,才使得地球表面沧桑巨变,万物生机盎然。水循环是地球上最重要的物质循环之一,通过形态的变化、位置的迁移,起到了输送热量和调节气候的作用,同时还对地球物质运输和环境的形成、演化有着巨大的影响。

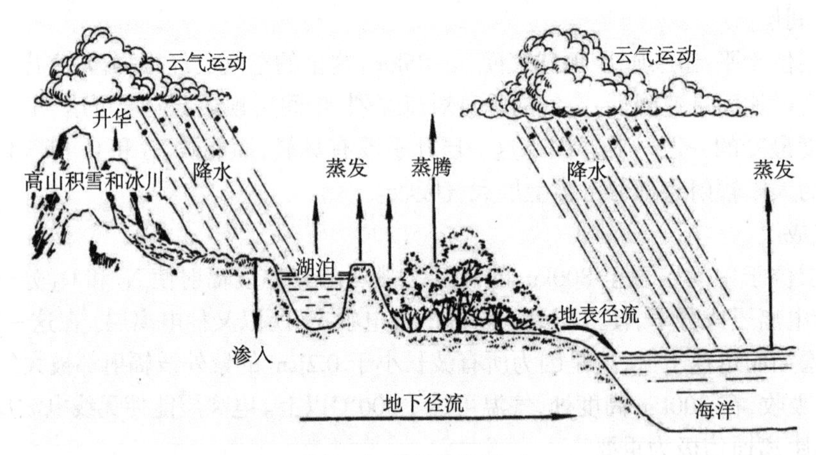

图1-2 水的自然循环

水对人类和生态环境的特殊意义[4]:

1)水是无色透明的,它允许部分太阳光中的可见光和波长较长的紫外线透过,使得光合作用所需的光能到达水面以下的一定深度,而对生物体有害的短波紫外线则被阻拦在外,对生活在水中的各种生物具有重要的意义。

2)水是一种极好的溶剂,为生命过程中营养物和废弃物的传输提供了最基本的媒介。水的介电常数在所有的液体中最高,使得大多数离子化合物能够在其中溶解并发生最大强度的电离,这对营养物质的吸收和生物体内各类生化反应的进行具有重要意义。

3)水的比热容是除液氨外所有液体和固体中最大的,蒸发热也极高。正是由于水的这种高比热容、高蒸发热的特性,地球上的海洋、湖泊、河流等水体,白天吸收太阳光热量,夜晚又将热量释放到大气中,避免了强烈的温度变化,使地表温度保持在一个相对恒定的范围内。月球表面都是岩石,石头的比热容只有水的20%,所以月球表面的气温变化可以从+120℃到-150℃。

3. 土壤圈

土壤是一层被覆于地球陆地表面,能供植物生长与繁殖的疏松表层。土壤圈是与大气圈、水圈同样重要的第三大环境因素。土壤具有肥力,可以提供和调节水、气、热和营养元素的能力,为植物的生长提供了必要的条件。

土壤圈是大气圈、水圈、生物圈、岩石圈相互作用的产物。土壤物质来源于这些圈层,以三种形态——固态、液态、气态存在着:固体部分包括有机物(来源于生物圈)和无机矿物(来源于岩石圈),液体部分为土壤溶液(水圈的组成部分),气体既包括大气中的气体,还包括土壤生物化学释放出来的气体(最终进入大气圈)。土壤是地壳表层长期演化形成的,是生命的温床,是复杂的生物-物理-化学体系。人类的生存与发展时刻离不开土壤这一宝贵资源,但是由于工业文明和社会经济的飞速发展,土壤面临着前所未有的危机,保持土壤使之可持续地被人类所利用已是迫在眉睫的任务。土壤圈与岩石圈关系十分密切,土壤是由岩石风化后在其他条件的作用下逐步形成的[1]。

土壤圈位于大气圈、水圈、岩石圈和生物圈的交换地带,除了为植物提供生长环境之外,还起到净化、降解、消纳各种污染物的功能。大气圈的污染物可降落到土壤中,水圈的污染物通过灌溉也可以进入土壤,当污染超过了其容纳的能力,土壤也会通过一定方式释放污染物,如通过地表径流的方式进入河流或渗入地下水使水圈受污染,或者通过气体交换将污染物扩散到大气圈,生长在土壤之上的植物吸收了被污染的土壤中的养分,其生长和品质也会受到影响[1]。

土壤圈对人类生存环境的重大意义是通过依赖土壤条件繁衍生息的动植物而间接实现的,主要是为人类的生存发展提供了动植物的衣食之源,为人类提供了生存活动的物质空间条件。人类活动的舞台基本上还是建立在土壤覆盖的地球表层。

4. 岩石圈

岩石圈是地球表面平均厚度约为33km的坚硬固体圈层,是组成地球表层最主要的物质,是人类生存环境中最下面的一个圈层,又是地球内部各圈层的最外层,对人类的发展也具有重要的价值,向人类提供了丰富的化石燃料和矿物原料。岩石圈的厚度各处并不一致,表面凸凹不平,在大陆部分平均厚度约为35km,大洋底部平均厚度5~10km不等;最厚的地方是我国的青藏高原,最薄处是太平洋底。相对于整个地球来说,岩石圈是薄薄的一层,就像水果皮一样,体积只有整个地球的1%,质量只有整个地球的0.4%左右[1,4]。

坚硬的岩石是由化学元素组成的,其中以氧、硅、铬、铁、钙、钠、镁、钾8种元素最多。

氧和硅以二氧化硅(SiO_2)的形式存在,占整个地壳重量的75%以上。岩石圈中各种化学元素对人类的生存有着极为重要的意义,医学界和生物界专家研究发现,人体的元素组成和地壳中的元素平均含量具有惊人的一致性,这绝不是一个无关紧要的偶然现象,而是说明人体构造最深厚的生物学原因来自地球本身。人是地表自然界衍生的,是地表自然元素结构的一种特殊表现形式,和地球本身是完全统一的。人类发生的很多疾病,特别是地方病,往往就是因为体内元素结构失衡,某些元素过多或过少造成的[1]。我国最典型的由于某种元素缺少而产生的地方病主要有地方性甲状腺肿(缺碘引起的智力障碍导致神经综合征)、克山病(缺硒引起的心肌病)、大骨节病(缺硒导致的骨节增大、个子矮小)等。

岩石圈和人类生存发展关系的另一个重要表现是构造运动形成的地下矿产资源的储存状况。人类已经发现的可利用矿物有3 000多种,达到开采利用水平的有150多种,其中,绝大部分在中国都有储存。特别是钨、锡、铜、锑、钛等的探明储量,中国均居世界第一位;作为非金属能源矿产资源的煤,中国的探明储量在世界上也占有重要地位。

5. 生物圈

生物圈是指地球上有生命活动的领域,是地球上凡是出现并感受到生命活动影响的地区,即地球上所有的生物,包括人类及生存环境的总体。生物圈是地球上最大的生态系统,包括从海平面以下10km到海平面以上9km的范围。在这个范围内有正常的生命存在,但绝大多数生物通常生存于地球陆地之上和海洋表面之下各约100m的范围内。生态系统内部不断进行着物质、能量和信息的交换和循环[1]。

生物圈是一个复杂的、全球性的开放体系,是一个生命物质和非生命物质的自我调节系统。它的形成是生物界与水圈、大气圈、岩石圈及土壤圈长期相互作用的结果。生物圈存在的基本条件[1]:

1)可以获得来自太阳的充足光能。因为一切生命活动都需要能量,而其基本来源是太阳能,绿色植物吸收太阳能合成有机物而进入生物循环。

2)要存在可被生物利用的大量液态水。几乎所有的生物都含有大量水分,没有水就没有生命。

3)生物圈内要有适宜生命活动的温度条件,在此温度变化范围内的物质存在气态、液态和固态三种状态。

4)提供生命物质所需的各种营养元素,包括氧气、二氧化碳、氮、碳、钾、钙、铁、硫等,它们是生命物质的组成或中介。

总之,地球上有生命存在的地方就属于生物圈,生物的生命活动促进了能量流动和物质循环,并引起生物的生命活动发生变化。生物要从环境中取得必需的能量和物质,就必须适应环境,环境发生了变化,又反过来推动生物的适应性。这种反作用促进了生物圈持续不断的变化。人的生存和发展离不开生物圈的繁荣,因此保护生物圈就是保护人类自己。

(二)社会环境

社会环境是在自然环境的基础上,人类通过长期有意识的社会劳动,加工和改造自然物质、创造物质生产体系、积累物质文化等所形成的环境体系,包括综合生产力(包括人等)、科学技术水平、人工构筑物、政治体制、社会行为、宗教信仰、民族文化等,也包括物质和精神产品乃至人与人之间的关系。按环境功能一般把社会环境分为以下几类[1]。

1)聚落环境:聚落是人类聚居的地方与活动的中心,可分为院落环境、村落环境和城市环境。

2)地理环境:围绕人类的自然现象的总体,位于地球的表层,即岩石圈、水圈、土壤圈、大气圈、生物圈相互制约、相互渗透、相互转化的交错带上,其厚度为10~30km。

3)地质环境:地理环境中除生物圈以外的其余部分,能为人类提供丰富的矿物资源。

4)宇宙环境:"宇"即上下四方,"宙"乃古往今来,"宇宙"即无限的时间和空间,目前人类所能观察到的空间范围已达100多亿光年的距离。环境科学中的宇宙环境是指大气圈以外的环境,又称为星际环境。

也可以把社会环境分为工业环境、农业环境、文化环境、医疗休养环境等。

二、环境与人体健康

人体与环境存在着密切的关系,人体与环境间每时每刻都有物质和能量的交换。人体通过呼吸、摄取水和营养物质以维持生长和发育。人体的物质组成与环境的物质组成具有很高的一致性, 如果人体与自然环境之间的能量或物质的协调关系受到了破坏,或者超出了平衡的范围,则会对人体的健康造成危害[1]。

(一)环境因素对人体的影响

1. 光对人体的生物学效应

光对人体的作用主要是光化学反应,照射到人体的光线被人体吸收后其能量发生转换,但吸收后的光量子能量转化结果并不相同。人体吸收波长较长的光线,如红光或红外光时,光的能量主要转变为分子的振动或转动能而产生热。波长较短的光线,如紫外线照射后,可使人体分子中的电子受激,电子激发可由分子中的一部分传递给另一部分,形成化学能及其他的能量形式。

1)紫外线是波长范围在40~400nm波段的电磁辐射。来自太阳的紫外线一般被臭氧层所吸收,较少直接到达地面,人们生活中遇到的紫外线多是人工的,如水银灯、强光灯、电弧灯。环境中紫外线的照射对人类的作用是两方面的,既有有益作用,也有不良作用。紫外线的有益作用表现在具有杀菌作用、抗佝偻病作用、增强机体免疫能力作用。人体不能缺少紫外线的照射,但如果照射的时间过长、剂量过大,则会对人体造成一定的损害。红斑是由紫外线造成的一种最常见的皮肤损伤,色素沉着是紫外线造成的一种较普遍的皮肤反应。较强的紫外线照射还有致癌作用,对眼睛也有损害作用,如在冰川或雪原环境由于光线反射很强,可引起所谓的“雪盲”,电焊工人如不注意保护,电光中的强烈紫外线会损害角膜,易患电光性眼炎。

2)红外线是太阳辐射中在 760~2 000nm 范围内的辐射。其主要生物作用为热效应,过强的红外线作用于机体,能使机体调节机制发生障碍,甚至因过热而发生皮肤烧伤。红外线也有色素沉着作用,较强的红外线辐射对眼睛也有一定的影响,远红外辐射可使角膜受热,感到眼睛疼痛,近红外线辐射则可作用于眼球晶状体,导致白内障。

3)可见光为太阳辐射中能使人产生光觉和色觉的部分,波长为 400~760nm,对高级神经系统有明显的作用。可见光对人体的影响是通过皮肤和视觉器官起作用的,与视觉功能有密切的关系,适宜的光线能预防视疲劳、近视,还可以改善人的一般感觉,调整情绪和提高劳动生产率。可见光中的蓝光能破坏胆红素,因此还具有治疗新生儿溶血性黄疸的作用。此外,可见光还能影响人体生殖过程、物质代谢,并使体温、内分泌等生理机能的节律发生变化。

2. 温度与人体的生理活动

人类属于恒温动物,具有调节体温变化的能力,保持体温就是调节机体与外界环境之间的热量交换。因此,人体的产热和散热等生理过程受到环境温度的直接影响,可见,过高或过低的环境温度则会对机体产生直接的损伤。

人体产热主要是体内氧化反应的结果。在静止休息状态,人体的基础代谢产热量为 7 500~9 600kJ/d;当人活动时,代谢率上升,产热量显著增加。环境温度对人体的代谢率也有影响,在寒冷环境中人的基础代谢率会提高以增加产热,而热环境中的基础代谢率也有一定程度的降低。因此,人体必须通过散热以保持体温的温度,人体散热的途径有辐射、对流、传导和蒸发四种。

1)辐射散热是人体以发射红外线的方式向体外传送热量。人体以辐射方式所散失的热量占人体散热总量的 40%~60%。

2)对流散热占人体全部散热量的 15%左右。由于大气的比热容很低,故贴近皮肤的空气层很快被加热。暖空气上升,冷空气补充代替,空气不断地做对流运动,体热也不断地向空气散失。

3)传导散热则是人体热量直接传送给与体表相接触物体的过程,当环境温度高于人体体温时,则会反过来向人体输送热量。

4)蒸发散热是身体表面的水分由液态转化为气态的蒸发过程,每克水分的蒸发能带走 2.42kJ 热量。蒸发可分为不感蒸发和出汗蒸发。不感蒸发并无出汗感觉,不易受体温调节中枢控制,但可随着人体的活动状态和外界气象条件而有变化。影响出汗的因素很多,主要有人的劳动强度和环境的温度、湿度和风速等条件,人体每日的出汗量因活动量和气象条件的不同而有较大的差别。

当外界环境温度等于或高于皮肤温度时,人体的热量是难以通过辐射、对流和传导方式散发的,蒸发便成为最重要的散热方式。人体虽有调节体温、维持热量平衡的能力,但这种调节能力是有限的。当环境温度急剧变化或在异常高温、低温条件下，可引起体温调节紧张或调节障碍，热量平衡维持困难。轻则感觉不适，影响工作效率，重则导致中暑或冻伤。

3. 湿度、气流和气压对人体的影响

空气中的相对湿度变化在气温适中时对人体的影响较小，当温度较低或是较高时，相对湿度对人体的热平衡影响较大。在气温较高时，人体主要依靠蒸发散热，如果相对湿度低，则有利于汗液的蒸发，体感温度会稍低，如果湿度过高，则会妨碍汗液的蒸发，不利于热量的散失，体感温度稍高。因此，高温、高湿环境对机体热平衡是很不利的。

气流对人体体温调节起到重要作用，决定人体的对流散热，并影响空气的蒸发力，从而影响蒸发的散热效率。当气温低于皮肤温度时，气流总是产生散热效果；当气温高于皮肤温度时，气流有作用相反的两方面效果，一方面气流可以增加蒸发力，提高散热效率，另一方面因增加气流速度增加了对流，从而促进对人体的加热过程。气流对人体的影响也可从人体的皮肤温度改变反映出来：低温时，气流加强散热效果，气流越快，散热亦增快，人就易感寒冷；高温条件下的作用较复杂，气流的实际影响效果与气温、湿度、排汗量等因素有关。气流还能够影响人的神经活动，温和的气流能提高人的紧张性，使人精神焕发。

气压随着海拔的增加越来越低，空气变得稀薄，人体肺内气体的氧分压也随之下降，血液中血红蛋白就不能被饱和，会出现血氧过少现象。在海拔 8 000~8 500m 高处，只有50%的血红蛋白与氧结合，生命将受影响。不同人体对高山低气压的生理反应不同，长期居住于高山的居民，与居住于平原而进入高山者的反应也不同。

4. 辐射、磁场对人体的影响

电离辐射是一切能引起物质电离的辐射。高速带电粒子 α 粒子、β 粒子、质子与物质接触时，能直接引起物质的电离，故属于直接电离粒子。γ 光子及中子等不带电的粒子，只能通过与物质作用产生的次级带电粒子引起物质电离，因而属于间接电离粒子。由直接或间接电离粒子，或两者混合组成的射线，总称为电离辐射。

电离辐射对活细胞的危害常常表现在电离和激发作用使细胞分子变得不稳定，从而导致化学键断裂和不良变化，或者生成许多在辐射前不存在的新分子，这些结果都会给生物体带来有害的后果。人体在短时间内受到大量电离辐射后(如核事故、核爆炸等)，能引起急性发病或死亡。

环境中的电离辐射，按其来源可分为天然辐射和人为辐射两类。地球自然环境中固有的各种辐射，称为天然辐射，或天然本底辐射。天然本底辐射主要包括宇宙射线和存在于地表物质中的天然放射性元素的辐射。天然辐射的强度除个别特殊高本底值区域外，各地的水平基本上差别不大。人为辐射是人类发现放射性现象后才出现的。尤其是近几十年来，由于核武器试验、核电站的发展以及放射性元素在各个领域的广泛应用，使环境中增加了许多的放射性物质，这已属环境污染的范围。天然辐射的强度比较低，一般情况下不会对人类造成明显的危害，但在一些特殊的高本底值环境中，天然辐射的强度会升高，从而对人体产生影响。

宇宙射线是一种从宇宙空间射到地球的高速粒子流，它由初级宇宙射线和次级宇宙射线组成。初级宇宙射线是指从宇宙空间射到地球高层大气中的原始辐射，由质子（约85%）、α粒子（约14%）和原子序数4~26的原子核及高能电子组成。初级宇宙射线的能量非常高，穿透力很强。原始宇宙辐射和大气层中物质原子核相互作用后产生次级宇宙射线。大气层对宇宙射线有强烈的吸收作用，因此在不同纬度和海拔，宇宙射线的强度不同。极地地区的强度高于赤道地区，海平面上的强度最弱，随海拔的增高，强度越来越大。

地球表层天然放射性元素的种类很多，在自然环境中的分布范围也很广。岩石、土壤、水、大气以及动植物体内都有天然放射性元素踪迹。其中影响较大的有铀（^{238}U）、钍（^{232}Th）、镭（^{226}Ra）、氡（^{222}Rn）、钾-40（^{40}K）、碳-14（^{14}C）和氢-3（^{3}H）等。地下水、矿泉水、井水由于长期与岩石和土壤接触，其放射性含量明显高于地表水。因此，以深层地下水和泉水、井水为饮用水源的地方，尤其是在富含放射性矿物的岩层或放射性矿床附近，应警惕饮用水中天然辐射的影响。

电磁辐射是电磁场能量以波的形式向外发射的过程。医学研究证明，长期处于高电磁辐射的环境中，血液、淋巴液和细胞原生质会发生改变。电磁辐射污染还会影响人体的循环系统、免疫、生殖和代谢功能，严重的还会诱发癌症，并会加速人体的癌细胞增殖。此外，电磁辐射还可导致儿童智力残缺。世界卫生组织认为，计算机、电视机、移动电话的电磁辐射对胎儿有不良影响。过高的电磁辐射污染会引起视力下降、白内障等，还会影响及破坏人体原有的生物电流和生物磁场，使人体内原有的电磁场发生异常。但不同的人或同一个人在不同年龄阶段对电磁辐射的承受能力是不一样的，老人、儿童、孕妇属于对电磁辐射的敏感人群。

如果生活环境中电磁辐射污染比较高，则必须采取相应的防护措施。一般家庭需要注意的是，不要把家用电器摆放得过于集中，以免使自己暴露在超剂量辐射的危险之中。特别是一些易产生电磁波的家用电器，如收音机、电视机、电脑、冰箱等更不宜集中摆放在卧室里。各种家用电器、办公设备、移动电话等都应尽量避免长时间操作，同时尽量避免多种办公和家用电器同时启用。手机接通瞬间释放的电磁辐射最大，在使用时应尽量使头部与手机天线的距离远一些，最好使用分离耳机和话筒接听电话。注意人体与办公和家用电器的距离，对各种电器的使用，应保持一定的安全距离，离电器越远，受电磁波侵害越小。如果住房临近高压线、变电站、电台、电视台、雷达站、电磁波发射塔，一定要请专家进行电磁辐射检测，如果经过检测发现超过国家规定标准，应采取措施。

人类所生活的环境本身就处在巨大的天然地球磁场中。地球磁场按成因有内、外两种。内磁场源于地球内部的物质流动，磁场的两极位于地球南北两极附近。外磁场由太阳活动形成。高强度的磁场能对人体造成损害。但除了一些人工设施（如电站、核反应堆、高压输电线）附近存在高强磁场外，天然磁场的强度一般要弱得多，不会对人体造成危害。但有报道称天然磁场的突然增强对人的神经系统有影响，神经性疾病和自杀的高峰期与磁暴有关。此外，很多研究也指出，在一般情况下，适当的磁场作用还能改善人体的生理功能。

(二)环境污染对人体的影响

1. 空气污染对健康的危害

人类活动排出的污染物扩散到空气中,当这种污染物浓度超过大气自净能力时便构成大气污染,直接或间接地影响人体健康。空气中的有害化学物质一般是通过呼吸道进入人体的,也有少数的有害化学物质经消化道或皮肤进入人体。

空气污染对健康的影响,取决于空气中有害物质的种类、性质、浓度和持续时间,也取决于人体的敏感性。例如,飘尘对人体的危害作用就取决于飘尘的粒径、硬度、溶解度和化学成分以及吸附在尘粒表面上的各种有害气体和微生物等。有害气体在化学性质、毒性和水溶性等方面的差异,也会造成危害程度的差异。另外,呼吸道各部分的结构不同,对毒物的阻留和吸收也不尽相同。一般来说,进入愈深、面积愈大、停留时间愈长,吸收量也愈大。

空气中化学污染物的浓度一般比较低,对居民主要产生慢性毒作用。但在某些特殊条件下,如工厂发生事故,使大量污染物骤然排出,或气象条件突然改变(如出现无风、逆温、放雾天气),或地理位置特殊(如地处山谷、盆地等)使大气中有害物质不易扩散,这时有害物质的浓度便会急剧增加,引起人群急性中毒,或使原来患有呼吸道慢性疾病和心脏病的居民病情恶化或死亡。直接刺激呼吸道的有害化学物质(如二氧化硫、硫酸雾、氯气、臭氧、烟尘)被吸入后,首先刺激上呼吸道黏膜表层的迷走神经末梢,引起支气管反射性收缩、痉挛、咳嗽、喷嚏和气道阻力增加。在毒物的慢性作用下,呼吸道的抵抗力会逐渐减弱,诱发慢性呼吸道疾病,严重的还可引起肺水肿和肺心性疾病。

空气中的无刺激性有害气体,由于不能为人体感官所觉察,危害比刺激性气体还要大,一氧化碳就是这样。一氧化碳通过呼吸道进入血液,可形成碳氧血红蛋白,造成低血氧症,使组织缺氧,影响中枢神经系统和酶的活动,出现头晕、头痛、恶心、乏力,严重时会昏迷致死。

空气中一些有害化学物质对眼睛、皮肤也有刺激作用,有的有臭味还可引起感官性状的不良反应。大气中某些有害化学物质还具有致癌作用。它们大部分是有机物,如多环芳烃及其衍生物,小部分是无机物,如砷、镍、铍、铬等。在严重污染城市的大气烟尘和汽车废气中,可检出三十多种多环芳烃组分,其中苯并芘的存在比较普遍,致癌性也最强。

在交通繁忙的地段,空气中的铅污染也十分严重。空气中的铅主要来源于汽车燃烧含铅汽油后由废气排放出的四乙基铅。空气中的铅主要以微粒状态存在,粒径多数小于0.5μm,很容易扩散。空气中的铅主要由呼吸道吸入人体,铅在人体内有蓄积作用,常以不溶性的磷酸铅形式沉积在骨骼内,肝、脑及其他脏器中也有少量的储存。轻度铅中毒的早期症状就是头晕、失眠、乏力、记忆衰退、关节疼痛,进一步发展则有腹痛、腹泻、食欲不振、手足麻木等。儿童对铅的毒害最敏感,受害者几乎多数有大脑麻痹、精神迟钝、癫痫和肾炎症状。

除了室外空气的污染之外，室内小环境中的空气污染对人体的危害也是不容忽视的。例如，吸烟产生的烟雾对人体造成的损害就是多方面的。据分析，一支纸烟燃烧后，产生的总烟量为400~500mg，含有4 000多种物质，其中有许多是具有刺激性、毒性和致癌成分的。香烟烟雾对人体损害最严重的是呼吸道，吸烟(主动和被动)是引起肺癌、肺气肿和慢性支气管炎的主要原因。烟雾对人体的血液循环也有不良作用。由于吸入的烟雾中含有的一氧化碳对血红蛋白的亲和力远大于氧，因此会造成心脏及其他器官的缺氧和缺血，烟雾中的儿茶酚胺还会增加血小板的黏滞度和血脂的浓度，促使血栓的生成和动脉粥样硬化。孕妇吸入烟雾对胎儿尤其不利，一氧化碳的摄入使母体的供氧能力下降，影响胎儿的正常发育，尼古丁则可透过血液进入胎儿体内损害肝脏，因此出生后的孩子智力一般较迟钝，病态较多[1]。

2. 水污染对健康的危害

未经处理或是处理不当的工业废水和生活污水排入水体，数量超过水体自净能力，就会造成水体污染，直接或间接危害人体健康[1]。

水是重要的环境因素之一，也是人体的重要组成成分。成年人体内含水量约占体重的65%，每人每日生理需水量2~3L。人体的一切生理活动，如体温调节、营养输送、废物排泄等都需要水来完成。水污染对人体健康的影响，主要有以下几方面。

1)引起急性和慢性中毒。水体受化学有毒物质污染后，人通过饮水或食物链便可能造成中毒，如甲基汞中毒(水俣病)、镉中毒(骨痛病)、砷中毒、铬中毒、氰化物中毒、农药中毒、多氯联苯中毒等。铅、钡、氟等也可对人体造成危害。这些急性和慢性中毒是水污染对人体健康危害的主要方面。

2)致癌作用。某些有致癌作用的化学物质，如砷、铬、镍、铍、苯胺、苯并芘和其他的多环芳烃、卤代烃污染水体后，可以在悬浮物、底泥和水生生物体内蓄积。长期饮用含有这类物质的水，或食用体内蓄积有这类物质的生物就可能诱发癌症。

3)发生以水为媒介的传染病。人畜粪便等生物性污染物污染水体，可能引起细菌性肠道传染病，如伤寒、副伤寒、痢疾、肠炎、霍乱、副霍乱等。肠道内常见的病毒如骨髓灰质炎病毒、柯萨奇病毒、人肠细胞病变孤病毒、腺病毒、呼肠孤病毒、传染性肝炎病毒等，皆可通过水污染引起相应的传染病。某些寄生虫病如阿米巴痢疾、血吸虫病、贾第虫病等，以及由钩端螺旋体引起的钩端螺旋体病等，也可通过水传播。

4)间接影响。水体污染后，常可引起水的感官性状恶化，如某些污染物在一般浓度下，对人的健康虽无直接危害，但可使水发生异臭、异味、异色、呈现泡沫和油膜等，妨碍水体的正常利用。铜、锌、镍等物质在一定浓度下能抑制微生物的生长和繁殖，从而影响水中有机物的分解和生物氧化，使水体的天然自净能力受到抑制，影响水体的卫生状况。

3. 土壤污染对健康的危害

土壤是各种废弃物的天然收容和净化处理场所。土壤污染主要是指土壤中收容的有机废弃物或含毒废弃物过多，影响或超过了土壤的自净能力，从而在卫生学上和流行病学上产生了有害的影响。

被病原体污染的土壤能传播伤寒、副伤寒、痢疾、病毒性肝炎等传染病。这些传染病的病原体随病人和带菌者的粪便以及他们的衣服、器皿的洗涤污水污染土壤。因土壤污染能传播寄生虫病,如蠕虫病、蛔虫病和钩虫病等,当人与土壤直接接触,或生吃被污染的蔬菜、瓜果,就容易感染这些寄生虫病。土壤对传播这些寄生虫病起着特殊的作用,因为在这些寄生虫的生活史中,有一个阶段必须在土壤中度过。例如,蛔虫卵一定要在土壤中发育成熟,钩虫卵一定要在土壤中孵出钩蚴才有感染性等。有些人畜共患的传染病或与动物有关的疾病,也可通过土壤传染给人,如钩端螺旋体在中性或弱碱性的土壤中能存活几个星期,并可通过黏膜、伤口或被浸软的皮肤侵入人体,使人致病;炭疽杆菌芽孢在土壤中能存活几年甚至几十年;破伤风杆菌、气性坏疽杆菌、肉毒杆菌等病原体,也能形成芽孢,长期在土壤中生存。此外,被有机废弃物污染的土壤,是蚊蝇滋生和鼠类繁殖的场所,而蚊、蝇和鼠类又是许多传染病的媒介。因此,被有机废弃物污染的土壤,在流行病学上被视为特别危险的物质。有毒的化学物质,如镉、汞、铬、铅等重金属以及各类农药,进入土壤后往往都容易积蓄,或有较长时间的停留期。如果它们在土壤中的含量超过了一定的水平,则会通过生物链污染农作物,从而产生对人体健康的损害。

4. 食品污染对健康的危害

食品中混入对人体健康有害或有毒的物质,称为食品污染。食用受污染的食品会对人体造成不同程度的危害。

食品的污染主要有生物性污染和化学性污染两大类。生物性污染主要是由有害微生物及其毒素、寄生虫及其虫卵和昆虫引起的。鱼、蛋、奶等动物性食品较易被致病微生物及其毒素污染。微生物可通过空气、水、土壤、食具、动物和人等媒介污染食品。食品中的化学污染物有重金属、有机氯、有机磷、氰化物、亚硝酸盐和亚硝胺、防腐剂、色素以及一些无机和有机的化合物,它们主要来源于农用药物、工业“三废”、不合理的食品加工、包装过程。

食品污染对人体健康的危害有多方面的表现。一次大量摄入受污染的食品,可引起急性中毒,即食物中毒,如细菌性食物中毒、农药食物中毒和霉菌毒素中毒等。长期少量摄入含污染物的食物,可引起慢性中毒。造成慢性中毒的原因较难追查,而影响又更广泛,所以应格外重视。

某些食品污染物还具有致突变作用。如突变发生在生殖细胞,可使正常妊娠发生障碍,甚至不能受孕,胎儿畸形或早死;如突变发生在体细胞,可使在正常情况下不再增殖的细胞发生不正常增殖而构成癌变的基础。与食品有关的致突变物有苯并芘、黄曲霉毒素、DDT、狄氏剂和烷基汞化合物等。有些食品污染物可诱发癌肿,如以黄曲霉毒素 B_1 的发霉玉米或花生饲养大鼠,可诱发肝癌。与食品有关的致癌物有多环芳烃化合物、芳香胺类、氯烃类、亚硝胺化合物、无机盐类(某些砷化合物等)、黄曲霉毒素 B_1 和生物烷化剂(如高度氧化油脂中的环氧化物)等。

5. 噪声对健康的危害

噪声是一种广泛存在的污染形式。它虽不像大气、水、土壤和食品污染那样表现为具体污染物质对人体的作用,但其对健康的危害也是非常严重的,造成的后果也是多方面的。噪声级为30~40dB是比较安静的正常环境;超过50dB就会影响睡眠和休息,由于休息不足,疲劳不能消除,正常生理功能会受到一定的影响;70dB以上干扰谈话,造成心烦意乱,精神不集中,影响工作效率,甚至发生事故;长期工作或生活在90dB以上的噪声环境,会严重影响听力和导致其他疾病的发生。

听力损伤有急性和慢性之分。接触较强噪声,会出现耳鸣、听力下降,只要时间不长,一旦离开噪声环境后,很快就能恢复正常,称为听觉适应。如果接触强噪声的时间较长,听力下降比较明显,则离开噪声环境后,就需要几小时,甚至十几到二十几小时的时间才能恢复正常,称为听觉疲劳。这种暂时性的听力下降仍属于生理范围,但可能发展成噪声性耳聋。如果继续接触强噪声,听觉疲劳不能得到恢复,听力持续下降,就会造成噪声性听力损失,成为病理性改变。这种症状在早期表现为高频段听力下降,此时患者主观上并无异常感觉,语言听力也无影响,称为听力损伤。病情如进一步发展,听力曲线将继续下降,并以4 000Hz为中心向两侧扩展,波及语言频段,当达到国际标准化组织(ISO)规定的500Hz、1 000Hz、2 000Hz,听力下降平均超过25dB时,将出现语言听力异常,主观上感觉会话有困难,称为噪声性耳聋。根据语言听力下降程度,耳聋分为三级:轻度(26~55dB)、中度(56~70dB)和重度(71~90dB)。

病理检查可以发现耳蜗的螺旋器出现退行性变化,毛细胞退化和消失。病变开始局限于耳蜗底部,后期波及全耳蜗。患者除有听觉障碍外,又有耳鸣、耳聋和头晕等症状。此外,强大的声暴,如爆炸声和枪炮声,能造成急性爆震性耳聋,出现鼓膜破裂,中耳小听骨错位,韧带撕裂、出血,听力部分或完全丧失。主观症状有耳痛、眩晕、头痛、恶心及呕吐等。

噪声除损害听觉外,也影响其他系统。神经系统表现为以头痛和睡眠障碍为主的神经衰弱症候群;心血管系统出现血压不稳(大多数增高),心率加快,心电图有改变(窦性心律不齐,缺血性改变);胃肠系统出现胃液分泌减少,蠕动减慢,食欲下降;内分泌系统表现为甲状腺机能亢进,肾上腺皮质功能增强,性机能紊乱,月经失调等[1]。

第二节　环境问题

环境问题是指作为中心事物的人类与作为周围事物的环境之间的矛盾。人类生活在环境中,其生产和生活不可避免地对环境产生影响。这些影响有些是积极的,对环境起到改善和美化的作用;有些是消极的,对环境起到退化和破坏的作用。另外,自然环境也从某些方面限制和破坏人类的生产和生活。因此,人类与环境之间相互的消极影响就构成了环境问题。

一、环境问题的产生

从人类诞生开始就存在着人与环境的对立统一关系，就出现了环境问题。从古至今，随着人类社会的发展，环境问题也在发展变化，大体上经历了4个阶段[2]。

1. 环境问题萌芽阶段（工业革命以前）

人类在诞生以后很长的岁月里，只是靠采集野果和捕猎动物为生，那时人类对自然环境的依赖性非常大。人类主要是以生活活动、生理代谢过程与环境进行物质和能量转换，主要是利用环境，而很少有意识地改造环境。如果说那时也发生"环境问题"的话，则主要是由于人口的自然增长和盲目的乱采乱捕、滥用资源而造成生活资料缺乏，引起的饥荒问题。为了解除这种环境威胁，人类被迫学会了吃一切可以吃的东西，以扩大和丰富自己的食谱，或是被迫扩大自己的生活领域，学会适应在新的环境中生活的本领。

随后，人类学会了培育植物和驯化动物，开始发展农业和畜牧业，这在生产发展史上是一次伟大的革命——农业革命。而随着农业和畜牧业的发展，人类改造环境的作用也越来越明显地显示出来，但与此同时也发生了相应的环境问题，如大量砍伐森林、破坏草原、刀耕火种、盲目开荒，往往引起严重的水土流失、水旱灾害频繁和沙漠化；又如兴修水利、不合理灌溉，往往引起土壤的盐渍化、沼泽化，以及某些传染病的流行。在工业革命以前虽然已出现了城市化和手工业作坊（或工场），但工业生产并不发达，由此引起的环境污染问题并不突出。

2. 环境问题的发展恶化阶段（工业革命至20世纪50年代前）

随着生产力的发展，在18世纪60年代至19世纪中叶，生产发展史上又出现了一次伟大的革命——工业革命。它使建立在个人才能、技术和经验之上的小生产被建立在科学技术成果之上的大生产所代替，大幅度地提高了劳动生产效率，增强了人类利用和改造环境的能力，大规模地改变了环境的组成和结构，从而也改变了环境中的物质循环系统，扩大了人类的活动领域，但与此同时也带来了新的环境问题。一些工业发达的城市和工矿区的工业企业，排出大量的废弃物污染了环境，使污染事件不断发生。1930年12月，比利时马斯河谷工业区工厂排出的含有SO_2的有害气体，在逆温条件下造成了几千人发病、60多人死亡的严重大气污染事件。1943年5月至1955年9月，美国洛杉矶市汽车排放的碳氢化合物和NO_x在太阳光的作用下，产生了光化学烟雾，造成很多居民患病、400多人死亡的严重大气污染事件。如果说农业生产主要是生活资料的生产，它在生产和消费中所排放的"三废"是可以纳入物质的生物循环，而能迅速净化、重复利用的，那么工业生产除生产生活资料外，还大规模地进行生产资料的生产，把大量深埋在地下的矿物资源开采出来，加工利用后投入环境之中，许多工业产品在生产和消费过程中排放的"三废"，都是生物和人类所不熟悉并且难以降解、同化和忍受的。总之，蒸汽机的发明和广泛使用之后，大工业日益发展，生产力有了很大的提高，环境问题也随之发展且逐步恶化。

3. 环境问题的第一次高潮（20 世纪 50 年代至 70 年代）

环境问题的第一次高潮出现在 20 世纪 50~70 年代。20 世纪 50 年代以后，环境问题更加突出，震惊世界的公害事件接连不断，如 1952 年 12 月的伦敦烟雾事件（由居民燃煤取暖排放的 SO_2 和烟尘遇逆温天气，造成 5 天内死亡人数达 4 000 人的严重的大气污染事件）；1953~1956 年日本的水俣病事件（由水俣湾镇氮肥厂排出的含甲基汞的废水进入了水俣湾，人食用了含甲基汞污染的鱼、贝类，造成神经系统中毒，病人口齿不清、步态不稳、面部痴呆、耳聋眼瞎、全身麻木，最后精神失常，患者达 180 人，死亡达 50 多人）；1955~1972 年日本的骨痛病事件（由日本富山县炼锌厂排放的含镉废水进入了河流，人喝了含镉的水，吃了含镉的米，造成关节痛、神经痛和全身骨痛，最后骨脆、骨折、骨骼软化，饮食不进，在衰弱疼痛中死去，可以说是惨不忍睹。患者超过 280 人，死亡人数达 34 人）；1961 年日本的四日市哮喘病事件（由四日市石油化工联合企业排放的 SO_2、碳氢化合物、NO_x 和飘尘等污染物造成的大气污染事件，导致支气管哮喘、肺气肿的患者超过 500 多人，死亡人数达 36 人）等。这些震惊世界的公害事件，形成了第一次环境问题高潮。第一次环境问题高潮产生的原因主要有两个。

其一是人口迅猛增加，都市化的速度加快。刚进入 20 世纪时世界人口为 16 亿，至 1950 年增至 25 亿（经过 50 年人口约增加了 9 亿）；50 年代之后，1950~1968 年仅 18 年间就由 25 亿增加到 35 亿（增加了 10 亿）；而后，人口由 35 亿增至 45 亿只用了 12 年（1968~1980 年）。1900 年拥有 70 万以上人口的城市，全世界有 299 座，到 1951 年迅速增到 879 座，其中百万人口以上的大城市约有 69 座。在许多发达国家中，有半数人口住在城市。

其二是工业不断集中和扩大，能源的消耗大增。1900 年世界能源消费量还不到 10 亿 t 煤当量，至 1950 年就猛增至 25 亿 t 煤当量，到 1956 年石油的消费量也猛增至 6亿 t，在能源消费总量中所占的比例加大，又增加了新污染。大工业的迅速发展逐渐形成大的工业地带，而当时人们的环境意识还很薄弱，第一次环境问题高潮的出现是必然的。

当时，工业发达国家的环境污染已达到严重的程度，直接威胁到人们的生命和安全，成为重大的社会问题，激起广大人民的不满，也影响了经济的顺利发展。1972 年的斯德哥尔摩人类环境会议就是在这种历史背景下召开的。这次会议对人类认识环境问题来说是一个里程碑。工业发达国家把环境问题摆上了国家议事日程，采取了一系列行动，包括制定法律、建立机构、加强管理、采用新技术，20 世纪 70 年代中期，环境污染得到了有效控制，城市和工业区的环境质量有了明显改善。

4. 环境问题的第二次高潮（20 世纪 80 年代以后）

第二次环境问题高潮是伴随全球性环境污染和大范围生态破坏，在 20 世纪 80 年代初开始出现的。人们共同关心的影响范围大和危害严重的环境问题有 3 类。

1）全球性的大气污染，如“温室效应”、臭氧层破坏和酸雨。

2）大面积的生态破坏，如大面积森林被毁、草场退化、土壤侵蚀和荒漠化。

3)突发性的严重污染事件,如印度博帕尔农药泄漏事件(1984 年 12 月)、苏联切尔诺贝利核电站泄漏事故(1986 年 4 月)、莱茵河污染事故(1986 年 11 月)等。在 1979~1988 年间这类突发性的严重污染事故就发生了 10 多起。

这些全球性大范围的环境问题严重威胁着人类的生存和发展，不论是广大公众还是政府官员,不论是发达国家还是发展中国家,都普遍对此表示不安。1992 年里约热内卢环境与发展大会正是在这种社会背景下召开的,这次会议是人类认识环境问题的又一里程碑。

环境问题出现的两次高潮有很大的不同,有明显的阶段性。

1)影响范围不同。第一次高潮主要出现在工业发达国家,重点是局部性、小范围的环境污染问题,如城市、河流、农田污染等;第二次高潮则是大范围,乃至全球性的环境污染和大面积生态破坏。这些环境问题不仅对某个国家、某个地区造成危害,而且对人类赖以生存的整个地球环境也造成危害。这不但包括了经济发达的国家,也包括了众多的发展中国家。发展中国家不仅认识到全球性环境问题与自己休戚相关,而且本国面临的诸多环境问题,特别是植被破坏、水土流失和荒漠化等生态恶性循环,是比发达国家的环境污染危害更大、更难解决的环境问题。

2)就危害后果而言,第一次高潮人们关心的是环境污染对人体健康的影响,环境污染虽也对经济造成损害,但问题还不突出;第二次高潮不但明显损害人类健康,每分钟因水污染和环境污染而死亡的人数全世界平均达到 28 人，而且全球性的环境污染和生态破坏已威胁到全人类的生存与发展,阻碍经济的持续发展。

3)就污染源而言,第一次高潮的污染来源尚不太复杂,较易通过污染源调查弄清产生环境问题的来龙去脉。只要一个城市、一个工矿区或一个国家下决心采取措施,污染就可以得到有效控制。第二次高潮出现的环境问题,污染源和破坏源众多,不但分布广,而且来源复杂,既来自人类的经济再生产活动,也来自人类的日常生活活动;既来自发达国家,也来自发展中国家。解决这些环境问题只靠一个国家的努力很难奏效,要靠众多国家,甚至全球人类的共同努力才行,这就极大地增加了解决问题的难度。

4)第二次高潮的突发性严重污染事件与第一次高潮的“公害事件”也不相同。一是带有突发性,二是事故污染范围大、危害严重、经济损失巨大。例如,印度博帕尔农药泄漏事件,受害面积达 $40km^2$。据美国一些科学家估计,该事件中死亡人数在 0.6 万~1 万人,受害人数为 10 万~20 万人,其中有许多人双目失明或终生残废,直接经济损失数 10 亿美元。

二、环境问题的分类

第一类环境问题又称原生环境问题，是指没有受人类活动影响的原生自然环境中，由于自然界本身的变异所造成的环境破坏问题,即自然界固有的不平衡性。太阳辐射变化产生的台风、干旱、暴雨;地球热力和动力作用产生的火山、地震等;地球表面化学元素分布不均,导致局部地区某种化学元素含量的过剩或不足,引起各种类型的化学性疾病。

第二类环境问题又称为次生环境问题,是指由于人类的社会经济活动造成对自然环境的破坏,改变了原生环境的物理、化学或生态学的状态。例如,人类工农业生产活动和生活过程中废弃物的排放造成大气、水体、土壤、食品的物质组分变化;对矿产资源不合理开发造成的气候变暖、地面沉降、诱发地震等;大型工程活动造成的环境结构破坏,对森林的乱砍滥伐、草原的过度放牧造成的沙漠化问题;不适当的农业灌溉引起的土壤变质;对动物的捕杀,造成种群的减少问题等。

第三类环境问题是指社会环境本身存在的问题,主要是人口发展、城市化及经济发展带来的社会结构和社会生活问题。人口无计划增长带来住房和交通拥挤、燃料和物质供应不足等问题而使生活质量降低,风景区及文物古迹遭到破坏等[5]。

阅读材料:地方病

1. 地方性克汀病

世界上流行最广泛的一种地方病,其症状主要是以甲状腺肿大为病症。该病的产生主要是由自然环境缺碘、人体摄入碘量不足而引起的。婴幼儿及青年在生长发育期间缺碘,会导致大脑发育不全,智力低下。目前在我国,除少数地区外普遍缺碘,病区县达 2 812 个,仅陕西省目前 107 个县都是缺碘地区,受害人口达 3 480 余万。在陕西秦巴地区,因缺碘引起的痴、呆、傻患者达 20 万人。当地流传的一首民谣说:"一代甲、二代傻、三代四代断根芽。"缺碘性甲状腺肿最严重的并发症是地方性克汀病。

2. 克山病

一种以心肌坏死为主要症状的地方病,因 1935 年最早在我国黑龙江省克山县发现而得此名。患者发病急,心肌受损,引起肌体血液循环障碍、心律失常、心力衰竭,死亡率较高。克山病区居民的头发和血液中硒的含量均显著低于非病区。该病在我国 15 个省区流行,从兴安岭、太行山、六盘山到云贵高原的山地和丘陵一带。据 2008 年《中国环境状况公报》统计,至 2008 年年底,克山病病区县 327 个,病区人口 1.32 亿,现症患者 4.12 万。

3. 大骨节病

一种地方性、变形性骨关节病,表现为骨节增大、个子矮小等缺硒导致。大骨节病在国外主要分布于西伯利亚东部和朝鲜北部,在我国分布范围大,从东北到西南的广大地区均有发病,主要发生于黑、吉、辽、陕、晋等省,多分布于山区和半山区,平原少见。各个年龄组都可发病,以儿童和青少年多发,成人很少发病,性别无明显差异。据 2008 年《中国环境状况公报》统计,至 2008 年年底,大骨节病病区县 366 个,病区人口 1.05 亿,现症病人 71.48 万,累计控制(消灭)县数 208 个。

4. 地方性氟中毒

氟是人体所必需的微量元素,通常每人每日需氟量为 1.0~1.5mg。氟中毒的患病率与饮水中的含氟量有密切关系。饮用水中含氟量高于 1.0mg/L 以上,氟斑牙患病率就会上升。因为摄入过量的氟,在体内与钙结合形成 CaF_2,沉积于骨骼与软组织中,使血钙降低。CaF_2 的形成会影响牙齿的钙化,使牙釉质受损。此外,由于 F^- 与 Ca^{2+}、Mg^{2+} 结合,使 Ca^{2+}、

Mg^{2+}减少，一些需要Ca^{2+}、Mg^{2+}的酶的活性受到抑制。如果饮水中的含氟量高于4.0mg/L以上，则出现氟骨病，表现为关节痛，重度患者会关节畸形，造成残废。在我国氟骨病主要流行于贵州、内蒙古、陕西、山西、甘肃等地。据2008年《中国环境状况公报》统计，至2008年年底，全国饮水型地方性氟中毒病区县1 135个，病区村数12.7万个，病区村人口8 739.3万，饮水引起的氟骨症患病人数140.1万，基本控制县182个，累计防治受益人口4 132.9万。

5. 地方性砷中毒

砷作为一种类金属元素，在地壳中的含量约为0.000 5%，主要以硫化物的形式存在。地方性砷中毒是由于长期自饮用水中摄入过量的砷而引起的一种生物地球化学性疾病。主要表现为末梢神经炎、皮肤色素异常、掌跖部位皮肤角化、肢端缺血坏疽、皮肤癌变，是一种伴有多系统、多脏器受损的慢性全身性疾病。据2008年《中国环境状况公报》统计，至2008年年底，饮水型地方性砷中毒病区县41个，病区村数628个，病区村人口数58.7万，患病数1.7万人，累计饮水型地方性砷中毒改水村数523个，受益人口37.7万。

参考文献

[1] 张一鹏. 环境与可持续发展. 北京: 化学工业出版社，2008.

[2] 曲向荣. 环境保护与可持续发展. 北京: 清华大学出版社，2010.

[3] 周国强，张青. 环境保护与可持续发展概论(第二版).北京: 中国环境科学出版社，2010.

[4] 钱易，唐孝炎. 环境保护与可持续发展. 北京: 高等教育出版社，2000.

[5] 郎铁柱，钟定胜. 环境保护与可持续发展. 天津: 天津大学出版社，2005.

第二章　生态系统与生态破坏

第一节　生 态 系 统

一、生态系统的概念

生态系统的概念是由英国生态学家坦斯利(A. G. Tansley,1871–1955)在1935年提出来的。他认为:"生态系统的基本概念是物理学上使用的'系统'整体。这个系统不仅包括有机复合体,而且包括形成环境的整个物理因子复合体,我们对生物体的基本看法是,必须从根本上认识到,有机体不能与它们的环境分开,而是与它们的环境形成一个自然系统。这种系统是地球表面上自然界的基本单位,它们有各种大小和种类。"

生态系统的确切定义是由美国生态学家奥德姆(Eugene Pleasants Odum)等予以完善的。他在《生态学基础》一书中写道:"有生命的生物与无生命的环境彼此不可分割地相互联系和相互作用着。生态系统就是包括特定地段中的全部生物和物理环境相互作用的任一统一体,并且在系统内部,能量的流动导致形成一定的营养结构、生物多样性和物质循环。"[1]

随着生态学的发展,人们对生态系统的认识不断深入。20世纪40年代,美国生态学家林德曼(R. L. Lindeman)在研究湖泊生态系统时,受到我国"大鱼吃小鱼,小鱼吃虾米,虾米吃泥巴"这一谚语的启发,提出了食物链的概念。他又受到"一山不能存二虎"的启发,提出了生态金字塔的理论,使人们认识到生态系统的营养结构和能量流动的特点。

生态系统不论是自然的还是人工的,都具有下列共同特性。

1)生态系统是生态学上的一个主要结构和功能单位,属于生态学研究的最高层次。

2)生态系统内部具有自我调节能力。其结构越复杂,物种数越多,自我调节能力越强。

3)能量流动、物质循环是生态系统的两大功能。

4)生态系统营养级的数目因生产者固定能值所限及能流过程中能量的损失,一般不超过5~6个。

5)生态系统是一个动态系统,要经历一个从简单到复杂、从不成熟到成熟的发育过程。

生态系统概念的提出为生态学的研究和发展奠定了新的基础,极大地推动了生态学的发展。生态系统生态学是当代生态学研究的前沿。

二、生态系统的组成

生态系统的组成成分可以概括为:非生物环境(或生命支持系统、非生物成分)和生命系统(或生物成分)。生命系统包括生产者、消费者和分解者。作为一个生态系统,非生物环境和生命系统是缺一不可的。如果没有非生物环境,生物就没有生存的场所和空间,也得不到能量和物质,因而也难以生存与发展;反之,仅有环境而没有生物成分也就不是生态系统。

1. 非生物环境

非生物环境(abiotic environment)即无机环境,包括整个生态系统运转的能源和热量等气候因子、生物生长的基质和媒介、生物生长代谢的材料三方面。

驱动整个生态系统运转的能源主要是指太阳能,它是所有生态系统运转直至整个地球气候系统变化的最重要能源,它提供了生物生长发育所必需的热量,此外,还包括地热能和化学能等其他形式的能源;气候因子还包括风、温度、湿度等。生长的基质和媒介包括岩石、砂砾、土壤、空气和水等,它们构成生物生长和活动的空间。生物生长代谢的材料包括 CO_2、O_2、无机盐和水等;还包括参加物质循环的无机元素和化合物,联系生物和非生物成分的有机物质(如蛋白质、糖类、脂类和腐殖质等)。它们为生物生存提供了必要的能量和物质条件。

2. 生产者

生产者(producer),主要指绿色植物,也包括蓝绿藻和一些光合细菌,是能利用简单的无机物质制造食物的自养生物,在生态系统中起主导作用。

这些生物可以通过光合作用把水和二氧化碳等无机物合成为碳水化合物、蛋白质和脂肪等有机化合物,并把太阳辐射能转化为化学能,储存在合成有机物的分子键中。植物的光合作用只有在叶绿体内才能进行,而且必须是在阳光的照射下。但是当绿色植物进一步合成蛋白质和脂肪的时候,还需要有氮、磷、硫、镁等 15 种或更多种元素和无机物参与。生产者通过光合作用不仅为本身的生存、生长和繁殖提供营养物质和能量,而且它所制造的有机物质也是消费者和分解者唯一的能量来源。生态系统中的消费者和分解者是直接或间接依赖生产者为生的,没有生产者也就不会有消费者和分解者。可见,生产者是生态系统中最基本和最关键的生物成分。太阳能只有通过生产者的光合作用才能源源不断地输入生态系统,然后再被其他生物所利用。太阳能和化学能只有通过生产者,才能源源不断输入到生态系统,成为消费者和还原者的唯一能源。

所有自我维持的生态系统都必须具有从事生产的生物,其中最重要的就是绿色植物。各种藻类是水生生态系统中最重要的生产者。陆地生态系统的生产者则有乔木、灌木、草本植物和苔藓等,它们对生态系统的生产各有不同的重要性。

3. 消费者

消费者(consumer)是不能用无机物质制造有机物质的生物。它们直接或间接地依赖于生产者所制造的有机物质,因此属于异养生物。

消费者归根结底都是依靠植物为食(直接取食植物或间接取食以植物为食的动物),可分为以下几类。

1)植食动物(herbivore):又称草食动物,是直接以植物为食的动物。草食动物是初级消费者(或一级消费者),如部分昆虫、兔、马等。

2)肉食动物(carnivore):是以植食动物或其他动物为食的动物,又可分为:

一级肉食动物:又称二级消费者,是以植食动物为食的动物。

二级肉食动物:又称三级消费者,是以一级肉食动物为食的动物。有的系统还有四级、五级消费者等。

消费者也包括那些既吃植物也吃动物的杂食动物,有些鱼类是杂食性的,它们吃水藻、水草,也吃水生无脊椎动物。有许多动物的食性是随着季节和年龄而变化的,麻雀在秋季和冬季以吃植物为主,但是到夏季的生殖季节就以吃昆虫为主,所有这些食性较杂的动物都是消费者。食碎屑者也应属于消费者,它们的特点是只吃死的动植物残体。消费者还应当包括寄生生物,寄生生物靠取食其他生物的组织、营养物和分泌物为生。

消费者对系统的调节能力和稳定性起重要作用。初级消费者影响生产者的组成、生产水平和提供事物的性质(即以哪些部分提供产品);次级消费者影响被捕食者的数量和质量。动物在生态系统中的作用就如同一个技术系统中的开关和放大器,或者相当于生物体的感觉器官和神经系统。

4. 分解者(还原者)

分解者(decomposer)是异养生物,它们分解动植物的残体、粪便和各种复杂的有机化合物,吸收某些分解产物,最终能将有机物分解为简单的无机物,而这些无机物参与物质循环后可被自养生物重新利用。分解者主要是细菌和真菌,也包括某些原生动物和蚯蚓、白蚁、秃鹫等大型腐食性动物。

分解者在生态系统中的基本功能是把动植物死亡后的残体分解为比较简单的化合物,最终分解为最简单的无机物并把它们释放到环境中去,供生产者重新吸收和利用。由于分解过程对物质循环和能量流动具有非常重要的意义,所以分解者在任何生态系统中都是不可缺少的组成成分。如果生态系统中没有分解者,动植物遗体和残遗有机物很快就会堆积起来,影响物质的再循环过程,生态系统中的各种营养物质很快就会发生短缺并导致整个生态系统的瓦解和崩溃。由于有机物质的分解过程是一个复杂的逐步降解的过程,因此除了细菌和真菌两类主要的分解者之外,其他大大小小以动植物残体和腐殖质为食的各种动物在物质分解的总过程中都在不同程度上发挥着作用,如专吃兽尸的兀鹫,食朽木、粪便和腐烂物质的甲虫、白蚁、皮蠹、粪金龟子、蚯蚓和软体动物等。有人则把这些动物称为大分解者,而把细菌和真菌称为小分解者。

它们在生态系统的物质循环和能量流动中，具有重要的意义，大约有 90%的初级生产量，都需经过分解者分解归还大地；所有动物和植物的尸体和枯枝落叶，都必须经过还原者进行分解，如果没有还原者的还原作用，地球表面将堆满动植物的尸体和残骸，一些重要元素就会出现短缺，生态系统就不能维持。虽然从能量的角度来看，它们对生态系统是无关紧要的，但从物质循环的角度看，它们是生态系统不可缺少的重要部分。

生态系统中的非生物成分和生物成分是密切交织在一起、彼此相互作用的[2]。

三、生态系统的结构

有了生态系统的组成，并不能说一个生态系统就可以运转了，生态系统有一定的结构。生态系统的各组分只有通过一定的方式组成一个完整的、可以实现一定功能的系统时，才能称其为完整的生态系统。

生态系统的结构可以从两个方面理解：

其一是形态结构，如生物种类、种群数量、种群的空间格局（水平与垂直分布）、种群的时间变化（发育、季相）等，以及群落的垂直和水平结构等。形态结构与植物群落的结构特征相一致，外加土壤、大气中非生物成分以及消费者、分解者的形态结构。

其二为营养结构，是以营养为纽带，把生物和非生物紧密结合起来的功能单位，构成以生产者、消费者和分解者为中心的三大功能类群，它们与环境之间发生密切的物质循环和能量流动。生态系统的营养结构对于每一个生态系统都具有其特殊性和复杂性。但总的来说，生态系统中物质是处在经常不断地循环之中的。

（一）食物链及其类型

被生产者所固定的能量和物质，通过一系列取食和被食的关系在生态系统中传递，各种生物按其取食和被食的关系排列的链状顺序称为食物链（food chain）。

在生态系统中，各生物有机体之间所存在的营养关系的实质就是食物关系，因而食物关系是营养动态学说的中心问题之一。食物链是生态系统内生物之间相互关系的一种主要形式，是能量流动和物质循环的主要路径，是生态系统营养结构的基本单元。由于受能量传递效率的限制，食物链的长度不可能太长，一般食物链都是由 4~5 个环节构成的。食物链按其性质可以分为三种类型。

1. 捕食食物链

捕食食物链也称为草牧或生食食物链。这种食物链从植物开始，从食草动物到食肉动物，生物间关系为捕食关系。例如：

禾草→蚱蜢→青蛙→蛇→老鹰

浮游植物→浮游动物→小鱼→大鱼→人

2. 腐食食物链

腐食食物链也称为残渣食物链。这种食物链从分解动植物尸体或者粪便中的有机物质颗粒开始，生物间关系为捕食关系。例如：

粪便→蚯蚓→鸡→人

3. 寄生食物链

这种食物链以活的生物开始，且生物间的关系是寄生关系。例如：

绿色植物→菟丝子

马→马蛔虫→马蛔虫原生动物

以上三种类型中，前两种是最基本的，也是作用最显著的。此外，世界上约有 500 种能捕食动物的植物，如瓶子草、猪笼草、捕蝇草等，它们能捕食小甲虫、蛾、蜂等，这是一种特殊的食物链。

生态系统的食物链不是固定不变的，它不仅在进化历史上有改变，在短时间内也会因动物食性的变化而改变。只有在生物群落组成中成为核心的、数量上占优势的种类所组成的食物链才是稳定的。

不同的生态系统中，各类食物链所占的比例不同。森林生态系统中腐食食物链比例最大，约占系统中的生产者所生产有机物质的 90%以上；草原生态系统中腐屑食物链约占 70%；农田生态系统中，植物生产的有机物质大部分被拿出系统，留给腐屑食物链的物质很少。

在一个生态系统中，常常有许多条食物链，这些食物链并不是相互孤立地存在着。由于一种消费者常常不是只吃一种食物，而同一种食物又常常被多种消费者吃掉。这样，一个生态系统内的这许多条食物链就自然地相互交织在一起，从而构成了复杂的食物网[1]。

（二）食物网

生态系统中生物之间实际的营养关系并不像食物链所表示的那么简单，而是存在着错综复杂的联系。许多食物链彼此交错连接，形成一个网状结构，这就是食物网[1]。

在生态系统中生物间错综复杂的网状食物关系。实际上多数动物的食物不是单一的，因此食物链之间又可以相互交错相连，构成复杂网状关系。在生态系统中生物之间实际的取食和被取食关系并不像食物链所表达的那么简单，食虫鸟不仅捕食瓢虫，还捕食蝶、蛾等多种无脊椎动物，而且食虫鸟本身也不仅被鹰隼捕食，而且也是猫头鹰的捕食对象，甚至鸟卵也常常成为鼠类或其他动物的食物。

一般说来，生态系统中的食物网越复杂，生态系统抵抗外力干扰的能力就越强，其中一种生物的消失不致引起整个系统的失调；生态系统的食物网越简单，生态系统就越容易发生波动和毁灭，尤其是在生态系统功能上起关键作用的种，一旦消失或受严重损害，就可能引起整个系统的剧烈波动。也就是说，一个复杂的食物网是使生态系统保持稳定的重要条件。例如,苔原生态系统结构简单,如果构成苔原生态系统食物链基础的地衣,因大气中二氧化硫含量的超标而死亡,就会导致生产力毁灭性的破坏,整个系统就可能崩溃。

在一个具有复杂食物网的生态系统中,一般也不会由于一种生物的消失而引起整个生态系统的失调,但是任何一种生物的灭绝都会不同程度地使生态系统的稳定性有所下降。当一个生态系统的食物网变得非常简单的时候,任何外力(环境的改变)都可能引起这个生态系统发生剧烈的波动。

四、生态系统的类型

按照生物成分特征划分,生态系统可分为:植物生态系统、动物生态系统、微生物生态系统以及人类生态系统等。

按照人类活动及其影响程度划分,生态系统可分为:自然生态系统、半自然生态系统和人工生态系统等。

按照能量划分,生态系统可分为:自然无补加的太阳供能生态系统、自然补加太阳供能生态系统、人类补加的太阳供能生态系统、燃料供能的城市工业生态系统等。

按照生态系统的非生物成分和特征划分,从宏观上生态系统分为陆地生态系统和水域生态系统。根据其生物组成特点、地理状况、物理环境特点等,陆地生态系统可进一步划分为:荒漠生态系统、草原生态系统、稀树干草原生态系统、农业生态系统、城市生态系统和森林生态系统。水域生态系统又分为:淡水生态系统(流动水生态系统、静水生态系统)、海洋生态系统等。

由于划分方法不同,生态系统类型较多,这里介绍几种主要的自然生态系统类型。

(一)陆地生态系统

1. 森林生态系统

森林生态系统是森林群落与其环境在功能流的作用下形成一定结构、功能和自调控的自然综合体,是陆地生态系统中面积最多、最重要的自然生态系统。

地球上森林生态系统的主要类型有四种,即热带雨林、亚热带常绿阔叶林、温带落叶阔叶林和北方针叶林。它是陆地上生物总量最高的生态系统,对陆地生态环境有决定性的影响。

在地球陆地上,森林生态系统是最大的生态系统。与陆地其他生态系统相比,森林生态系统有着最复杂的组成、最完整的结构、能量转换和物质循环最旺盛,因而生物生产力最高,生态效应最强。

2. 草原生态系统

草原生态系统是草原地区生物(植物、动物、微生物)和草原地区非生物环境构成的,是进行物质循环与能量交换的基本机能单位。草原生态系统在其结构、功能和过程等方面与森林生态系统、农田生态系统具有完全不同的特点，它不仅是重要的畜牧业生产基地，而且是重要的生态屏障。

全球草原的总面积为30亿hm^2，约占陆地面积的20%，仅次于森林生态系统[3]。在生物圈固定能量的比例中，草原生态系统约为11.6%，也居陆地生态系统的第二位。草原生态系统(grassland ecosystem)是以各种草本植物为主体的生物群落与草原生态系统的环境构成的功能统一体。

我国的草原生态系统是欧亚大陆温带草原生态系统的重要组成部分。它的主体是东北－内蒙古的温带草原。根据自然条件和生态学区系的差异，大致可将我国的草原生态系统分为三个类型：草甸草原、典型草原、荒漠草原。

草原生态系统分布在干旱地区，这里年降雨量很少。与森林生态系统相比，草原生态系统的动植物种类要少得多，群落的结构也不如前者复杂。在不同的季节或年份，降雨量很不均匀，因此，种群和群落的结构也常常发生剧烈变化。

由于过度放牧以及鼠害、虫害等原因，我国的草原面积正在不断减少，有些牧场正面临着沙漠化的威胁。因此，必须加强对草原的合理利用和保护。

草原上的植物以草本植物为主，有的草原上有少量的灌木丛。由于降雨稀少，乔木非常少见。那里的动物与草原上的生活相适应，大多数具有挖洞或快速奔跑的行为特点。草原上啮齿目动物特别多，它们几乎都过着地下穴居的生活。瞪羚、黄羊、高鼻羚羊、跳鼠、狐等善于奔跑的动物，都生活在草原上。由于缺水，在草原生态系统中，两栖类和水生动物非常少见。

草原是畜牧业的重要生产基地。在我国广阔的草原上，饲养着大量的家畜，如新疆细毛羊、伊犁马、三河马、滩羊、库车高皮羊等。这些家畜能为人们提供大量的肉、奶和毛皮。此外，草原还能调节气候，防止土地风沙侵蚀。

3. 荒漠生态系统

荒漠是指蒸发量大于降水量的地区。荒漠生态系统的主要环境特征是干旱少雨，晴天多，热量丰富，风沙天气多，为风成地貌。地表径流贫乏，多内陆河和盐水湖。土壤淋溶性差，盐碱化普遍，土壤中腐殖质含量低。

荒漠生态系统是地球上最耐旱的生态系统，以超旱生的小乔木、灌木和半灌木占优势的生物群落与其周围环境所组成的综合体。荒漠有石质、砾质和沙质之分。人们习惯称石质和砾质的荒漠为戈壁，沙质的荒漠为沙漠。

荒漠生态系统分布在干旱地区，那里烈日炎炎，昼夜温差大，年降水量低于250mm，气候干燥，自然条件极为严酷，动植物种类十分稀少。生活在荒漠中的生物既要适应缺水状况，又要适应温差大的恶劣条件。因此，仙人掌类的叶变成了刺，茎变得肥厚多汁；荒漠中的许多动物有昼伏夜出的习性。

荒漠生态系统以极其耐旱的灌木、小半灌木和肉质植物为主要生产者的生态系统。荒漠中的水分收入极少而消耗强度却很大，夏季昼夜温差悬殊而冬季寒冷，所以植被稀疏，其结构与营养级较少，生物量低。这种恶劣气候和有限的生产者仅能维持一些有特殊适应能力的昆虫、爬行类、啮齿类和鸟类,大型哺乳类物种很少。由于食物网过于简单,所以荒漠生态系统十分脆弱,易遭自然灾害和人为干扰的破坏,而其恢复却很困难又缓慢,往往是不可逆的。荒漠生态系统发展的限制因子是水,有了水,环境会改变,生产力会有很大提高,但不适当利用会引起次生盐渍化。因此对荒漠的开发利用必须十分慎重。我国西南某些地区,曾大面积栽种乔木以试图固沙并减少地面蒸发,但乔木的吸水量和蒸腾强度很大,短期内使局部地下水位下降,以致地表草类和灌木先后死亡,促使流动沙丘重新形成。所以在开发利用过程中应从生态系统观点出发,结合植物需水量,采取喷、滴灌等措施节约水源,并采用草、灌、综合治理才能改善环境以求得较大的生产力,否则必将受到自然界的报复。

4. 农业生态系统

农业生态系统是人类有目的地利用农业生物与非生物环境之间、生物种群之间的相互作用规律,通过建立合理的生态系统结构和高效的生态机能,进行物质循环、能量转化和信息传递,并按照人类要求进行物质生产的综合体系,是介于自然生态系统(如森林生态系统)和人工生态系统(如城市生态系统)之间的半自然生态系统,是一种被人类驯化了的自然生态系统,同时也是具有自然、社会和经济功能的复杂系统。

农业生态系统是由农业环境因素、绿色植物、各种动物和各种微生物四大基本要素构成的物质循环和能量转化系统,具有社会性、高产性和波动性。

农业生态系统是一个自然、生物与人类社会生产活动交织在一起的复杂的大系统,它是一个"自然"再生产与经济再生产相结合的生物物质生产过程。所谓"自然"再生产过程,是指种植业、养殖业与海洋渔业等,实质上都是生物体的自身再生产过程,不仅受自身固有的遗传规律支配,还受光、热、水、土、气候等多种因素的影响和制约,即受到自然规律的支配。经济再生产过程,是指按照人类经济目的进行的农业生产,投入和产出受到经济和技术等多种社会条件的影响和制约,即受社会经济规律的支配。人类从事农业生产,就是利用并促进绿色植物的光合作用,将太阳能转化为化学能,将无机物转化为有机物,再通过动物饲养,以提高营养价值,使农业生态系统为社会尽可能多地提供农产品。同时,人类运用经济杠杆和科学技术来提高和保护自然生产力,提高经济效益。

(二)水生生态系统

1. 海洋生态系统

海洋生态系统是海洋中由生物群落及其环境相互作用所构成的自然系统,是生物圈内面积最大、层次最丰富的生态系统。

海洋生态系统的生产者,主要包含海岸带高大而常绿的红树林、大小不一的藻类及大量的浮游植物,它们生活在浅海几米到几十米的深处,在海洋生态系统中占有非常重要的地位,是海洋生态系统的基础,也是海洋生态系统能量流动和物质循环的最主要的环节。消费者包括海洋中的所有动物,一级消费者有甲壳类和桡足类,其他消费者包括海洋鱼类、哺乳类、爬行类、海鸟以及某些软体动物(乌贼)和一些虾类。

海洋深度不同,水体的物理、化学性质有差异,影响着生物种类和数量的分布,因此,海洋生态系统又可分为3个亚系统类型。

1)海岸带或潮间带是海陆之间的群落交错区,其特点是有周期性的潮汐,此带营养物质受陆地输入的影响而较为丰富,生产力高。

2)浅海带主要是大陆架部分,此带的营养物质也因陆地输入而较为丰富。浮游植物是主要生产者。我国的渤海、黄海、东海及南海的大陆架部分属浅海区域,生产力较高,常见的经济动物有对虾、毛虾、墨鱼、带鱼、大小黄鱼等。

3)远洋带是海洋生态系统的正体,占海洋面积的90%以上,平均水深4 000m。远洋带生态系统虽有大量的生物资源,但生产力很低。远洋带的动物种类比较少,但也有些特殊种类,如有柄的海百合和一些硅质海绵等。

2. 淡水生态系统

淡水生态系统与海洋生态系统相对应,是在淡水中由生物群落及其环境相互作用所构成的自然系统,具有易被破坏、难以恢复的特征。淡水生态系统可以分为流水生态系统和静水生态系统,前者包括江河、溪流和水渠等,后者包括湖泊、池塘和水库等。

淡水生态系统不仅是人类资源的宝库,而且是重要的环境因素,具有调节气候、净化污染及保护生物多样性等功能。

3. 湿地生态系统

湿地是指不论其为天然或人工、长久或暂时的沼泽地、泥炭地或水域地带,带有或静止或流动,或淡水、半咸水或咸水水体者,包括低潮时水深不超过6m的水域,是介于陆地和水生环境之间的过渡区域。由于水陆相互作用形成了独特的生态系统类型,湿地生态系统兼有两种生态系统的某些特征,广泛分布于世界各地。湿地生态系统主要包括湖泊湿地、沼泽湿地和海滨湿地3种类型,被一些科学家称为"地球之肾"。湿地生态系统具有以下几点特征。

(1)生物多样性

由于湿地是陆地与水体的过渡地带,因此它同时兼具丰富的陆生和水生动植物资源,形成了其他任何单一生态系统都无法比拟的天然基因库和独特的生物环境,特殊的土壤和气候提供了复杂且完备的动植物群落,它对保护物种、维持生物多样性具有难以替代的生态价值。

(2)生态脆弱性

湿地水文、土壤、气候相互作用,形成了湿地生态系统环境的主要因素。每一因素的改变,都或多或少地导致生态系统的变化,特别是水文,当它受到自然或人为活动干扰时,生态系统稳定性就会受到一定程度破坏,进而影响生物群落结构,改变湿地生态系统。

(3)生产力高效性

湿地生态系统同其他任何生态系统相比,初级生产力较高。

(4)效益的综合性

湿地具有综合效益,它既具有调蓄水源、调节气候、净化水质、保存物种、提供野生动物栖息地等基本生态效益,也具有为工业、农业、能源、医疗业等提供大量生产原料的经济效益,同时还有作为物种研究和教育基地、提供旅游等社会效益。

(5)生态系统的易变性

易变性是湿地生态系统脆弱性表现的特殊形态之一,当水量减少以至干涸时,湿地生态系统演替为陆地生态系统,当水量增加时,该系统又演化为湿地生态系统,水文决定了系统的状态[2]。

五、生态系统的功能

生态系统的功能(function)包括四个方面的内容,即生物生产、能量流动、物质循环及信息流动[1]。

(一)生态系统的生物生产

生物生产是生态系统重要的功能之一。生态系统不断运转,生物有机体在能量代谢过程中,将能量、物质重新组合,形成新的生物产品(糖、脂肪和蛋白质等)的过程,称为生态系统的生物生产。

生态系统中绿色植物通过光合作用,吸收和固定太阳能,将无机物转化成复杂的有机物。由于这种过程是生态系统能量储存的基础阶段,因此,绿色植物的这种过程称为初级生产,或称第一性生产。常用的评价初级生产量的方法有以下几种。

(1)收获量测定法

陆生定期收获植被,烘干至恒重,然后以每年每平方米的干物质重量表示。以其生物量的产出测定,但位于地下的生物量,难以测定。地下的部分可以占有40%~85%的总生产量,因此不能省略。

(2)氧气测定法

通过氧气变化量测定总初级生产量。1927年T. Garder和H. H. Gran用该方法测定海洋生态系统生产量,也称黑白瓶法。

(3)放射性标记物测定法

将放射性^{14}C以碳酸盐($^{14}CO_3$)的形式,放入含有自然水体浮游植物的样瓶中,沉入水中经过短时间培养,滤出浮游植物,干燥后在计数器中测定放射活性,然后通过计算,确定光合作用固定的碳量。

(4)叶绿素测定法

植物定期取样,丙酮提取叶绿素,分光光度计测定叶绿素浓度;每单位叶绿素的光合作用是一定的,通过测定叶绿素的含量计算取样面积的初级生产量。

(5)pH 测定法

水体中的 pH 值随着光合作用中吸收二氧化碳和呼吸过程中释放二氧化碳而发生变化,根据 pH 值变化估算初级生产量。

(6)二氧化碳测定法

透明罩:测定净初级生产量;暗罩:测定呼吸量。

初级生产以外的生态系统的生物生产，即消费者利用初级生产的产品进行新陈代谢,经过同化作用形成异养生物自身的物质,称为次级生产,或称第二性生产。

(二)生态系统的能量流动

能量流动指生态系统中能量输入、传递、转化和能量传递丧失的过程。能量流动是生态系统的重要功能,在生态系统中,生物与环境、生物与生物间的密切联系,可以通过能量流动来实现。

能量流动两大特点:单向流动,逐级递减。

(1)生态系统是个热力学系统

热力学第一定律和第二定律是与能量有关的两个重要原理。热力学第一定律是指,能量既不能创造,也不能消灭,只能从一种形式转化为另一种形式。所以,进入一个系统的全部能量,最终要释放出去或储存在该系统之内。

虽然总的能量收支应当是平衡的,但能量形式可以转化。食物中的化学能可以转化为机械能。绿色植物能够吸收太阳的光能,借助光合作用,把太阳能转化为化学能。萤火虫能够吸收化学能,并把它转变为光能;电鳗则把化学能转变为电能。但在这些转化中,必须考虑到能量的总和。

(2)能量是单流向

生态系统能量的流动是单一方向的。能量以光能的状态进入生态系统后,就不能再以光的形式存在,而是以热的形式不断地逸散于环境之中。热力学第二定律注意到宇宙在每一个地方都趋向于均匀的熵。它只能向自由能减少的方向进行而不能逆转。所以,从宏观上看,熵总是日益增加。

能量在生态系统中流动,很大一部分被各个营养级的生物利用。与此同时,通过呼吸作用以热的形式散失。散失到空间的热能不能再回到生态系统中参与流动。因为至今尚未发现以热能作为能源合成有机物的生物。

(3)能量流动的生态效率

如果把生态系统看成是能量转换器,那么这里就存在有相对效率的问题,这种比率通常以百分数表示,称之为生态效率。讨论效率必须确定以下四个参数。

摄取量,被一个消费者吃进的食物或能量的数量,或被生产者吸收的光的数量。

同化量,一个消费者的消化道中吸收的食物的数量,或被一个分解者吸收的胞外产物或被一植物在光合作用中固定的能量。

呼吸量,在呼吸等代谢活动中损失的全部能量,一般把排泄物中损失的能量也包括在内。

净生产量,生物体内积累下来的能量,它形成的新的组织,可以为下一营养级位所利用。

(4)林德曼效率

林德曼(R. L. Lindeman)发现,能量沿营养级移动时,逐级变小,后一营养级能量只能是前一营养级能量的十分之一左右,这就是著名的林德曼定律,又叫十分之一定律。林德曼效率公式如下:

$$Le=\frac{A_{n+1}}{A_n},\ Le=\frac{I_{n+1}}{I_n}$$

式中,Le——生态效率,

A_{n+1}——第 $n+1$ 个营养级的同化量,

A_n——第 n 个营养级的同化量,

I_{n+1}——第 $n+1$ 个营养级摄入的能量,

I_n——第 n 个营养级摄入的能量。

(三)生态系统的物质循环

物质循环是指生命有机体所必需的营养物质,在不同层次、不同大小的生态系统内,乃至生物圈里,沿着特定的途径从环境到生物体,再被其他生物重复利用,最后复归于环境。生态系统中的物质循环又称生物地球化学循环。

物质循环可分为两个层次:①生态系统层次,也称为生物小循环或营养物质(养分)循环,主要是指环境中元素经生物体吸收,在生态系统中被相继利用,在各营养级间传递并连接起来构成了物质流。生物小循环的时间短、范围小,是开放式的循环。②生物圈层次,也称为生物地化循环,是指营养元素在生态系统之间的输入和输出、生物间的流动和交换,以及它们在大气圈、水圈、岩石圈之间的流动。生物地化大循环的时间长、范围广,是闭合式的循环。

1. 物质循环的一般特征

(1)物质不灭,循环往复

物质在生态系统中流动是往复循环的。物质在生态系统内外的数量都是有限的,而且是分布不均匀的,但是由于它可以在生态系统中永恒地循环,因此,它可被反复多次重复利用。物质经过食物链为各类生物利用的过程,是由简单形态变为复杂形态再变为简单形态的过程。也就是说,物质可以在生态系统内更新,再次纳入系统的循环,绝不会成为废物。

(2)物流与能流在生态系统中总是相辅相成,相伴而行的

生态系统中物质循环与能量流动是相互依存,相互制约,密不可分的。能量是生态系统中一切过程的驱动力,也是其物质循环前进的驱动力。物质循环是能量流动的载体。能量的生物固定、转化和耗散,亦即生态系统的生产、消费和分解过程,同时就是物质由简单形态变为复杂的有机结合形态,再回到简单形态的循环再生过程。

对比能流和物流可以发现，生态系统中的能流是一种由外部环境不断输入的单方向流动，它在生物转化过程中逐渐发生衰变，有效能的数量逐渐减少，最终趋向于全部转化为低效热能，散失于系统外围空间。

2. 物质循环的类型

生物地球化学循环可分为三大类型，即水循环、气体型循环和沉积型循环。生态系统中所有的物质循环都是在水循环的推动下完成的，因此，没有水的循环，也就没有生态系统的功能，生命也将难以维持。在气体型循环中，物质的主要储存库是大气和海洋，循环与大气和海洋密切相连，具有明显的全球性，循环性能最为完善。凡属于气体型循环的物质，其分子或某些化合物常以气体的形式参与循环过程。属于这一类的物质有氧、二氧化碳、氮、氯、氟等。气体型循环速度比较快，物质来源充沛，不会枯竭。物质的主要储库与岩石、土壤和水相联系的循环是沉积型循环，如磷、硫循环。沉积型循环速度比较慢，参与沉积型循环的物质，其分子或化合物主要是通过岩石的风化和沉积物的溶解转变为可被生物利用的营养物质，而海底沉积物转化为岩石圈成分则是一个相当长的、缓慢的、单向的物质转移过程，时间要以千年计算。这些沉积型循环物质的主要储库在土壤、沉积物和岩石中，而无气体状态，因此这类物质循环的全球性不如气体型循环，循环性能也很不完善。属于沉积型循环的物质有磷、钙、钾、钠、镁、锰、铁、硅等，其中磷是较典型的沉积型循环物质，它从岩石中释放出来，最终又沉积在海底，转化为新的岩石。气体型循环和沉积型循环虽然各有特点，但都受能流的驱动，并都依赖于水循环。主要物质的循环有以下几种。

（1）水循环

水是一切生命机体的组成物质，也是生命代谢活动所必需的物质，又是人类进行生产活动的重要资源。地球上的水分布在海洋、湖泊、沼泽、河流、冰川、雪山，以及大气、生物体、土壤和地层。水的总量约为 $1.4\times10^9km^3$，其中 97.5%在海洋中，约覆盖地球总面积的 70%[4]。陆地、大气和生物体中的水只占很少的一部分。

水循环的主要作用表现在三个方面：水是所有营养物质的介质，营养物质的循环和水循环不可分割地联系在一起；水对物质是很好的溶剂，在生态系统中起着能量传递和利用的作用；水是地质变化的动因之一，一个地方矿质元素的流失和另一个地方矿质元素的沉积，往往要通过水循环来完成。

水循环是联系地球各圈和各种水体的“纽带”，是“调节器”，它调节了地球各圈层之间的能量，对冷暖气候变化起到了重要的调节作用。水循环是“雕塑家”，它通过侵蚀、搬运和堆积，塑造了丰富多彩的地表形象。水循环是“传输带”，它是地表物质迁移的强大动力和主要载体。更重要的是，通过水循环，海洋不断向陆地输送淡水，补充和更新陆地上的淡水资源，从而使水成为了可再生的资源。

（2）碳循环

碳循环，是指碳元素在自然界的循环状态，见图 2-1，生物圈中的碳循环主要表现在绿色植物从空气中吸收二氧化碳，经光合作用转化为葡萄糖，并放出氧气（O_2）。

岩石圈碳库是最大的，但碳在其中的周转时间极长，在百万年以上，因此可以把岩石圈碳库看做静止不动的；海洋碳库是除地质碳库外最大的碳库，但碳在深海中的周转时间也较长，平均为千年尺度；陆地生态系统碳库主要由植被和土壤两个分碳库组成，是受人类活动影响最大的碳库。

岩石圈中碳酸盐形式的碳约占全球99.55%的碳（10^{16}t）。大气碳库含碳量约为750Gt，是碳库中最小的。但是，大气碳库是联系海洋与陆地生态系统碳库的纽带和桥梁，大气含碳量的多少直接影响整个地球系统的物质循环和能量流动。海洋具有储存和吸收大气二氧化碳（CO_2）的能力，影响着大气CO_2的收支平衡，有可能成为人类活动产生的CO_2的最重要的汇。海洋可溶性无机碳（DIC）含量约为37 400Gt，是大气含碳量的近50倍，在全球碳循环中起着十分重要的作用。据估算，陆地生态系统蓄积的碳量约为1 750Gt。其中，土壤有机碳储量约是植被碳库的2倍[5]。

自然界碳循环的基本过程如下：大气中的CO_2被陆地和海洋中的植物吸收，然后通过生物或地质过程以及人类活动，又以二氧化碳的形式返回大气中。

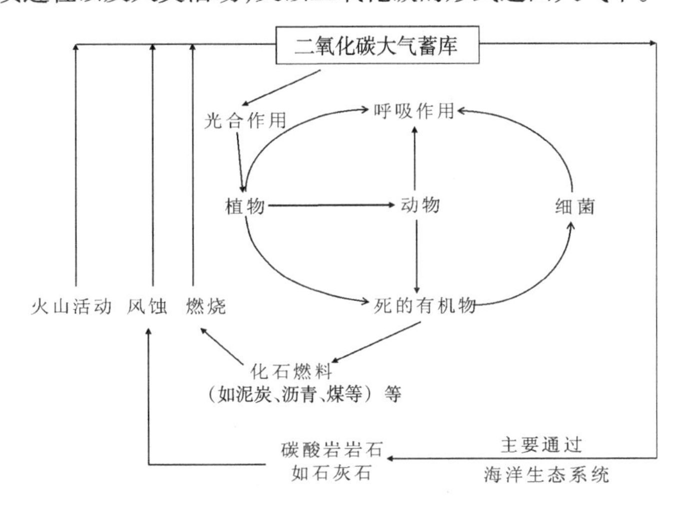

图2-1　碳循环示意图

（3）氮循环

氮循环是描述自然界中氮单质和含氮化合物之间相互转换过程的生态系统的物质循环，见图2-2。

氮在自然界中的循环转化过程是生物圈内基本的物质循环之一。如大气中的氮经微生物等作用而进入土壤，为动植物所利用，最终又在微生物的参与下返回大气中，如此反复循环，以至无穷。构成陆地生态系统氮循环的主要环节是：生物体内有机氮的合成、氨化作用、硝化作用、反硝化作用和固氮作用。

植物吸收土壤中的铵盐和硝酸盐，进而将这些无机氮同化成植物体内的蛋白质等有机氮。动物直接或间接以植物为食物，将植物体内的有机氮同化成动物体内的有机氮。这一过程为生物体内有机氮的合成。动植物的遗体、排出物和残落物中的有机氮被微生物分解后形成氨，这一过程是氨化作用。在有氧的条件下，土壤中的氨或铵盐在硝化细菌的作用下最终氧化成硝酸盐，这一过程称为硝化作用。氨化作用和硝化作用产生的无机氮，都能被植物吸收利用。在氧气不足的条件下，土壤中的硝酸盐被反硝化细菌等多种微生物还原成亚硝酸盐，并且进一步还原成分子态氮，分子态氮则返回到大气中，这一过程被称为反硝化作用。由此可见，由于微生物的活动，土壤已成为氮循环中最活跃的区域。

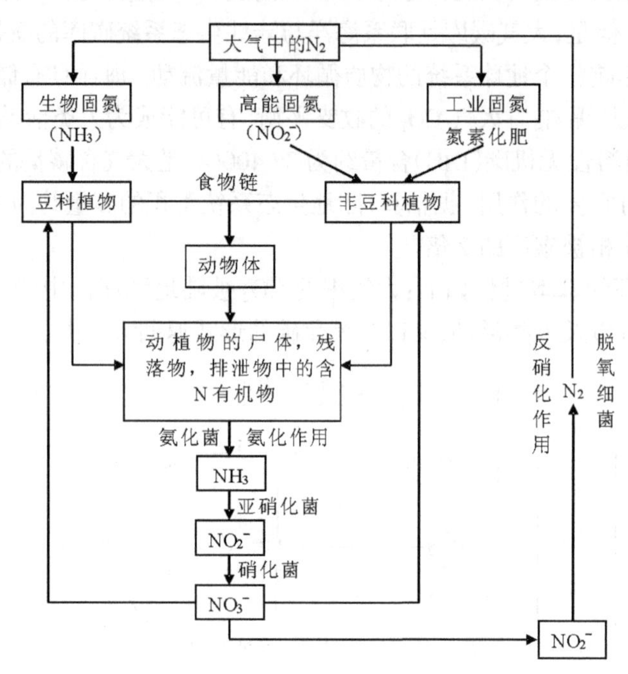

图 2-2　氮循环示意图

(4)磷循环

磷灰石构成了磷的巨大储备库，而含磷灰石岩石的风化，又将大量磷酸盐转交给了陆地上的生态系统。与水循环同时发生的则是大量磷酸盐被淋洗并被带入海洋。在海洋中，它们使近海岸水中的磷含量增加，并给浮游生物及其消费者提供需要，自然界磷的循环见图 2-3。

进入食物链的磷将随该食物链上死亡的生物尸体沉入海洋深处，其中一部分将沉积在不深的泥沙中，而且还将被海洋生态系统重新取回利用。埋藏于深处沉积岩中的磷酸盐，其中有很大一部分将凝结成磷酸盐结核，保存在深水之中。一些磷酸盐可能与二氧化硅(SiO_2)凝结在一起而转变成硅藻的结皮沉积层，这些沉积层组成了巨大的磷酸盐矿床。通过海鸟和人类的捕捞活动可使一部分磷返回陆地，但从数量上比起来，每年从岩层中溶解出来的以及从肥料中淋洗出来的磷酸盐要少多了；其余部分则将被埋存于深处的沉积物内。

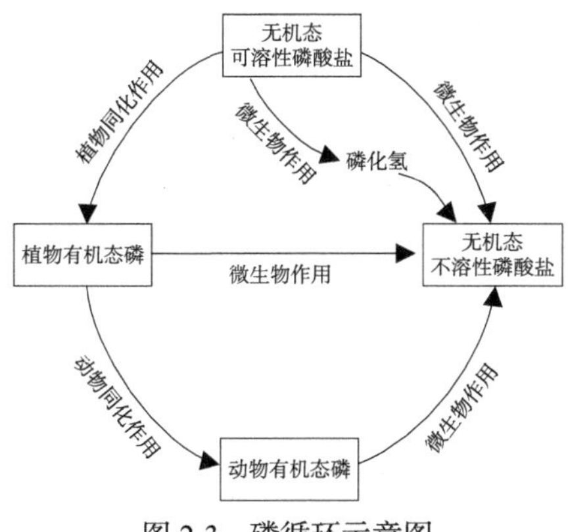

图 2-3　磷循环示意图

(5)硫循环

硫循环是指硫元素在生态系统和环境中运动、转化和往复的过程,见图 2-4。硫是生物必需的大量营养元素之一,含量为 0.01%数量级水平,是蛋白质、酶、维生素 B_1、蒜油、芥子油等物质的构成成分。硫因有氧化和还原两种形态存在而影响生物体内的氧化还原反应过程。硫是可变价态的元素,价态变化在 –2 价至 +6 价,可形成多种无机和有机硫化合物,并对环境的氧化还原电位和酸碱度带来影响。

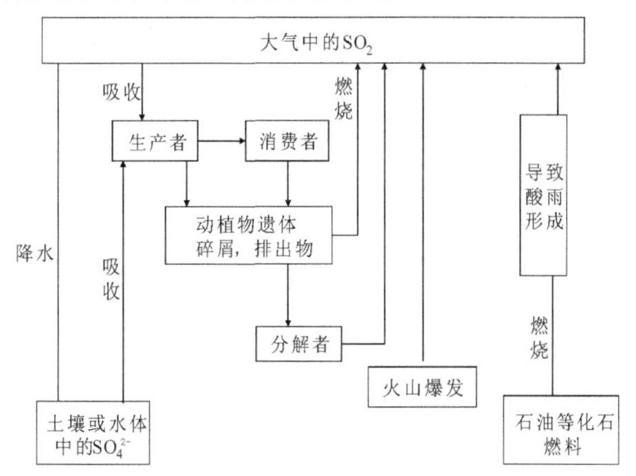

图 2-4　硫循环示意图

(四)生态系统的信息流动

生态系统中除了能量流和物质流外,还有信息流。信息是调节生态系统中生物与生物、生物与环境、环境因子之间的相互联系、相互作用的重要组成成分。信息流支配着能量流动的方向和物质循环过程。同时,信息流以能量流和物质流为载体而起作用,但它不像能量流那样是单向的,也不像物质流那样是循环的,而是双向的,有从输入到输出那样的信息传递,也有从输出向输入那样的信息反馈。正是有了这种信息流,才使一个自然生态系统产生了自动调节机制。

从生态学的角度看,物质构成了生命有机体的宏观和微观结构;能量维持着生命活动的正常进行;信息则推动着生命从低级到高级、从简单到复杂的演化。

信息传递是生态系统的基本功能之一，在传播过程中伴随着一定的物质和能量的消耗。

系统各部分间及其内部存在着信息传递，使系统连成统一整体，并推动物质流动、能量传递；信息包括化学、物理、生物遗传和行为信息等。

1. 物理信息及其传递

以物理过程为传递形式的信息，如光、声音、电、磁等。

(1)光信息

太阳是光信息的主要初级信源。借助光信息，动物通过形态、色彩、姿势、表情等传递信息，在种群内部达到互相辨认和报警作用，对外则起到警戒和诱惑作用。有些候鸟的迁徙，在夜间是靠天空星座确定方位，这就是借用了其他恒星所发出的光信息。有些动物还能自己发光传递信息，如萤火虫。

(2)声信息

声音对于动物似乎具有更大的重要性，动物更多的是靠声信息确定事物的位置或者发现敌害的存在。生活在陆地上的蝙蝠和生活在水中的鲸类的活动环境不是光线暗弱就是光线传播距离短，接收光信息的视觉系统不能很好地发挥作用，因此，它们的活动主要靠声呐定位系统。人们最熟悉的声音信号还是鸟类婉转多变的叫声。很多生活在一起的鸟类，其报警鸣叫声都趋于相似，这样每一种鸟都能从其他种鸟的报警鸣叫中受益。含羞草在强烈声音的刺激下，就会表现出小叶合拢、叶柄下垂的运动。有人实验给植物以声刺激，发现植物的声电位会发生变化。

(3)电信息

生物中存在较多的生物放电现象，特别是鱼类，有 300 多种能产生 0.2~2V的微弱电压，但电鳗产生的电压能高达 600V。动物对电很敏感，特别是鱼类、两栖类，皮肤有很强的导电力，例如，鳗鱼、鲤鱼等能按照洋流形成的电流来选择方向和路线。有些鱼还能察觉海浪电信号的变化，预感风暴的来临，及时潜入海底。

(4)磁信息

生物对磁有不同的感受能力，常称之为生物的第六感觉。在浩瀚的大海里，很多鱼能遨游几千海里，来回迁徙于河海之间。候鸟成群结队南北长途往返飞行都能准确到达目的地，特别是信鸽的千里传书而不误。在这些行为中，动物就是通过感知电磁场的变化确定自己所处方位和运动方向的。

2. 化学信息及其传递

生物代谢产生的一些物质，尤其是各种腺体分泌的各类激素等均属传递信息的化学物质。

(1)植物与植物之间的化学信息

在植物群落中，一种植物通过某些化学物质的分泌和排泄而影响另一种植物的生长甚至生存的现象是很普遍的，如风信子、丁香、洋槐花香物质，能抑制相邻植物的生长。但也有一些信息利于他种植物生长,如皂角的分泌物促进七里香的生长。

(2)动物和植物间的化学信息

不同的动物对气味有不同的反应,蜜蜂取食和传粉除与植物花的香味、花粉和蜜的营养价值紧密相关外,还与许多花蕊中含有昆虫的性信息素成分有关。

(3)动物之间的化学信息

动物向动物输出的化学信息素多种多样,主要有以下五种:①种群信息素:不同动物种群释放不同的气味;②性信息素:昆虫、蜘蛛、甲壳类、鱼以及部分哺乳动物都能分泌性信息素;③报警信息素:一些昆虫能分泌报警信息素,如蚂蚁、蜜蜂和蚜虫;④聚集信息素:营社会性活动的昆虫都能产生这种信息素;⑤踪迹信息素:很多动物能分泌这种信息素,如蜜蜂、蚂蚁、蜗牛、蛇,这种信息素在行进中分泌,使种内其他个体循迹前进。

3. 行为信息

许多植物的异常表现和动物异常行动传递了某种信息,可通称为行为信息。许多同种动物,不同个体相遇,时常会表现有趣的行为。蜜蜂发现蜂源时,就用舞蹈动作的表现,以告诉其他蜜蜂去采蜜。

4. 营养信息

在生态系统中,食物链、食物网代表一种信息传递,各种生物通过营养信息关系构成一个相互依存和相互制约的整体。食物链中的各级生物要求一定的比例关系,即生态金字塔规律,养活一只草食动物需要几倍于它的植物,养活一只肉食动物需要几倍数量的草食动物。前一营养的生物数量反映出后一营养级的生物数量。在草原牧区,草原的载畜量必须根据牧草的生长量而定,使牲畜数量与牧草产量相适应。如果不顾牧草提供的营养信息,超载过牧,就必定会因牧草饲料不足而使牲畜生长不良和引起草原退化。

第二节　生 态 平 衡

一、生态平衡的概念

生态平衡是指在一定时间内生态系统中的生物和环境之间、生物各个种群之间,通过能量流动、物质循环和信息传递,达到高度适应、协调和统一的状态。也就是说当生态系统处于平衡状态时,系统内各组成成分之间保持一定的比例关系,能量、物质的输入与输出在较长时间内趋于相等,结构和功能处于相对稳定状态,在受到外来干扰时,能通过自我调节恢复到初始的稳定状态。在生态系统内部,生产者、消费者、分解者和非生物环境之间,在一定时间内保持能量与物质输入、输出动态的相对稳定状态。

由于生态系统具有负反馈的自我调节机制,所以在通常情况下,生态系统会保持自身的生态平衡。生态平衡是一种动态平衡, 因为能量流动和物质循环总在不间断地进行，生物个体也在不断地进行更新。在自然条件下，生态系统总是按照一定规律朝着种类多样化、结构复杂化和功能完善化方向发展，直到使生态系统达到成熟的最稳定状态为止。

二、生态系统平衡的主要标志

在生态系统朝着生态平衡的发育过程中，结构和功能等方面发生了一系列的变化。下列指标是生态系统平衡与否的主要标志。

(1)生态能量学指标

幼年期生态系统的能量学特征具有"幼年性格"。如群落的初级生产量(P)超过其呼吸消耗量(R)，能量的储存大于消耗，故 P/R 比值大于 1。发展到成熟期的生态系统，群落呼吸消耗增加，P/R 比值接近于 1。在生态研究中，P/R 比值常作为判断生态系统发育状况的功能性指标。幼年期和成熟期的生态系统，能流渠道的复杂程度也有差别。幼年期生态系统中食物链大多比较简单，常呈直链状并以捕食食物链为主。成熟期生态系统中食物网络关系复杂，在陆生森林生态系统中，大部分能量通过腐生食物链传递。

(2)营养物质循环特征

物质循环功能上的特征差异是，成熟期生态系统的营养物质循环更趋近于"闭环式"，即系统内部自我循环能力强，这是系统自身结构复杂化的必然结果。

(3)生物群落的结构特征

平衡时期的生态系统，生物群落结构多样性增大，包括物种多样性、有机物的多样性和垂直分层导致的小生境多样化等。其中物种多样性-均匀性是基础，它是物种数量增加的结果，同时又为其他物种的迁入创造了条件。有机物多样性的增加，是群落代谢产物或分泌物增加的结果，它可使系统的各种反馈和相克机制及信息量增多。生物群落多样性可能与群落的生产力呈负相关关系，但多样性却是生态系统进化所需要的。

(4)稳态

平衡时期的生态系统，自身调节能力很强。系统内部生物的种内和种间关系复杂，共生关系发达，抵抗干扰能力强，信息量多，熵值低。这是平衡的生态系统在结构和功能上高度发展与协调的结果。

(5)选择能力

当生态系统达到平衡时，生态条件比较稳定，不利于高生殖潜力的 r-选择者，相反，却有利于高竞争力的 K-选择者。

三、生态平衡的调节机制

自然生态系统是开放系统，必须依赖于外界环境的输入，输入一旦停止，系统也就失去了功能。生态系统是通过反馈机制实现其自我调控以维持相对的稳态。所谓反馈，就是系统的输出端通过一定通道，即将系统的输出返回到输入端，变成了决定整个系统本来功能的输入。具有这种反馈机制的系统称为控制论系统。要使反馈系统能起控制作用，系统应具有某个理想的状态或置位点，系统就能围绕置位点进行调节。

生态系统稳定性（平衡）包括了两个方面的含义：一方面是系统保持现行状态的能力，即抗干扰的能力（抵抗力，resistance）；另一方面是系统受扰动后回归该状态的倾向，即受扰后的恢复能力（恢复力，resilience）。当生态系统达到动态平衡的最稳定状态时，它能够自我调节和维持自己的正常功能，并能在很大程度上克服和消除外来的干扰，保持自身的稳定性。有人把生态系统比喻为“弹簧”，它能忍受一定的外来压力，压力一旦解除就又恢复原来的稳定状态，这实质上就是生态系统的反馈调节。

生态系统平衡的调节主要通过系统的反馈机制、抵抗力和恢复力实现的。

（1）反馈机制

生态系统具有自我调节的能力，维持自身的稳定性，自然生态系统可以看成是一个控制论系统，因此，负反馈（negative feedback）调节在维持生态系统的稳定性方面具有重要的作用。反馈可分为正反馈和负反馈，两者的作用是相反的。

负反馈使生态系统达到或保持平衡或稳态，结果是抑制和减弱最初发生变化的那种成分的变化。负反馈控制可使系统保持稳定。正反馈，系统中某一成分的变化所引起的其他一系列变化，反过来加速最初发生变化的成分所发生的变化，使生态系统远离平衡状态或稳态。正反馈使系统偏离加剧。

地球和生物圈是一个有限的系统，其空间、资源都是有限的，应该考虑用负反馈来管理生物圈及其资源，使其成为能持久地为人类谋福利的系统。负反馈调节作用的意义在于通过自身的功能减缓系统内的压力以维持系统的稳定。

（2）抵抗力

生态系统抵抗外界干扰并维持系统结构和功能原状的能力，是维持生态平衡的重要途径之一。抵抗力与系统发育阶段状况有关，其发育越成熟，结构越复杂，抵抗外界干扰的能力就越强。例如，我国长白山红松针阔混交林生态系统，生物群落垂直层次明显、结构复杂，系统自身储存了大量的物质和能量，这类生态系统抵抗干旱和虫害的能力要远远超过结构单一的农田生态系统。环境容量、自净作用等都是系统抵抗力的表现形式。

（3）恢复力

恢复力指生态系统遭受外干扰破坏后系统恢复到原状的能力，如污染水域切断污染源后，生物群落的恢复就是系统恢复力的表现。生态系统恢复能力是由生命成分的基本属性决定的。所以，恢复力强的生态系统，生物的生活世代短，结构比较简单，如杂草生态系统遭受破坏后恢复速度要比森林生态系统快得多；生物成分（主要是初级生产者层次）生活世代越长，结构越复杂的生态系统一旦遭到破坏则长期难以恢复。但就抵抗力的比较而言，两者的情况却完全相反，恢复力越强的生态系统，其抵抗力一般比较低，反之亦然。

生态系统对外界干扰具有调节能力，使之保持了相对的稳定，但是这种调节能力是有限的。生态平衡失调就是外干扰大于生态系统自我调节能力的结果和标志。不使生态系统丧失调节能力或未超过其恢复力的外干扰及破坏作用的强度称之为“生态平衡阈值”。阈值的大小与生态系统的类型有关，另外还与外界干扰因素的性质、方式及其持续时间等因素密切相关。生态平衡阈值的确定是自然生态系统资源开发利用的重要参量，也是人工生态系统规划与管理的理论依据之一。

四、生态系统失衡

生态失衡(ecological unbalance)：由于人类不合理地开发和利用自然资源，其干预程度超过生态系统的阈值范围，破坏了原有的生态平衡状态，而对生态环境带来不良影响的一种生态现象。例如，乱砍滥伐或毁林开荒，采伐速度大大超过其再生能力，造成资源衰竭、生态失衡，从而导致气候变劣、水土流失，引起生态系统的报复。

地球上的自然界是经过了上亿年的优胜劣汰，适者生存的斗争进化演变过来的。在这漫长的岁月中动植物群落和非生物的自然条件逐渐达到一种动态平衡，各种因素(相互排斥的生物种和自然条件)通过相互制约、转化补偿、交换等作用，达到一个相对稳定的平衡阶段。这时地球上的生物群落和地理环境等非生物的条件相互作用，形成一个生态系统，这个系统能够自动调节达到平衡。大至整个地球，包括高山、原野、岛屿、湖泊、河流、海洋、空气等，以及生存于其间的动植物组成了一个大生态系统，其间各种生物以食物链相互联系，能够通过自动调节达到大生态系统的平衡。小至一座孤岛或一片森林或一片水域，其间的各种生物也能通过食物链组成一个小生态系统，并能通过自动调节使生态在该系统的小范围内达到平衡。

然而，外界过多的干预会使得生态系统自动调节能力降低甚至消失，从而导致生态平衡遭到破坏，甚至造成生态系统崩溃。在生物世界中由于人类一枝独秀的格局已经形成，如果人类不按自然规律办事，维持生态平衡，而只顾眼前或局部利益，过分地不恰当地发挥自己的力量，则人类的行为对生态系统来说就会变成一种外界的干预，就会致使生态失衡，造成灾难性的后果，这已被无数事例所证实。

第三节　生态破坏

生态破坏(ecology destroying)是指人类不合理地开发、利用造成森林、草原等自然生态环境遭到破坏，从而使人类、动物、植物的生存条件发生恶化的现象，包括植被破坏与湿地减少、水土流失与荒漠化、生物多样性减少三大类。生态破坏造成的后果往往需要很长的时间才能恢复，有些甚至是不可逆的[6]。

引起生态平衡破坏的因素有自然因素和人为因素两类。

生态平衡破坏的自然因素，主要是指自然界发生的异常变化或自然界本来就存在的对人类和生物的有害因素，如地壳变动、海陆变迁、冰川活动、火山爆发、地震、海啸、泥石流、雷击火烧、气候变化等。这些因素可使生态系统在短时间内受到破坏甚至毁灭。不过，自然因素对生态系统的破坏和影响所出现的频率不高，而且在分布上有一定的局限性。

生态平衡破坏的人为因素是指人类的干扰对生态系统造成的影响甚至灾难性的危害。例如环境污染、过度利用自然资源、修建大型工程、人为引入或消灭某些生物等。当前,世界范围内广泛存在的水土流失、土壤荒漠化、草原退化、森林面积缩小等都是人类不合理利用自然资源引起生态平衡破坏的表现。20世纪以来,工农业生产中人类有意或无意地使大量污染物进入环境,造成了空气污染、水污染、土壤污染、固体废弃物污染等,从而改变了生态系统的环境因素,影响整个生态系统。

一、植被破坏

植被是全球或某一地区内所有植物群落的泛称。植被是生态系统的基础,为动物或微生物提供了特殊的栖息环境,为人类提供食物和多种有用物质材料。植被还是气候和无机环境条件的调节者,无机和有机营养的调节和储存者,空气和水源的净化者。植被在人类环境中起着极其重要的作用,它既是重要的环境要素,又是重要的自然资源。植被破坏会造成大量的环境问题,如水土流失、土地沙漠化、全球气候变暖等。

(一)森林破坏

森林既是一个巨大的自然资源宝库,又是一个巨大的循环经济体。它在生物多样性维护、可再生材料、可再生生物质能源方面,具有不可替代的战略地位,是陆地生态系统的核心主体,被誉为“地球之肺”。

森林覆盖率若达30%以上,且分布较均匀,则其所在地区自然环境就较好,农牧业生产就较稳定。据测算,降雨量的15%~30%可被林冠层截留,其余的50%~80%的雨水被林地储存,对防治水土流失效果显著。森林是CO_2的主要储汇之一。1hm^2森林的储碳量大约为33.3t。每生长1m^3的木材约可吸收1.83t CO_2,释放1.62t O_2。假如森林和湿地从地球上消失,全球90%的淡水将流入大海,陆地上90%的生物将灭绝,生物固氮、释氧将分别减少90%和60%;同时将产生温室效应等一系列生态问题,加强干旱、洪水和泥石流等自然灾害的频度与危害程度,生态平衡将无法维持。

我国森林破坏现象也较严重。据林业部门统计,新中国成立初期我国林地曾达$1.25\times10^8hm^2$,森林覆盖率为13%,目前估计覆盖率只有11.5%,不及世界平均覆盖率的一半。全国许多重要林区,由于长期重采轻造,导致森林面积锐减。例如,长白山林区1949年森林覆盖率为82.5%,现在减少到14.2%;西双版纳地区,1949年天然森林覆盖率达60%,目前已降至30%以下;四川省1949年全省森林覆盖率在20%左右,川西地区达40%以上,但到20世纪70年代末,川西地区覆盖率减到14.1%,全省减到12.5%,川中丘陵地带森林覆盖率只有3%。

由于森林被破坏,某些地区气候发生变化、降雨量减少、自然灾害(如旱灾、鼠虫害等)日益加剧。

(二)草场退化

草场包括草原、林中空地、林缘草地、疏林、灌木以及荒原、半荒漠地区植被稀疏地段。

目前,世界各地的牧场都有不同程度的退化,唯有欧洲情况较好。欧洲雨水丰沛,草种多经改良,草场管理有序,载畜量比其他地区高几倍。欧洲许多国家的肉奶制品不仅可以自给,而且有多余部分可供出口。北美诸国草场经历过开发、滥用至逐步改善三个阶段,现已逐渐好转。发展中国家的草场大多仍处于退化阶段。例如,非洲许多国家的牧场严重荒漠化,其原因不仅是由于过度放牧,还由于当地居民的过度樵采。在一些地区,牧场成为当地燃料的唯一来源,结果导致牧场的彻底破坏。南美的牧场也存在过度放牧和退化的情况,尤其是在阿根廷、巴拉圭、乌拉圭和巴西等国。

我国草原总面积约 $3.53 \times 10^8 hm^2$,可利用的约 $3.1 \times 10^8 hm^2$,占国土面积的 40%以上,居世界第四位[7]。但是由于长期以来对草原资源采取自然粗放式经营,我国牧场退化情况很严重。全国天然草原约 90%不同程度地呈现草群稀疏低矮、量少质劣状态;严重区域呈沙化和盐渍化,物种濒临灭绝,成为沙尘暴的重要源头。2009 年我国重点天然草原牲畜超载率高达 31.2%。

草场是放牧家畜和野生动物栖息的地方。但是,过度放牧与不适宜的开垦耕种,往往引起草场退化、土壤侵蚀和荒漠化。

我国草场退化的成因:过度放牧、矿业开采、恳草种粮三大主因没被根本遏制;鼠害、虫害、乱采滥挖等破坏仍有发生;气候变化影响等。

草场退化是世界干旱区、半干旱区土地荒漠化的表现。从本质上说,这主要是一个社会的经济问题,必须大力控制人口增长和促进经济发展才能最终得以解决。经过近年对草场的大力保护,2013 年, 中国重点天然草原的平均牲畜超载率降为 16.8%,5 年来首次低于 20%。

二、水土流失

水土流失是指人类对土地的利用特别是对水土资源不合理地开发和经营,使土壤的覆盖物遭受破坏,裸露的土壤受水力冲蚀,流失量大于母质层育化成土壤的量,土壤流失由表土流失、心土流失而至母质流失,终使岩石暴露的现象。水土流失可分为水力侵蚀、重力侵蚀和风力侵蚀三种类型。

1)水力侵蚀分布最广泛,在山区、丘陵区和一切有坡度的地面,暴雨时都会产生水力侵蚀。它的特点是以地面的水为动力冲走土壤。例如,黄河流域。

2)重力侵蚀主要分布在山区、丘陵区的沟壑和陡坡上,在陡坡和沟的两岸沟壁,其中一部分下部被水流淘空,由于土壤及其成土母质自身的重力作用,不能继续保留在原来的位置,分散地或成片地塌落。

3)风力侵蚀主要分布在中国西北、华北和东北的沙漠、沙地和丘陵盖沙地区;其次是东南沿海沙地;再次是河南、安徽、江苏几省的“黄泛区”(历史上由于黄河决口改道带出泥沙形成)。它的特点是由于风力扬起沙粒,离开原来的位置,随风飘浮到另外的地方降落。例如,河西走廊、黄土高原。

另外还可以分为冻融侵蚀、冰川侵蚀、混合侵蚀、风力侵蚀、植物侵蚀和化学侵蚀。

中国是世界上水土流失最为严重的国家之一,特殊的自然地理和社会经济条件,使水土流失成为主要的环境问题。中国的水土流失具有以下特点。

一是分布范围广、面积大。截至2013年,全国水土流失面积达295万km^2,占国土陆地面积的30.7%。水土流失致使大片耕地被毁,使山丘区耕地质量整体下降。自新中国成立至21世纪初的监测数据表明,全国因水土流失而损失的耕地达400多万公顷,每年流失的表土相当于120多万公顷耕地损失30cm厚的耕作层,全国每年流失的氮、磷、钾总量近1亿t。如果按此速度发展,数十年后东北黑土区上千万亩①土地的黑土层将多数流失,我国最大的"粮仓"将受到严重影响;西南岩溶区石漠化程度日益加剧,严重影响人民群众的生产生活。

二是侵蚀形式多样,类型复杂。水力侵蚀、风力侵蚀、冻融侵蚀及滑坡、泥石流等重力侵蚀特点各异,相互交错,成因复杂。西北黄土高原区、东北黑土漫岗区、南方红壤丘陵区、北方土石山区、南方石质山区以水力侵蚀为主,伴随有大量的重力侵蚀;青藏高原以冻融侵蚀为主;西部干旱地区风沙区和草原区风蚀非常严重;西北半干旱农牧交错带则是风蚀水蚀共同作用区。

三是土壤流失严重。据统计,中国每年流失的土壤总量达50亿t。长江流域年土壤流失总量24亿t,其中上游地区达15.6亿t;黄河流域黄土高原区每年进入黄河的泥沙多达16亿t。

除了特殊的自然地理、气候条件外,从目前情况看,人为因素也是加剧水土流失的主要原因:一是过伐、过垦、过牧;二是开发建设时忽视保护;三是水资源不合理开发利用,导致生态环境恶化。

三、土地荒漠化

土地荒漠化,就是指土地退化,也叫"沙漠化"。1992年联合国环境与发展大会对荒漠化的概念作了这样的定义:荒漠化是由于气候变化和人类不合理的经济活动等因素,使干旱、半干旱和具有干旱灾害的半湿润地区的土地发生了退化。

全球三分之二的国家和地区,世界陆地面积的三分之一受到荒漠化的危害,约五分之一的世界人口受到直接影响,每年有(5 000~7 000)$\times 10^4$ km^2的耕地被沙化,其中有2 100$\times 10^4$ km^2完全丧失生产能力。荒漠化受害面涉及世界各大陆,最为严重的是非洲大陆,其次是亚洲[8]。

① 1亩≈666.7m^2

(一)中国土地荒漠化概况

土地的沙化给大风起沙制造了物质源泉。因此中国北方地区沙尘暴(强沙尘暴俗称“黑风”,因为进入沙尘暴之中常伸手不见五指)发生越来越频繁,且强度大、范围广。

中国西北地区从公元前3世纪到1949年间,共发生有记载的强沙尘暴70次,平均31年发生一次,但1961年以来我国发生了大大小小的若干次沙尘天气,年均值17.8次;1996年以后,北方地区沙尘天气次数处于下降趋势,1996~2012年沙尘天气年均值为12.5次[9]。

根据对中国17个典型沙区,同一地点不同时期的陆地卫星影像资料进行分析,也证明了中国荒漠化发展形势十分严峻。毛乌素沙地地处内蒙古、陕西、宁夏交界,面积约4万 km^2,40年间流沙面积增加了47%,林地面积减少了76.4%,草地面积减少了17%。浑善达克沙地南部由于过度放牧和砍柴,短短9年间流沙面积增加了98.3%,草地面积减少了28.6%。此外,甘肃民勤绿洲的萎缩,新疆塔里木河下游胡杨林和红柳林的消亡,甘肃阿拉善地区草场退化、梭梭林消失等一系列严峻的事实都证明了中国荒漠化发展形势严峻。

土地荒漠化最终结果大多是沙漠化。中国荒漠化类型有风蚀荒漠化、水蚀荒漠化、冻融荒漠化、土壤盐渍化4种类型的荒漠化土地。中国风蚀荒漠化土地面积160.7万 km^2,主要分布在干旱、半干旱地区,在各类型荒漠化土地中是面积最大、分布最广的一种。其中,干旱地区约有87.6万 km^2,大体分布在内蒙古狼山以西,腾格里沙漠和龙首山以北包括河西走廊以北、柴达木盆地及其以北、以西到西藏北部。半干旱地区约有49.2万 km^2,大体分布在内蒙古狼山以东向南。亚湿润干旱地区约23.9万 km^2,主要分布在毛乌素沙漠东部至内蒙古东部和东经106°。中国水蚀荒漠化总面积为20.5万 km^2,占荒漠化土地总面积的7.8%,主要分布在黄土高原北部的无定河、窟野河、秃尾河等流域,在东北地区主要分布在西辽河的中上游及大凌河的上游。中国冻融荒漠化土地的面积共36.6万 km^2,占荒漠化土地总面积的13.8%。冻融荒漠化土地主要分布在青藏高原的高海拔地区。中国盐渍化土地总面积为23.3万 km^2,占荒漠化总面积的8~9倍。土壤盐渍化比较集中连片分布的地区有柴达木盆地、塔里木盆地周边绿洲以及天山北麓山前冲积平原地带、河套平原、银川平原、华北平原及黄河三角洲。

(二)土地荒漠化根本原因及防治措施

荒漠化形成与扩张的根本原因,就是荒漠生态系统(包括沙漠、戈壁系统、干旱、半干旱地区的草原系统、森林系统和湿地系统)的人为破坏,是对该系统中的水资源、生物资源和土地资源强度开发利用而导致系统内部固有的稳定与平衡失调的结果。

大量的研究结果表明,沙漠化产生的根源是人口对土地的压力过大造成的。因此沙漠化的治理应该从提高沙漠化土地的承载力、减缓和消除过重的人口压力的角度入手。然而,令人深思的是,沙漠化治理却是采用间接迂回的方法。我国在沙漠化防治方面采取的措施很多,可以归纳为以下两个方面。

(1)植树种草

当植被盖度达到30%以上时,土壤风蚀就会基本消失。种树种草治理沙漠化的措施,就是基于控制土壤风蚀的原理提出的。在沙漠化发展严重的农耕地区,主要采取把部分已经沙漠化的耕地退还为林地和草地的方法,以达到沙漠化土地恢复的目的。但由于区域内一部分土地种树种草,与本区域内另一部分土地承载力的大幅度跃升,没有协调同步,或者仅考虑到种树种草,而未在建设基本农田、大幅度提高单位土地的产出水平上下功夫,导致种树种草与本已过重的人口压力之间矛盾日趋激烈。

(2)围栏封育

在草原地区牲畜压力过大,过度放牧造成了土地沙漠化。治理的方式通常采用"围栏封育",即把草场划分成若干小区,使围起来的草地因牲畜压力的消失而自然恢复。

四、生物多样性减少

(一)生物多样性的概念

生物多样性是指生命有机体(动植物、微生物)的种类、变异及其生态系统的复杂性程度。它包含四个层次多样性:遗传多样性,物种多样性,生态系统多样性,景观多样性。生物多样性为人类提供了食物、药物来源、各种工业原料、繁殖良种的遗传材料,具有保持水土、维护自然生态平衡的功能,在促进重要营养元素循环方面起重要、不可或缺的作用,被喻为"地球的免疫系统"[10]。

(1)遗传多样性

遗传多样性又称为基因多样性,指广泛存在于生物体内、物种内以及物种间的基因多样性。任何一个特定个体的物种都保持并占有大量的遗传类型。每个种都有自己独特的基因库,使一个物种区别于其他物种。

遗传多样性包括分子、细胞和个体三个方面的遗传变异的多样性。

(2)物种多样性

物种多样性是指物种水平的生物多样性,在一个地区内物种的多样化,可以从分类学、生物地理学角度对一个区域内物种状况进行研究。

全球生物的物种估计有 1 400 万种,而目前发现并描述的只有 175 万种。

(3)生态系统多样性

生态系统多样性是指生境的多样性、生物群落多样性和生态过程多样性。生境的多样性主要指无机环境,如地形、地貌、气候及水文的多样性等。生境的多样性是生物群落多样性的基础。生物群落的多样性主要是群落的组成、结构和功能的多样性。

(4)景观多样性

景观多样性是指不同类型的景观在空间结构、功能机制和时间动态方面的多样化和变异性。我国是世界上生物多样性极丰富的少数国家之一,我国拥有 470 科、3 744属、30 491 种高等植物。种数丰富性次于马来西亚、巴西,居世界第三位。我国哺乳动物种数居世界第三位，鸟类和两栖类动物同居世界第六位。我国是微生物资源大国，种数约占世界的 1/6。国际自然资源保护联合会(IUCN)每四年发表一次的研究报告附列的名单表明，包括鸟类、哺乳类、昆虫和珊瑚在内的总共有 44 838 类物种濒临灭绝，其中 869 种已经或正在灭绝，209 种可能灭绝，另有 16 928 种正受到灭绝的威胁。

(二)生物多样性的意义

生物多样性中生态系统多样性维持着系统中基本能量和物质运动过程，保证了物种的正常发育与进化过程以及与其环境间的生态学过程，从而保护了物种在原生环境条件下的生存能力和遗传变异度。因此，生态系统多样性是物种多样性和遗传多样性存在的保证，生物多样性是人类持续发展的自然基础。

(1)物种多样性是人类基本生存需求的基础

人类的基本生存需求直接依赖于人类通过农、林、牧、渔业活动所获取的动植物资源。约自 1 万年前农业兴起之后，人类就一直不断地获取自然界赋存的动植物资源，来满足人类对食物、燃料、药材等基本的生存需求。地球上至少有 7.5 万种植物可供人类使用，而现在可供利用的仅 3.5 万种。现代工业中很大一部分原料直接或间接来源于野生动植物，很多野生动物至今仍是人类食物的主要对象。尽可能地充分利用地球上丰富的物种资源也许是解决世界性难题的一个出路。

(2)遗传多样性是增加生物生产量和改善生物品质的源泉

除直接利用野生动植物、微生物外，人类也利用传统的育种技术和现代基因工程，不断培育新品种、淘汰旧品种、扩展农作物的适应范围，其结果大大提高了作物的生产力，也丰富了农作物的遗传多样性。1972 年斯德哥尔摩人类环境大会就已强调：维持动植物的资源对全球粮食保证和人民生活需求有重大意义。目前，世界上正在广泛开发的农作物培育技术、园艺技术、动物饲养技术等均以生物多样性特别是遗传多样性为基础。例如，我国杂交水稻的培育成功，大大地提高了稻谷产量，既缓解了庞大人口的巨大粮食压力，又在一定程度上避免了大批的林地、草地开辟为农田。因此，充分利用遗传变异提高作物产量和改善品种具有很大的潜力。

(3)生态系统多样性是维持生态系统功能必不可少的条件

不同生物或群落通过占据生态系统的不同生态位，采取不同的能量利用方式，以及食物链网的相互关联维持着生态系统的基本能量流动和物质循环。生物多样性的丰富度直接影响生态系统的能量利用效率、物质循环过程和方向、生物生产力、系统缓冲与恢复能力等。生态系统多样性在维持地球表层的水平衡、调节微气候、保护土壤免受侵蚀和退化以及控制沙漠化等方面的作用已逐渐被人类认识和利用。总之，生物多样性是人类生存与发展的基础。

(4)生物多样性价值的多面性

生物多样性是提高人类生存能力和改善生活质量的物质基础，其价值直接与人类的生存与发展相关。生物多样性价值包括经济价值、生态价值、社会价值、文化价值等。由于人类的认识水平和科学技术手段有限，人类对生物多样性的价值缺乏充分认识，对生物资源和遗传资源的价值尚未全面利用。传统上,一般人类仅关心生物资源的直接消费价值(食物、医药、原料等),而忽视了生物多样性的潜在生态价值、经济价值和其他价值。

生物资源和遗传资源作为农业生产的基础，为地球上 70 多亿人口提供了基本的食物需求和开发未来食物的选择机会。生物多样性不但具有巨大的农业价值,而且还具有可观的医药价值。

生物多样性的经济价值对国家经济,尤其是对发展中国家经济的贡献相当可观。一项研究表明,20 世纪 70 年代后期,美国大约国内生产总值的 4.5%来源于野生动物,达到平均每年 870 亿美元的水平,而且仍然呈增长势头。另外,生物资源(尤其是珍稀物种)的旅游观赏价值往往可以给地区经济和国家经济以巨大的推动力。

生态系统多样性的生态价值具有长期性、潜在性,而且往往不可替代,利用这种多样性也能间接产生经济价值。例如,可以利用生物多样性,借助天敌就可适当减少在机械化、化肥、灌溉以及病虫害化学控制、农药控制等方面的投入,从而获得可观的经济效益。生物多样性的其他价值常常由于难以定量而被低估。

(三)生物多样性的锐减

(1)生物多样性锐减的现状

虽然中国具有高度丰富的物种多样性,但由于人口快速增长和经济高速发展,增大了对资源及生态环境的需求,致使许多动物和植物严重濒危。据统计,我国目前大约有398 种脊椎动物濒危,占总数的 7.7%;高等植物濒危或临近濒危的物种数已达到 4 000~5 000 种,占总数的近 20%。

我国动物和植物灭绝情况按已有资料统计,犀牛、麋鹿、高鼻羚羊、白臀叶猴,以及植物中的崖柏、喜雨草等,已经消失了几十年甚至几个世纪了,其中高鼻羚羊被普遍认为是在 20 世纪 50 年代后在新疆灭绝的。

我国目前濒危的主要动物物种有东北虎、华南虎、云豹、大熊猫、叶猴类、多种长臂猿、儒艮、坡鹿、白暨豚;主要植物物种有无喙兰、双蕊兰、海南苏欠、蝙三尖杉、人参、天麻、罂粟牡丹等。许多水域中不仅某些经济价值高和敏感的物种在逐步缩减甚至消失,连对虾、海蟹、带鱼、大小黄鱼等主要经济鱼种的可捕捞量也在迅速缩减。大量的水生生物处于濒危或受威胁的状态。

中国的栽培植物遗传资源也面临严重威胁。由于经济高速发展,各农业区的生态环境遭受了不同程度的破坏,许多古老名贵品种因优良品种的推广而绝迹。山东省的黄河三角洲和黑龙江省三江平原过去遍地野生大豆,现在只有零星分布;在动物遗传资源方面,优良的九斤黄鸡、定县猪已经绝灭,北京油鸡数量锐减,特有的海南峰牛、上海荡脚牛也已很难找到。遗传基因的丧失,其后果是无法估量的。

(2)生物多样性锐减原因

生境变化、环境污染、过度捕猎、物种入侵、单一种植和气候变化等都是生物多样性锐减的原因。目前世界生物多样性保护已有《联合国生物多样性公约》、《生物安全议定书》以及《湿地公约》等国际条约规范调整,各国也在采取积极的综合性措施进行生物多样性保护。

我国目前已建立各种类型的自然保护区逾两千个，总面积超过150万km²。我国目前拥有的各类世界遗产计42处，其中文化遗产30处、自然遗产8处、文化和自然双重遗产4处，于意大利和西班牙后居世界第三位。

阅读材料：外来物种入侵

1.凤眼莲和葛藤的入侵

被喻为“紫色恶魔”的凤眼莲(*Eichhornia crassipes*，即中国人俗称的“水葫芦”)在全世界水域的肆虐繁殖即是外来物种入侵最典型的一个例子。1884年，原产于南美洲委内瑞拉的凤眼莲被送到了美国新奥尔良的博览会上，来自世界各国的人见其花朵艳丽无比，便将其作为观赏植物带回了各自的国家，殊不知繁殖能力极强的凤眼莲便从此成为各国大伤脑筋的头号有害植物。在非洲，凤眼莲遍布尼罗河；在泰国，凤眼莲布满湄南河；而美国南部沿墨西哥湾内陆河流水道，也被密密层层的凤眼莲堵得水泄不通，不仅导致船只无法通行，还导致鱼虾绝迹，河水臭气熏天；而中国的云南滇池，也曾因为水葫芦疯狂蔓延而被专家指称患上了“生态癌症”。

此外，美国曾经引进葛藤，葛藤不仅有极强的生长力，而且可以改善土壤环境。1930年从日本引进后，使许多被破坏的农地和沙坡变成草木繁盛的肥沃土地，被人誉为“大地的医生”。20世纪50年代中期，全美繁衍葛藤近万棵。然而，葛藤像野兽一样“野火烧不尽，春风吹又生”，短短二十年间，便从“大地的医生”沦为全美通缉的“绿怪”，亚拉巴马州政府宣布葛藤成为“非法移民”。

2.亚洲鲤鱼入侵美国

20世纪60年代，美国急于找到一种比化学药物更为安全的方式，用来控制泛滥的水生植物、藻类等。于是，美国鱼类和野生动物局想到了“生物方法”，从中国将鲤鱼引进阿肯色州。随后不少养鱼场也纷纷效仿，把鲤鱼当作了绝佳的天然池塘清洁员。20世纪90年代，由于密西西比河发了几次洪水，这些鱼沿着密西西比河一路北上，其他的“亚洲鲤鱼兄弟”(甚至包括金鱼和锦鲤)也或先或后陆续成了“非法移民”。由于缺乏自然的天敌，这些鱼类生长迅速，繁殖能力强的鲤鱼成了当地的水霸王。2009年底，美国伊利诺伊州的科研人员与环保人员为了消灭亚洲鲤鱼，开始向临近密歇根湖的河道(全长10 km)中投放了大量“杀鱼药”，从而维持水体“生态平衡”，防止这一外来物种进入五大湖。不过，截至2013年12月，有关部门只从被毒死的鱼中找到一条身长不过60cm的亚洲鲤鱼，其他被毒死的鱼类都是“美国本土公民”。2014年1月18日，据外媒报道亚洲鲤鱼入侵美国疯狂繁殖，密西西比河水生物已崩溃，为防止它们从密西西比河进入五大湖，美政府决定斥资180亿美元，用25年建堤拦住亚洲鲤鱼。但专家担心，恐怕堤坝没竣工，五大湖区就已被攻占。

参考文献

[1] 李永峰,唐利,刘鸣达. 环境生态学. 北京:中国林业出版社,2012.
[2] 盛连喜,冯江,王娓. 环境生态学导论(第二版). 北京:高等教育出版社,2009.
[3] 高志强,常介田,刘玉凤,等. 农业生态与环境保护. 北京:中国农业出版社,2001.
[4] 宋志伟,贾东坡,郭才,等. 农业生态与环境保护. 北京:北京大学出版社,2007.
[5] 秦大河,丁一汇,毛耀顺,等. 全球碳循环. 北京:气象出版社,2003.
[6] 张建强,刘颖,刘丹. 生态与环境. 北京:化学工业出版社,2009.
[7] 国家环境保护总局. 中国环境状况公报 2006. 2007.
[8] 赵晓光,石辉. 环境生态学. 北京:机械工业出版社,2007.
[9] 武健伟,孙涛. 近 12 年来我国北方地区春季沙尘天气变化的探讨. 林业资源管理,2013,(02):51–55.
[10] 盛连喜,冯江,王娓. 环境生态学导论. 北京:高等教育出版社,2002.

第三章　人口和资源

第一节　世界人口发展状况与问题

人既是生产者,又是消费者。从生产者的角度来说,任何生产都需要大量的自然资源来支持,如农业生产要有耕地、灌溉水源,工业生产要有能源、各类矿产资源、各类生物资源等。随着人口的增加,生产规模必然扩大,一方面所需要的资源持续增多,另一方面在任何生产中都会有废物排出,资源的消耗和废物的排放量也会逐渐增大。

从消费者的角度来说,随着人口的增加、生活水平的提高,人类对土地的占用(如居住、生产食物)会越来越大,对各类资源,如矿物能源、水资源等的利用也会急剧增加,当然排出的废物量也会随之增加,从而加重资源消耗和环境污染。地球上一切资源都是有限的,即便是可恢复的资源,如水、可再生的生物资源,也有一定的再生速度,每年的可供量是有限的,尤其是土地资源,不仅总面积有限,人类难以改变,而且是不可迁移的和不可重叠利用的。这样,有限的全球环境及其有限的资源,便限定了地球上的人口也必定是有限的。如果人口急剧增加,超过了地球环境的合理承载能力,则必然造成资源短缺、环境污染和生态破坏。这些现象在地球上的某些地区已经出现了,也正是人类要研究和改善的问题。

一、人口与人口过程

人口是生活在特定社会、特定地域,具有一定数量和质量,并在自然环境和社会环境中同各种自然因素与社会因素组成复杂关系的人的总称。

人口具有自然的和社会的双重属性。自然属性是人口存在和发展的自然基础,人口的自然属性不依社会生产方式为转移,它是任何社会生产方式下的人口生存和发展的自然基础,人口的出生、成长、衰老乃至死亡的生命过程,以及人口的性别、年龄、生育、死亡等现象,都是人口生物属性的具体表现。社会属性是人口的本质属性,是指人口作为社会生活的主体所具有的特性,人口数量多少为当时社会生产力发展水平和社会生产关系的性质所制约,一定数量的人口是由具有一定质量的个人所组成,人口数量和质量在一定意义上是不可分割的历史的辩证统一体,人口质量随着社会生产力的发展,随着社会由低级向高级阶段的发展而稳步提高。人口的社会属性是人口区别于生物群体的根本标志,构成人口的自然属性的生物学规律,只有通过社会条件才能实现,正确认识人口自然属性和社会属性的相互关系,具有重大的理论意义和实践意义。

人口过程是人口在时空上的发展和演变过程,它大致包括自然变动、机械变动和社会变动。人口自然变动是指人口的出生和死亡，变动的结果是人口数量的增加或减少；人口机械变动是指人口在空间上的变化，即人口的迁入迁出，变化的结果是人口密度和人口分布的改变；人口社会变动是指人口社会结构的改变（如职业结构、民族结构、文化结构、行业结构等）。人口过程反映了人口与社会、人口与环境的相互关系。

反映人口过程的自然变动指标是人口出生率、人口死亡率和自然增长率。人口自然增长率与出生率和死亡率的关系是

自然增长率 = 出生率–死亡率

反映人口过程、人口增长规律的指标还有指数增长、倍增期等。指数增长是指在一段时期内，人口数量以固定百分率增长。倍增期是表示在固定增长率下，人口增长一倍所需的时间，其计算公式为

$$T_d=0.7/r$$

式中，T_d——倍增期；

r——年增长率。

根据上式：若人口增长率为 r =1%，则 70 年后，人口增长 1 倍；若 r =2%，则 35 年后，人口增长 1 倍；若 r =7%，则 10 年后，人口增长 1 倍；若 r =10%，则 7 年后，人口增长 1 倍。

二、世界人口发展状况

1. 发展趋势

综观世界人口发展的历程，大致经历 3 个历史阶段。

（1）高出生率、高死亡率、低增长率阶段

这一阶段是相当漫长的，从人类社会诞生以来直到工业革命，人口都处于缓慢增长的阶段。在这个漫长的时期里，人口增长十分缓慢，世界人口总数很少，据考证分析，距今 100 万年时全球人口仅有 1 万~2 万；距今 10 万年时，也只有 2 万~3 万，千年人口增长率不足 1%；公元前 1 万年，全球人口缓慢增长到 400 万；公元前 4 000 年时达到 700 万；公元前 3 000 年，人类社会进入奴隶制社会和封建社会，生产力进一步发展，人类有了较为稳定的生活资料来源，人口开始有了比较明显的增长，不过增长依然十分缓慢，据估算每 200km^2 少于 1 个人，平均每千年增长 20‰，比现在慢约 1 000 倍。

（2）高出生率、低死亡率、高增长率阶段

工业革命之后，人类社会的生产力水平迅速提高，人们生活和医疗卫生水平也有显著改善，死亡率开始大幅度下降，世界人口有了飞速的发展，人口倍增时间也在不断的缩短，即世界人口每增加 1 倍的年限越来越短。世界人口于公元 1600 年达到 5 亿，200 多年后到 1804 年，人口达到 10 亿，123 年以后即 1927 年，世界人口达到 20 亿。尤其是第二次世界大战后的 20 世纪后半期，达到了历史最高峰，出现了人口爆炸的局面，在 1950 年到 2010 年的 60 年间，世界人口从 25.2 亿增加至 70 亿（图 3-1）。

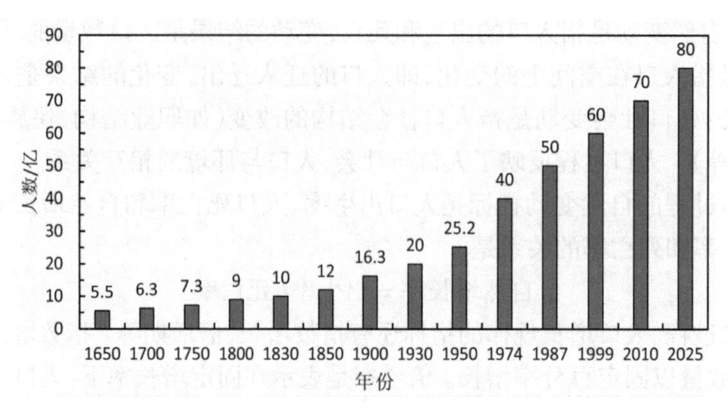

图 3-1　世界人口增长图

(3)低出生率、低死亡率、低增长率阶段

随着科技的进步和社会福利事业的发展以及人口素质的普遍提高,人们的观念发生变化,妇女受教育的水准提高,就业机会增多,节育措施普遍实施,使出生率下降。值得注意的是,人口数量的增长情况在发达国家和发展中国家之间呈现出不平衡的态势,由于种种原因,欧美发达国家中人口的自然增长率呈现了下降的趋势,有一些国家出现了人口零增长甚至负增长现象,但发展中国家人口依然继续增长,从全球来看,人口增长速度开始减缓,但全世界每年仍能增加近 1 亿人。

2. 增长特点

(1)随经济的发展而有所不同

人口增加最快和最多的仍主要集中在发展中国家特别是最不发达国家。2010 年,发达国家人口为 12.37 亿,到 2050 年,在接纳移民的情况下将保持在 12 亿的水平,其中多数国家的人口将减少,欧洲人口将减少到 6.91 亿,与 20 世纪一样,世界人口增长几乎完全以欠发达国家的人口增长为基础,到 2050 年,欠发达国家人口将增加到 79 亿,占世界人口总数的 86.3%。联合国世界人口状况报告预测,到 2050 年世界人口过亿的国家将增至 17 个,其中亚洲地区人口将增加至 52.32 亿,占世界人口总数的 57.2%。德国《科学和政治基金杂志》2010 年 11 月一期刊登该基金会全球问题研究人员斯特芬·安格嫩特博士等合写题为《世界人口分为三部分》的文章划分:富有、人口老化和部分地区缩减的工业国家为“第一世界”;经济充满活力、人口发展相对均衡和城市化继续向前推进的新兴国家是“第二世界”;人口年轻且有力增长尤其城市人口大量增加的贫穷国家属于“第三世界”[1]。

(2)年龄结构两极分化

人口老龄化是社会经济发展的必然结果,也是世界人口的发展趋势。到 2050 年,预计 60 岁以上的老龄人口总数将超过 20 亿,占总人口的 22%左右,并将超过 15 岁以下儿童人口的总数,百岁老人将从 2002 年的约 21 万人增长到近 380 万人,见图 3-2[2]。

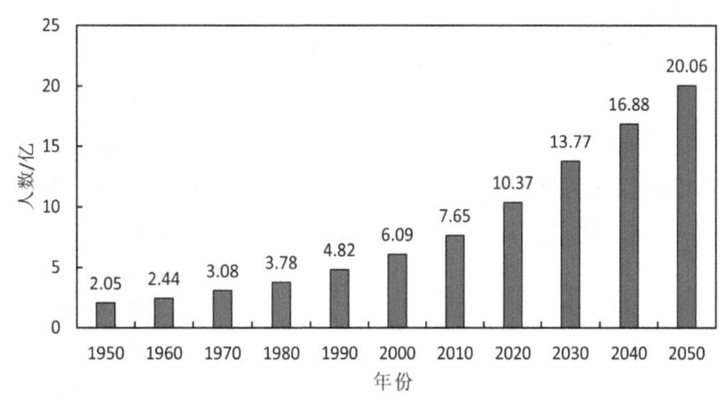

图 3-2　世界老龄人口增长图

(3)城市人口急剧膨胀

近几十年里城市人口增长达到了惊人的程度。据统计,1950~1980 年,世界城市人口由 6.98 亿增加到 18.7 亿,从占总人口的 28.1%增加到 42.2%,特别是发达国家的城市人口增加得更快。1950 年,美国城市人口占总人口的 64%,到 1980 年上升到 82.7%。同时,英国由 77.9%上升到 88.3%,法国由 55.4%上升到 78.3%,日本由 35.8%上升到 63.3%,中国由 11%上升到 29.37%。联合国经济社会事务部人口司发布的一份报告指出, 到 2050 年,世界城市人口将由 2007 年的 33 亿上升到 64 亿,其中未来城市人口增长将主要出现在发展中国家,亚洲的城市人口到 2050 年将上升 18 亿,非洲将上升 9 亿,拉美和加勒比将增加 2 亿[2]。

人口的急剧增加可以认为是当前环境的首要问题。联合国 2013 年 6 月 13 日发布的《世界人口展望:2012 年修订版》报告指出,尽管世界人口增长近年来由于出生率大幅下降而在整体上呈显著放缓的趋势,但在一些发展中国家,尤其是在非洲地区,人口仍在快速增长。报告指出,在未来 12 年中,全球人口预计将从 2012 年的 72 亿上升至 81 亿,并在 2050 年达到 96 亿[2]。

第二节　中国人口发展状况与战略

一、中国人口发展状况

(1)人口增长速度快

回顾我国人口发展历史,随着朝代的更替,人口基本呈现波浪式增减变动(表 3-1)。历史上我国人口发生过三次倍增大台阶。第一个台阶是由先秦的 1 000 万~2 000 万人陡升到西汉 5 959 万人口,北宋时期,人口曾经突破 1 亿,后来因为战乱、环境约束与瘟疫,人口减少。人口出现一定程度的波动。第二个台阶发生在清代,总人口增长到 4 亿多。从康熙十九年(1680 年)到道光二十年(1840 年),“乾隆盛世”前后空前巨大的人口增长,形成中国人口发展史上前所未有的一次生育高潮,全国人口从 1 亿增加到 4 亿左右,奠定了中国人口众多的基础。

表 3-1　我国历代人口变动情况

朝代	大约人口数(万)
秦	>3 000
汉(西汉末期进入公元纪年)	1 800~6 000(占世界 10%)
三国、晋	2 300~3 500
隋	6 000
唐	2 500~9 000
宋	3 000~10 000
元	7 000~8 500
明	6 000~20 000
清	12 000~43 000

中华人民共和国成立后，发生在 1953~1957 年和 1962~1973 年的两次生育高潮，使全国总人口从 1949 年的 5.42 亿增加到 1973 年的 8.92 亿。1984 年全国人口的总数已超过 10 亿，比 1949 年增加了 4.93 亿。面对人口快速增长对经济、科技、社会发展的制约和日益加重的负担，政府开始大力控制人口增长，切实加强计划生育工作。经过全国上下的艰苦努力，人口增长终于得到有效的控制，同发达国家接近，已经步入低生育水平行列，为未来人口的零增长创造了条件。

国家统计局公布的第六次全国人口普查数据显示，2010 年全国总人口 13.4 亿，与 2000 年相比较，十年增加 7 390 万人，增长 5.84%，年平均增长 0.57%，比 1990 年到 2000 年的年平均增长率 1.07%下降了 0.5 个百分点。数据表明，十年来中国人口增长处于低生育水平阶段，以目前人口为基础，如果人口增长率能继续得到控制，到 21 世纪中期我国人口将达到 16 亿。人口学家普遍认为，这是中国人口的极限，即中国土地可负荷和供养的最大人口数，此后我国人口数会略有回落，并在某一时期到达最佳人口数而稳定下来[3]。

(2)农村人口比例大

我国农村人口基数大，长期以来农业人口占总人口比例偏高，不过随着中国经济社会的快速发展，城镇化水平的不断提高，这种差距越来越小，居住在农村的人口比例逐渐下降。2010 年最新的第六次人口普查数据显示，我国城镇人口占总人口的 49.68%，乡村人口为 6.7 亿，占全国总人口的 50.32%，同 2000 年人口普查数据相比，城镇人口比例上升了 13.46 个百分点[3]。

(3)人口城市化加快

人口城市化是指一个变农村人口为城市人口，或变农业人口为非农业人口，由农村居住变为城市居住的人口分布变动的过程。1980 年以前，我国人口城市化进程缓慢，城市化程度处于较低水平。20 世纪 80 年代以来，随着经济的繁荣、工业化的发展，农村大量剩余人口涌入城市，使城市人口迅速增加。我国 1965 年城市人口占总人口的比例为18.2%，1990 年为 26.2%，而 1998 年则上升为 30.4%。第六次人口普查数据表明，已有近 1/2 的人口居住在城市。随着我国社会经济的不断发展以及户籍制度的改革，城镇人口还会进一步增加，预计到 2025 年我国城市人口比例将达到 58%，2050 年则达到 70%左右[3]。

(4)人口老龄化

人口老龄化是人口出生率下降和人口平均寿命延长而造成的人口现象。衡量人口老龄化的标准:当一个国家或地区60岁以上老年人口占人口总数的10%,或65岁以上老年人口占人口总数的7%。我国少年人口比例逐渐降低,由1985年的30.3%下降到2010年的16.6%;老年人口比例逐年上升,65岁以上老年人口由1990年的5.1%上升到2010年的8.87%,预计到2025年将超过12%,年龄结构已成为典型的老年型人口类型,2050年会上升到20%以上,中国人口的年龄结构进入高度老化阶段[3]。

(5)男女性别比偏高

我国人口男女性别比不仅显著高于发达国家,而且也稍高于某些发展中国家。我国六次人口普查的性别比分别为:104.88(1953年),103.88(1964年),106.3(1982年),106.6(1990年),106.74(2000年),105.2(2010年)。人口性别比的差异是导致社会不稳定的重要因素之一,应该得到广泛的重视。以上数据也显示出来,随着社会的发展,人们思想教育的提高,这种男女比例失衡的现象差异,会慢慢趋于平衡[3]。

(6)人口分布不均

我国人口分布格局,呈现出东半部人口十分稠密,西半部人口十分稀疏的特点。从1933年创制的人口分布图和人口密度图清楚地看出两者之间有一条明显的人口分界线,从黑龙江省的瑷辉(现称黑河),到云南省的腾冲画一条直线,该线的西北约占全国总面积的64%,但人口只占全国总人口的4%,而该线的东南,占总面积的36%的土地上生活着96%的人口[3]。

形成这个特点的原因是:东南部地区和沿海地带地形以平原(包括我国三大平原)和丘陵为主,除局部较高的山峰外,海拔多在500m以内,平原一般小于200m,地势低平,土地丰腴。濒临太平洋、有绵延18 000km的海岸线,受海洋影响较深,季风气候显著,气候温和,降水丰沛。这些优越的条件促进了经济的发展和人口聚集。自公元4世纪东晋以来,除原有的中原地区外,我国东南地区也逐步得到开发,人口增长较快,特别是近代,由于帝国主义势力的侵入,随着殖民经济和生产力布局的畸形发展,造成东南部一些地区人口的高度密集。在新中国建立后,为了使我国人口分布和生产力布局趋向合理,为了促进全国和内地经济的发展,加强国防,支援边疆少数民族地区的开发,国家通过调整内地和沿海区域的投资比例,组织由沿海向内地的人口迁移,制定不同地区相适合的人口政策等措施,沿海和内地及边远地区人口分布的极不平衡状况在逐步变化。

我国人口分布除在水平方向上极不均衡外,在垂直方向上也呈现出平原区人口密集,由平原向周围的丘陵、高原和山地,随地势增高存在人口递减的规律。若对照一幅地形图来阅读《中国人口分布图》和《中国人口密度图》的话,会十分清晰而鲜明地看到图上展示的这一特点。从全国范围看,我国地势西高东低,大致呈三个阶梯。位于我国西部的青藏高原平均海拔4 000m以上,是我国地势的第一阶梯,高原上山脉并列,冰峰叠起,具有"世界屋脊"之称。在青藏高原的北面和东面,巨大的山脉与浩瀚的高原、盆地相间分布,构成了我国地势的第二级阶梯。较大的高原有内蒙古高原、云贵高原和黄土高原;盆地有塔里木盆地、准噶尔盆地和四川盆地。自大兴安岭、太行山、巫山至云贵高原东缘一线以东的地区是第三级阶梯，地形以平原和丘陵为主，海拔多在500m以下。我国人口分布随地势升高而减少也具有由东向西递减的趋势。

我国地形的种类多样，有平原、丘陵、山地、高原和盆地，各类地形交错分布，十分复杂，致使我国各区域人口分布在上述宏观特征和规律的基础上，存在着明显的局部差异。我国位于海拔500m以下的平原和丘陵区合计占领土总面积的22%，却集中了全国近4/5的人口，平原和丘陵是我国人口的主要分布区。我国绝大多数人口分布在500m以下的低平地区，这同世界人口分布的基本趋势是一致的。但是在1 000~2 000m高程带人口所占的比重则偏高，这主要因为位于这一高程带的黄土高原、云贵高原上的诸多大小盆地（坝子）和内蒙古高原的河套平原与银川平原等是农业发达区域，人口较稠密。而500~1 000m高程带的人口又显然偏低了一些，原因在于它有大约1/3的面积分布在我国西部地区，如新疆和内蒙古的干旱半荒漠与荒漠地带，为人口极度稀疏或无人区。2 000m以上主要是高原和高山地带，我国边远地区的少数民族大多分布在这个高程带，如居住在青藏高原的藏族同胞，经过了长期生活和劳动，适应了高原和山地的环境。目前，西藏最高的居民点达到了海拔4 880m，这在世界上也是罕见的，这个高程带的人口密度更小。

此外，我国还有庞大的流动迁移人口，这对我国城市基础设施和公共服务构成巨大压力。流动人口就业、子女受教育、医疗卫生、社会保障以及计划生育等方面的权利如果得不到有效保障，将严重制约着人口的有序流动和合理分布，统筹城乡、区域协调发展将面临困难。

（7）人口素质亟待提高

广义的人口素质包括身体素质、文化水平、劳动技能、思想和道德品质等，身体素质是人口的自然属性，文化水平、劳动技能、思想和道德品质是人口素质的社会属性。新中国成立后，中国人口素质的改善是在一个较低的水平上开始的。随着我国社会经济的迅速发展，人民物质文化生活水平的不断提高，中国人口的身体素质和科学文化素质都有了明显提高。我国人均寿命从1949年的35岁提高到现在的70岁，人口死亡率从1949年的20‰降至现在的7‰左右。2010年第六次人口普查数据显示，2010年我国成年人口中小学学历占26.78%，初中学历占11.48%，高中学历占8.93%，大学学历占14.03%，与2000年相比，小学文化人口比例下降了近9个百分点，初中文化程度人口比例下降了4个百分点，高中文化程度人口比例提升了5个百分点，大学文化程度人口比例提升了近3个百分点，说明随着教育状况得到较大的改善，国民整体文化素质有了较大的提高。

尽管我国人口素质有了明显的提高，但与世界先进水平相比较仍存在着差距，整体科学文化素质仍然处于较低水平，尤其是劳动年龄人口较低的文化教育素质，不仅严重妨碍着劳动生产率的提高，也制约着科学技术的创新能力，影响到人力资本的有效积聚[3]。

二、可持续发展的人口战略

(1)可持续发展对人口数量的要求

尽管人口数量对社会发展不起决定作用，但数量的多寡可以促进或延缓社会的发展。现在,可持续发展面临的主要问题是人口过多的问题。经济学家通常用下面的公式衡量人口增长对环境的压力,即

$$I=P \times A \times T$$

式中,I——对环境的影响;

P——人口数量;

A——消费水平;

T——单位产出对环境造成的负效应(环境污染与资源消耗),与生产技术有关。

据联合国提供的资料,1960~1985 年世界人口由 30 亿增加到 48 亿,增加了 60%,而同期世界能源消耗却增长了 130%,为人口增长的 2 倍多。将人口增长率维持在资源环境和经济力量所能承受的水平,使人类的需求保持在一定的环境承载力之内,保持适度的人口规模,是实现可持续发展的一个必要条件。

适度人口一般是指在一定目标和条件下区域能够供养的最优人口数量。可持续发展的适度人口包含人口数量、质量、结构和分布等多要素全面适应时代发展的适度,主要包括:人口数量和人口增长率的适度;人口素质的不断提高与完善;人口结构与分布的日趋合理;人口观念科学和公众参与的适度。

(2)可持续发展对适度消费的要求

传统消费模式是一种“消费至上”模式,是一种“线性消费”模式,是一种忽视社会公平的模式。《中国 21 世纪议程》指出:“合理的消费模式和适度的消费规模不仅有利于经济的持续增长,同时还会减缓由于人口增长带来的种种压力,使人们赖以生存的环境得到保护和改善。”因此,合理消费和适度消费是可持续发展的内在要求。

所谓适度消费是指一个国家或地区的消费水平、消费结构与其生产力水平相适应,与其自然承载力相适应,既不过分节俭,又不奢侈浪费的消费。一般认为适度消费具有适度性、文明性、可持续性、人本性的特点。适度消费符合可持续发展理念,与科学发展观相适应,代表了未来消费发展的方向。一方面,要正确地教育和引导消费者,使他们提高生态意识,自觉转变消费观念;另一方面,要用法律法规约束生产者,使他们尽可能多地生产绿色产品来满足消费需要。

(3)可持续发展对人口结构的要求

人口年龄结构是从年龄的角度考察总人口中不同年龄段人口所占比例及相互关系。人口年龄构成可分为三个大段:0~14 岁为少年儿童段;15~59(或 64 岁)为劳动年龄段;60 岁(或 65 岁)以上为老年人口段。其中,少年儿童和老年人口段合称为非劳动年龄人口。

少年人口系数、老年人口系数和人口抚养系数是衡量人口年龄结构的三个常用指

标。计算公式如下：

少年人口系数 =（少年儿童人口数 ÷ 人口总数）× 100%

老年人口系数 =（老年人口数 ÷ 人口总数）× 100%

人口抚养系数 =（少年儿童人口数 + 劳动年龄人口数）÷ 劳动年龄人口数

=（少年儿童人口系数 + 老年人口系数）÷ 劳动年龄人口系数

老年人口系数过高不利于可持续发展。人口老化是老年人口系数随时间的推移不断上升的动态变化过程，它是出生率下降和平均预期寿命延长的必然结果。目前国际通行以老年人口比例作为人口老龄化的指标，如果某个国家或地区在某个时点上，60 岁以上人口比例达到 10%以上，或者 65 岁以上人口比例达到 7%以上，则这个国家或地区进入了老年型人口结构，人口开始老化。人口老龄化过程中，劳动年龄人口比重下降，导致劳动力资源不足，劳动人口抚养比的上升，导致劳动力成本加大。

人口抚养系数过高也不利于可持续发展。人口抚养系数又称人口抚养比，是指总人口中非劳动年龄人口数与劳动年龄人口数之比，即少年儿童抚养比和老年人口抚养比之和。2005 年，我国的人口抚养比已经相当的高，达到了 40.1%，其中少年儿童抚养比为 27.4%，老年人口抚养比为 12.7%。人口抚养系数过高，意味着劳动年龄人口的负担过重，劳动年龄人口创造的财富相当大的份额要被非劳动年龄人口消费掉，不便于资本积累和社会再生产，也不利于人口素质的提高，并因此加大资源消耗和环境污染的压力，从而影响可持续发展及其能力建设。

人口经济结构是国家制定人口经济政策的重要依据。人口产业结构是人口经济结构的基础，它是经济活动人口分布于国家经济各个部门从事各种经济活动所构成的比例关系。可持续发展的人口经济结构应是大部分人口从事服务业，第三产业从业人口比例大于第二产业从业人口的比例，第二产业从业人口的比例大于第一产业从业人口的比例。目前，发达国家人口产业结构已完成了由第一产业人口比重占 50%以上的“传统型”向第一产业比重占 15%以下的“现代型”转变，不少国家的第一产业人口比重甚至低于 10%，英、美等发达国家更低至 3%左右。

综上所述，可持续发展是以人为本的发展，我们追求可持续发展，也追求人的可持续发展。人口要素是可持续发展系统中起核心作用的要素。人口数量、人口素质、人口结构和人的观念对可持续发展都有重要影响。人口数量方面，现在面临的主要是人口过多的问题。在一些地区，人口过多已经成为环境恶化的根本原因。保持适度的人口规模，是实现可持续发展的必要条件。在人口素质方面，科学技术是第一生产力，科技进步通过提高生态承载力和社会生产力来推动可持续发展，可持续发展对技术革新的方向给予指导和规范，技术革新既要符合可持续发展的环境伦理，又要符合可持续发展的社会伦理。决策管理是人素质的重要体现，也是国家可持续发展能力建设的重要环节。提高环境意识教育要先行，政府来引导，形式要多样，树立生态文明观是可持续发展对提高人口素质的总的要求。

第三节　自 然 资 源

自然资源是人类从自然条件中摄取并用于人类生产和生活所必需的各种自然组成成分，其通常所指的有土地、土壤、水、森林、草地、湿地、海域、原生动植物、微生物以及矿物等，还包括空气等一些环境要素。研究学者对自然资源的定义：指人类可以利用的、天然形成的物质和能量，它是人类生存的物质基础、生产资料和劳动对象。值得注意的是：其一是天然物质，其二是可以利用，其三是能够产生生态价值和经济效益。

自然资源的重要性体现在以下两个方面：首先，自然资源是自然环境系统中不可缺少的部分，同时又是人类社会系统得以运行的不可缺少的要素，因此它是这两个系统之间的一个十分重要的界面。作为自然环境的一部分，自然资源如山、水、森林、矿藏等是组成自然环境的基本骨架。不同地域上的自然环境之间之所以存在差异，主要在于不同地域的自然资源组配的方式和强弱不同，进而形成的结构以及显现的状态不同。这就是说，自然资源的组配对自然的基本过程和状态有着决定性的作用。而作为人类社会经济活动的原材料，自然资源又是劳动的对象，是形成物质财富的源泉，是人类社会生存发展须臾不可或缺的物质。其次，自然资源是人类社会活动作用于自然环境最强烈的地方。因为人们为了使自己的生存获得更大的保障，就要不断地开发自然资源。在国际上，各个国家为了提高自己的经济实力，就不断并越来越强地开发自然资源。在工业文明的时代，一个国家开发自然资源的能力，几乎已不受怀疑地成了“国力强弱”和“发达与否”的唯一标尺。人类沿着这个方向努力了两三百年，结果导致了自然环境的严重恶化和毁坏。

一、自然资源的分类

1. 自然资源的地理分类

根据自然资源的形成条件、组合状况、分布规律及其地理环境各圈层关系等地理特性，常把自然资源分为：矿产资源（岩石圈）、土地资源（土壤圈）、水力资源（水圈）、生物资源（生物圈）、气候资源（大气圈）、海洋资源六大类。

2. 自然资源的特征分类

按其产生的渊源及其利用性可分为（图 3-3）：

（1）非耗竭性资源

非耗竭性资源，如太阳能、空气、风、降水、气候等。这类资源随着地球形成及其运动而存在，基本上是持续稳定产生的。

（2）耗竭性资源

这种自然资源是在地球演化过程中的特定阶段形成的，质与量是有限定的，空间分布是不均匀的。耗竭资源又可分为：

1)可再生资源:主要是指那些被人类开发利用后,能够依靠生态系统自身的运行力量得到恢复或再生的资源,如动物资源、植物资源、微生物资源、土地资源、水资源等。只要开发强度不超过承载力,这些资源从理论上讲是可以永续利用的。

2)不可再生资源:这类资源一般是指人类开发利用后会逐渐减少以至枯竭,而不能再生的资源,如各种金属矿物、非金属矿物、化石燃料等。这些矿物都是由古代生物或非生物经过漫长的地质年代形成的,因而它的储量是固定的,在开发利用中,只能不断地减少,无法持续利用。

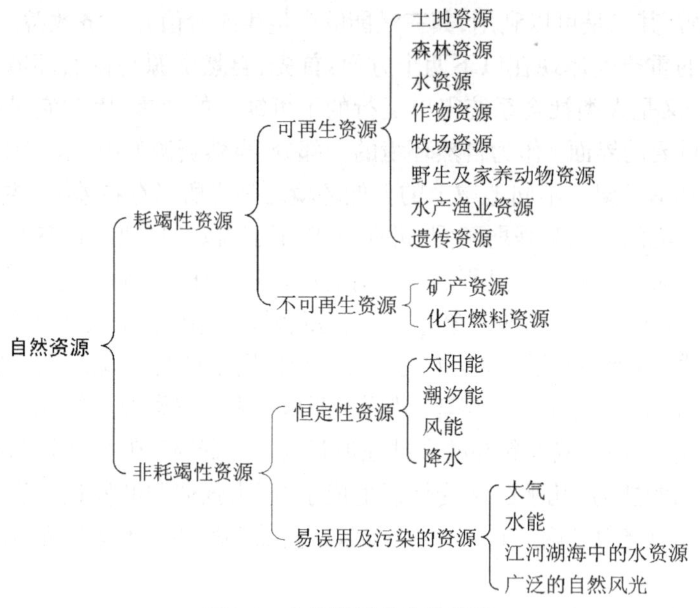

图 3-3　自然资源的分类系统

二、中国自然资源的特点

中国是一个资源大国,种类多、数量大,是世界上少数的几个资源大国之一。我国自然资源总量综合排序在世界上 144 个国家中居第八位,这反映出我国自然资源在世界上具有举足轻重的地位。我国地表水资源居世界第六位,矿产资源按 45 种重要矿产的潜在价值计算,居世界第三位(表 3-2)。但由于我国人口多、底子薄、资源相对不足和人均国民生产总值仍居世界后列,所以以资源高消耗来发展生产和单纯追求经济增长的传统发展模式,正在严重地威胁着自然资源的可持续利用。

(1)资源总量大,人均占有量少

由于我国人口众多,主要资源的人均占有量普遍偏少。例如,我国 1996 年的人均耕地有 0.106 hm^2(1.59 亩),第二次全国土地调查结果显示[4],全国人均耕地 0.101hm^2,不到世界人均水平的一半。第八次全国森林普查资料(2009~2013 年)[5]显示,我国仍然是一个缺林少绿、生态脆弱的国家,全国森林覆盖率为 21.63%,远低于全球 31%的平均水平,人均森林面积仅为世界人均水平的 1/4,人均森林蓄积只有世界人均水平的 1/7,森林资源总量相对不足、质量不高、分布不均的状况仍未得到根本改变。我国人均水资源量为2 700m^3,不及世界平均值的1/4。我国人均资源占有量与世界上144个国家进行排序,结果如表3-3。

表3-2　中国自然资源情况

资源类型	占有量	世界排名	资源类型	占有量	世界排名
陆地面积	9.6×10^6 km^2	3	海域面积	4.73×10^6 km^2	
耕地面积	1.3×10^5 km^2	4	地表水资源	2.8×10^{12} m^3	6
森林面积	1.2×10^6 km^2	6	水利能		1
草地面积	4.0×10^6 km^2	2	太阳能		2
矿产资源	45种重要矿产	3	煤炭		3

表3-3　中国人均自然资源情况

资源类型	世界排名
土地面积	110位以后
耕地面积	130位
草地面积	76位以后
森林面积	107位以后
淡水资源量	55位以后
45种矿产潜在价值	80位以后

(2)资源种类多、类型齐全

我国疆域辽阔,就全国而言,东农西牧,南水(田)北旱(地),地平川农林互补,江湖海洋散布环集,在总体上呈现以农为主,农、林、牧、渔各业并举的格局。在工业资源方面,除了农业为轻纺工业提供各种原料外,能源、冶金、化工、建材都有广泛的资源基础。世界上中国、美国、加拿大、巴西等都是资源组合状况最好的国家。但是,耕地不足是中国资源结构中最大的矛盾;整个北方和南方地区的水资源也面临日益缺乏的局面;少数有色、贵重金属和个别化肥(钾)资源的保证程度很低等。

(3)资源的地域分布不均衡

由于地理、地质、生物和气候的作用,我国资源的分布存在相对富集和相对贫乏的现象,如我国水资源东多西少、南多北少。南方耕地面积占36.1%,河川径流却占82.8%,北方耕地面积占63.9%,河川径流仅占17.2%,而西北地区土地面积占30%,耕地却不到10%,水资源不足8%,矿产资源的80%分布于西北部,石油和煤炭的75%以上分布在长江以北,而工业却集中在东部沿海,能源消费集中在东南部。资源分布不平衡是一个客观规律,这种空间分布的不平衡性,一方面有利于进行集中重点开发,建设强大的生产基地;但另一方面也造成煤炭、石油、矿石、木材等资源的开发利用受到交通运输条件的制约,给交通运输等基础设施建设带来巨大压力。

(4)资源质量不够理想,优质资源所占的比重很少

这种现象在耕地、天然草地和一部分矿产中尤为突出。例如,难以利用的土地面积比

例较高,土地利用率较低。我国一等耕地约占全部耕地的 40%,中下等耕地和有限制的耕地约占 60%,耕地总体质量不算好,在全国耕地中,单位面积产量可以相差几倍到几十倍,复种指数的差距可以达到 3 倍以上。矿产资源除煤以外,贫矿多富矿少,复杂难利用的矿产多,简单易利用的矿产少。

第四节　自然资源的短缺

一、水资源短缺

水是人类环境的主要组成部分,更是生命的基本要素。多少世纪以来,人们普遍认为水资源是大自然赋予人类的,“取之不尽,用之不竭”的自然资源,因此不加爱惜,恣意浪费。但水资源并不像想象的那样丰富,近年来很多地区出现了水荒,水荒的出现制约了很多地区经济的发展和人们的生活。

水资源问题在全世界引起广泛重视,始于 20 世纪后半叶许多国家用水量急剧上升,一些地区出现水危机,引起世界有关组织对水资源问题及其影响的重视与探讨。为此,联合国在 1977 年召开世界水会议,把水资源问题提高到全球的战略高度考虑。但是,随着人口膨胀、工业发展、城市化、集约农业的发展和人们生活的改善,水的供需矛盾越来越突出。1991 年国际水资源协会(IWRA)在摩洛哥召开的第七届世界水资源大会上,提出“在干旱半干旱地区国际河流和其他水源地的使用权可能成为两国间战争的导火索”的警告。1998 年世界环境与发展委员会(WCED)提出的一份报告中指出:“水资源正在取代石油而成为在全世界范围引起危机的主要问题。”最新的调查报告表明,现在全世界 13% 的人口尚未拥有充足的食物和水。21 世纪面临的最大挑战之一即是为逐渐增长的人口提供所需的水,同时平衡不同需水者之间的需求。

1. 全球淡水资源形势

地球上的水约为 $1.4\times10^{18}m^3$,覆盖着近 3/4 的地球表面。此外,地球上的水还在不停地循环运动着,进行着相互之间的补给。但是,水环境中的淡水资源却很少,仅占总水量的 2.53%,而目前能供人类直接取用的淡水资源仅占 0.22%,加之自然水源的季节变化和地区差异,以及自然水体遭到的普通污染,致使可供直接取用的优质水量日显短缺,难以满足人们生活和工农业生产日益增长的要求。从这个角度来看,水又是十分短缺的自然资源。因此,保护和珍惜使用水资源,乃是整个社会的共同职责。

陆地上淡水资源的分布很不均匀,由于受气候和地理条件的影响,北非和中东很多国家降雨量少、蒸发量大,因此径流量很小,人均及单位面积土地的淡水占有量都极少。世界河流平均年径流量为 468 500 亿 m^3,其中亚洲的径流量最大,占 30.76%;其次是南美洲,占 25.1%;南极洲最小,只占 4.93%。各大陆水资源分布都是不均匀的:一方面欧洲和亚洲集中了世界上 72.19%的人口,而仅拥有河流径流量的 37.61%;另一方面,南美洲人口占全球的 5.89%，却拥有世界河流径流量的 25.1%。

水的短缺不仅制约着经济的发展，影响着人民赖以生存的粮食的产量，还直接损害着人们的身体健康，更值得提出的是，为争夺水资源，在一些地区还常会引发国际冲突。中东地区具有世界上丰富的石油矿藏，但淡水资源奇缺。从河流湖泊的分布看，沙特阿拉伯、也门、阿曼、阿联酋、卡塔尔、科威特、约旦、以色列等国基本上没有大流量的江河湖泊；从地下水资源看，地下水均属不可再生型；从降雨分布看，中东地区年降水量不足 160mm。非洲是地球上另一个严重缺水的地区，世界上缺水的 26 个国家中，有 11 个位于非洲。

2. 中国淡水资源短缺形势

我国是世界贫水大国，我国是世界上 13 个水资源严重短缺的国家之一。水资源短缺和水资源分布不均严重地制约着我国经济社会的发展。

（1）水资源量严重不足

我国年均水资源为 2.81 万亿 m^3，按 13 亿人口计算，人均占有水量为 2 200m^3，只有世界平均水量的 1/4，不到美国的 1/5，俄罗斯的 1/7，加拿大的 1/50。我国水资源总量不仅不足，而且地区差异大。华北地区缺水最为严重，人均水资源的占有量只有 357m^3，比以色列的 382m^3 还要少，按国际标准，人均占有量低于 2 000m^3 的属于严重缺水。

（2）水资源分布极为不均衡

从南北看，长江流域以南土地面积占全国的 36.5%，耕地占 36%，人口占 54.7%，而水资源却占了全国的 81%，人均占有量达到 3 438m^3。可是，北方人均占有量只有 937m^3。就地下水而言，分布也极不均衡。我国地下水年均达到 8 000 亿 m^3，南方就有 5 000 亿 m^3，北方却只有 3 000 亿 m^3，到 2030 年，南方的人均占有量为 2 477m^3，北方只有 757m^3。

从流域看，黄、淮、海流域土地面积占全国的 15%，耕地面积占 40%，人口占 35%，水资源量只占全国的 5%，人均占有量仅为 451m^3。雅鲁藏布江、怒江、澜沧江等江河组成的西南流域，土地面积占全国的 10%，耕地占 1.7%，人口占 1.5%，水资源却占全国的 21%，人均占有量达到全国人均占有量的 14 倍，每年有 6 000 亿 m^3 的优质水资源流出国境。

从人口分布看，华北地区人口占全国的 1/3，水资源量只占全国的 6%。西南地区人口只占全国的 1/5，水资源量却占全国的 46%。西藏地区人均占有量是 20 万 m^3，上海市只有 201m^3，天津市枯水年只有 20m^3。

从耕地来看，我国大西北的土地面积占全国的 1/3，人口只有全国的 1/10。这里光、热条件好，地势平坦，平均海拔 1 500m 左右，有农垦荒地 2 亿亩左右，宜牧草地 30 亿亩。然而，这里极度缺水，严重地制约着大西北农牧业的发展。

（3）城市缺水相当严重

据统计，全国 669 座城市中有 400 座供水不足，110 座严重缺水。在 32 个百万人口以上的特大城市中，有 30 个长期受缺水困扰。在 46 个重点城市中，有 45.6%水质较差，14 个沿海开放城市中，有 9 个严重缺水。北京、天津、青岛、大连等城市缺水最为严重；地处水乡的上海、苏州、无锡、重庆等出现水质型缺水。目前，中国城市的年缺水量已经远远超过 60 亿 m^3。整个华北地区的城市供水主要依靠超采地下水，而地下水水位的逐年下降已经达到极其严重的程度。为促进城市化的健康发展，解决城市“水困境”已成为一个不容忽视的重大命题。预计到 2020 年城镇人口的比例将达到 55%，城镇人口增加到 7.93 亿，在采取有效节水措施的前提下用水量仍然会有较大的增加，到 2030 年，人均水资源将下降到 1 700m^3，接近国际警戒线。水资源的安全保障是关系到城市的生存和可持续发展的重大问题之一。

二、土地资源短缺

土地资源是指已经被人类所利用和可预见的未来能被人类利用的土地。土地资源既包括自然范畴，即土地的自然属性，也包括经济范畴，即土地的社会属性，是人类的生产资料和劳动对象。土地作为一种资源，它有两个主要属性：面积和质量。随着世界人口的增长，人类正在面临土地资源不足的问题。

1. 全球土地资源短缺形势

据有关资料表明，全世界每年有近 500 万 hm^2 的土地被工业或其他项目所占有，世界大城市的面积正以比人口增长速度高出两倍的速度发展；同时全球的农业用地却在逐年减少，耕地锐减的形势给人类的生存和发展敲响了警钟。

世界土地资源不但数量不断减少，质量也逐步恶化。据统计，全球土地养分不足的面积约占陆地总面积的 23%。全球范围内水土流失情况严重，全球每年有 700 万~900 万 hm^2 农田因水土流失丧失生产能力，全球河流每年将大约 240 亿 t 的泥沙带入大海，还有几十亿吨流失的土壤在河流河床和水坝中淤积。同时世界范围内土壤盐渍化加重、土地资源沙漠化趋势在扩展，全球沙化、半沙化面积逐年增加，土壤污染加剧，这些都使全球的土地资源质量严重下降。

2. 中国土地资源短缺形势

中国的土地，从平均海拔 50m 以下的东部平原，到海拔 4 000m 以上的西部高原，形成平原、盆地、丘陵、山地等错综复杂的地貌类型。从水热条件看，中国的土地经历了从热带、亚热带到温带的热量变化，经历了从湿润、半湿润、半干旱的干湿度变化。不同的水热条件和复杂的地质、地貌条件，形成了复杂多样的土地类型。

中国土地总面积居世界第 3 位，但人均土地面积是世界人均土地资源量的 1/3，山地多，平地少，耕地、林地比例小。中国山地、高原、丘陵占国土面积的 69%，而平原、盆地只占 31%。海拔小于 500m 的土地面积只占土地总面积的 27.1%，特别是水资源充沛、热量充足的优质耕地仅占全国耕地面积的 1/3。

综合气候、生物、土壤、地形和水文等因素，我国耕地大致分布在东南部湿润区、半湿润季风区、西北部半干旱区、干旱内陆区和西部的青藏高原区。东南部湿润区和半湿润区集中了全国耕地的90%以上。农业用地绝对数量多，人均占有量少；难利用土地多，后备少；各类土地资源分布不均，土地生产力地区差异显著。我国耕地质量普遍较差，而且耕地地力退化迅速，加上由于污水灌溉和大面积施用农药等原因，耕地受污染严重，加剧了耕地不足的局面，有的省份人均不足 667m^2，北京、广东、福建、浙江等省（市）以及相当一部分（县）市人均占有耕地 400m^2 以下，低于国际上规定的 534m^2 的警戒线，比日本人均 467m^2 还要低 67m^2，因此，中国依靠占世界 7%的耕地养活了世界 22%的人口，是一项具有世界意义的伟大成就，而耕地不足是中国资源结构中最大的矛盾。总之，中国单位面积耕地的人口压力巨大。第二次全国土地调查显示，全国因草原退化、耕地开垦、建设占用等因素导致草地减少 1 066.7 万 hm^2；具有生态涵养功能的滩涂、沼泽减少 10.7%，冰川与积雪减少 7.5%；局部地区盐碱地、沙地增加较多，生态承载问题比较突出[4]。

三、能源短缺

1. 全球能源短缺形势

全球能源分布是不均衡的，每个国家的能源结构差异非常大，这种能源分布的不均衡给世界的政治、经济格局带来了重大的影响。在常规能源中，煤炭资源主要分布在北半球，集中在北美洲、中国和原苏联地区，约占世界总储量的 80%以上；石油从已探明的储量看，世界目前有七大储区，第一大储区是中东地区，后续分别为拉丁美洲、原苏联地区、非洲、北美洲、西欧、东南亚，七大油区占世界石油总量的 95%。据国际能源署提供的资料，在全世界一次能源（在自然界中天然存在的、可直接取得而不改变其基本形态的能源，如煤、石油、天然气、风能、地热等）供应总量构成中，石油占 32%，煤炭占 25%，天然气占 17%，可再生能源占 18%，核能占 8%。可见目前世界上的主要能源结构是以化石能源为主的，地球上化石能源的未来不容乐观，化石能源将耗尽是无可争辩的事实。

2. 中国能源短缺形势

能源工业作为国民经济的基础，对于社会、经济发展和提高人民生活水平都极为重要。在高速增长的经济环境下，中国能源工业面临经济增长、环境保护、资源节约、资源的合理开发与有效利用等多种压力。资源消耗多，环境污染严重，影响了资源、环境与经济的协调发展，具体表现在如下几方面。

（1）资源消耗多

据统计，我国的能源利用率只有 32%（其中煤炭只有 6%），比发达国家低十多个百分点。中国火力发电每千瓦时耗煤 417t，比美国、日本高 20%~30%。而我国单位国民生产总值的能耗，为日本的 6 倍、美国的 3 倍、韩国的 4.5 倍。我国单位 GNP 的能源消费量是西方发达国家的 4~14 倍；主要耗能产品的单位能耗远远高于工业发达国家；平均煤炭利用效率只有 30%左右，比国际平均水平低 10 个百分点。

(2)环境污染严重

与此相关联,我国由于能源消耗而引起的环境污染问题相当严重。以燃煤型为主的大气污染导致的酸雨覆盖区已扩大到占国土总面积的约30%,正呈蔓延之势。以燃煤型为主的区域性环境污染,特别是排放SO_2和引发的酸雨,已成为影响许多地区经济社会发展的重要因素。除严重的大气污染外,以煤为主的能源结构还带来严重的地面污染。以井工为主的煤炭井工开采(占96%),引起地表塌陷已达30万hm^2,且以每年约2万hm^2的速度增加着,煤矸石积存已达3 000Mt、占地1.2万hm^2,还在以每年130Mt的速度外排,不仅侵占了大量土地资源,还对土壤、水源及周围环境造成严重污染;每年约有22亿t矿井水外排,向大气排放CH_4 80亿~100亿m^3;每年约600Mt煤炭的长途运输,造成铁路、公路和水路的沿路煤炭污染。

(3)供需矛盾突出

尽管中国能源矿产总量方面具有较强的优势,但资源的保有质量令人担忧。作为现代能源矿产的两大关键矿种,石油和天然气在国家能源矿产资源中的比重仅为7.3%,较世界平均水平低了近29个百分点。受此影响,自1993年成为石油及制品的净进口国以来,中国石油及制品进口数量急剧攀升,石油对外依存度由当年的6%一路攀升,2009年突破50%的关键节点,2014年石油和原油净进口量将分别达到3.04亿t和2.98亿t,石油对外依存度达到58.8%。

从2006年开始,我国成为天然气净进口国,2007年至2013年,我国天然气进口量从40亿m^3增加到530亿m^3,7年增加约12倍,进口依存度也一路飙升,由2012年的25.5%上升六个百分点至2013年的31.6%,超越伊朗成为世界上第三大天然气消费国。

作为世界上最大的煤炭生产国,中国的煤炭进口量却在2013年创新高,根据海关总署公布的数据显示,2013年我国煤炭进口3.27亿t,出口751万t,净进口量达3.2亿t,比2012年增加4 000万t,再次刷新煤炭进口量的新高,此种变化明确无误地表明,中国在能源矿产方面已没有优势。

(4)消耗结构不尽合理

一是煤炭直接消费比例居高不下。我国煤炭大部分直接用于燃烧。据2014年中国统计年鉴统计[6],我国1996~2013年能源消费总量中煤炭占能源消费总量的比重虽然逐渐下降,但2013年煤炭占能源消费总量的比重仍然达到66%(表3-4)。

二是煤炭占终端能源消费的比例过高。终端消费的能源种类和能源质量对大气污染的影响较大。通过能源结构逐步调整,近年来我国的终端能源消费中煤炭所占比例已有所下降,但煤炭在中国终端能源消费中依然过高。

三是燃煤质量普遍低下。我国商品煤的平均硫分约为1.01%,平均灰分为23.85%。原煤入洗率比世界主要产煤国家低很多。

表 3-4 中国能源消费总量及构成

年份	能源消费总量 / 万 t 标准煤	占能源消费总量的比例 / %			
		煤炭	石油	天然气	水电、核电、风电
1996	135 192	73.5	18.7	1.8	6.0
1997	135 909	71.4	20.4	1.8	6.4
1998	136 184	70.9	20.8	1.8	6.5
1999	140 569	70.6	21.5	2.0	5.9
2000	145 531	69.2	22.2	2.2	6.4
2001	150 406	68.3	21.8	2.4	7.5
2002	159 431	68.0	22.3	2.4	7.3
2003	183 792	69.8	21.2	2.5	6.5
2004	213 456	69.5	21.3	2.5	6.7
2005	235 997	70.8	19.8	2.6	6.8
2006	258 676	71.1	19.3	2.9	6.7
2007	280 508	71.1	18.8	3.3	6.8
2008	291 448	70.3	18.3	3.7	7.7
2009	306 647	70.4	17.9	3.9	7.8
2010	324 939	68.0	19.0	4.4	8.6
2011	348 002	68.4	18.6	5.0	8.0
2012	361 732	66.6	18.8	5.2	9.4
2013	375 000	66.0	18.4	5.8	9.8

正在快速增长的中国经济,面临着有限的化石燃料资源和更高的环境保护要求的严峻挑战,因此,坚持节能优先、提高能源效率、优化能源结构、依靠科技进步开发新能源、保护生态环境,将是中国长期的能源发展战略。

四、矿产资源短缺

矿产资源是地壳形成后,经过几千万年、几亿年甚至几十亿年的地质作用而生成的,露于地表或埋藏于地下的具有利用价值的自然资源。矿产资源是人类生活资料与生产资料的主要来源,是人类生存和社会发展的重要物质基础。

矿产资源依其组成成分可以分为金属矿产和非金属矿产。金属矿产指含有金属元素的可供工业提取金属有用组分或直接利用的岩石与矿物,包括黑色金属 9 种(铁、锰、铬等)、有色金属 13 种(铜、铅、锌等)、贵金属 8 种(金、银、铂等)、放射性金属 3 种、稀有稀土和稀散金属 33 种。非金属矿产指工业上不作为提取金属元素来利用的有用矿产资源,除少数非金属矿产是用来提取某些非金属元素,如磷、硫等外,大多数非金属矿产是利用其矿物或矿物集合体(包括岩石)的某些物理、化学性质和工艺特性等,如石棉的耐火、耐酸、绝缘、绝热和纤维特性。

1. 矿产资源的基本特点

(1)不可再生性和可耗竭性

矿产资源是在漫长的地质作用过程中形成的,人类社会相对于这样的地质过程而言,可以说是极为短暂的。因此,矿产资源绝大多数是不可再生的、有限的耗竭性自然资源。

(2)区域性分布不平衡

矿产资源具有显著的地域分布特点,如我国煤矿主要集中在北方,磷矿主要集中在南方。矿产资源这种分布不平衡的特点,决定了其成为一种在国际经济、政治中具有高度竞争性的特殊资源。

(3)动态性

矿产资源是在一定科学技术水平下可利用的自然资源,矿产资源的储量和利用水平是随着科学技术、经济社会的发展而不断变化的,甚至原本认为不是矿产资源的,现在却可以作为矿产资源予以利用。

2. 中国的矿产资源的特点

(1)总量丰富,矿种齐全,人均不足

截至 2010 年年底,中国已发现 171 种矿产资源,查明资源储量的有 159 种,包括石油、天然气、煤、铀、地热等能源矿产 10 种,铁、锰、铜、铝、铅、锌、金等金属矿产 54 种,石墨、磷、硫、钾盐等非金属矿产 92 种,地下水、矿泉水等水气矿产 3 种。在 45 种主要矿产中,有 24 种矿产名列世界前三位,其中钨、锡、稀土等 12 种矿产居世界第一位;煤、钒、钼、锂等 7 种矿产居第二位;汞、硫、磷等 5 种矿产居第三位。

中国矿产资源人均探明储量占世界平均水平的 58%,位居世界第 53 位。石油、天然气人均探明储量分别仅相当于世界平均水平的 7.7% 和 8.3%,铝土矿、铜矿、铁矿分别相当于世界平均水平的 14.2%、28.4% 和 70.4%;镍矿、金矿分别相当于世界平均水平的 7.9%、20.7%;一般认为非常丰富的煤炭人均占有量仅为世界平均水平的 70.9%,铬、钾盐等矿产储量更是严重不足。

(2)贫矿多、富矿少,大宗、战略性矿产严重不足

在能源矿产中,煤炭资源比例大,油气资源比例小。中国钨、锡、稀土、钼、锑等用量不大的矿产储量位居世界前列,而需求量大的富铁矿、钾盐、铜、铝等矿产储量不足。大矿、富矿、露采矿很少,小矿、贫矿、坑采矿比较多,开采难度大、成本高。铁矿平均品位为 33%,富铁矿石储量仅占全国铁矿石储量的 2%左右,而巴西、澳大利亚和印度等国铁矿石平均品位分别为 65%、62%和 60%。中国铜矿平均品位为 0.87%,不及世界主要生产国矿石品位的 1/3,大型铜矿床仅占 2.7%;铝土矿储量中,98.4%为难选冶的一水型铝土矿。

(3)单一矿种矿少、共生伴生矿多

中国 80 多种矿产是以共生、伴生的形式赋存的。钒、钛、稀土等大部分矿产伴生在其他矿产中,1/3 的铁矿和 1/4 的铜矿是多组分矿。著名的金川镍矿、柿竹园钨锡矿等都是多金属矿床。

(4)区域分布广泛,相对集中

能源矿产主要分布在北方,煤炭90%集中分布在山西、陕西、内蒙古、新疆等地,总体上北富南贫、西多东少。铁矿主要分布在辽宁、四川和河北等地,铜主要集中在江西、西藏、云南、甘肃和安徽等地。产业布局与能源及其他重要矿产在空间上不匹配,加大了资源开发利用的难度。

(5)矿产资源利用率低,矿区生态环境破坏严重

中国金属矿山采选回收率平均比国际水平低10%~20%,约有2/3具有共生、伴生有用组分的矿山未开展综合利用,已综合回收的矿山,资源综合利用率仅为20%,尾矿利用仅达10%。金属矿山附近尾矿废弃物排放达50亿t,煤矸石达40亿t,并以每年4亿~5亿t的排放量剧增;选矿废水不经处理即排放,污染了水体和土壤,全国复垦率仅为20%;绿色矿山技术的开发和应用迫在眉睫。

3. 中国的矿产资源的发展状况

(1)"十一五"期间我国矿产资源发展状况[7]

"十一五"期间,煤、铁、铜、铝、铅、锌和金等大宗重要矿产保有储量实现了较快增长。44种主要矿产查明资源储量增长的有37种,减少的有7种。其中,能源矿产查明资源储量普遍增长,尤其是天然气剩余技术可采储量增长较大;黑色金属矿产查明资源储量均有增加;有色金属矿产查明资源储量除锡矿下降以外均有增长;贵金属矿产中金矿和银矿查明资源储量增幅较大,铂族金属查明资源储量下降;多数非金属矿产查明资源储量有所增长(表3-5)。从2006年到2010年,中国石油剩余技术可采储量由27.6亿t增至31.7亿t,增长14.9%;天然气剩余技术可采储量由3.0万亿m^3增至3.8万亿m^3,增长26.7%;煤炭查明资源的储量由1.16万亿t增至1.34万亿t,增长了15.5%。

表3-5 中国44种主要矿产查明资源储量变化

矿产名称	单位	2006年	2007年	2008年	2009年	2010年
煤炭	亿t	11 597.8	11 804.5	12 464.0	13 096.80	13 408.3
石油	亿t	27.6	28.3	28.9	29.5	31.7
天然气	亿m^3	30 009.0	32 123.6	34 600.0	37 074.2	37 793.2
铁矿	亿t(矿石)	607.3	613.4	623.4	646.0	727.0
锰矿	亿t(矿石)	7.67	7.93	8.47	8.70	8.86
铬铁矿	亿t(矿石)	1 007.8	1 082.8	1 178.4	1 151.0	1 490.5
钛矿	亿t(TiO_2)	7.0	7.1	7.0	7.2	7.2
铜矿	万t(金属)	7 047.8	7 156.9	7 709.0	8 026.3	8 040.7
铝土矿	亿t(矿石)	27.8	29.1	30.3	32.0	37.5
铅矿	万t(金属)	4 141.4	4 207.7	4 548.7	4 851.1	5 509.1
锌矿	万t(金属)	9 710.9	10 049.3	10 393.0	10 695.3	11 596.2
镍矿	万t(金属)	801.4	839.2	828.2	844.2	938.0
钴矿	万t(金属)	66.1	67.6	63.8	66.0	68.2
钨矿	万t(WO_3)	558.4	551.6	561.2	571.0	591.0
锡矿	万t(金属)	476.9	483.7	484.3	498.3	431.9

续表

矿产名称	单位	2006年	2007年	2008年	2009年	2010年
钼矿	万t(金属)	1 094.2	1 136.0	1 232.2	1 255.8	1 401.8
锑矿	万t(金属)	225.1	246.1	251.5	266.8	255.0
金矿	t(金属)	4 996.9	5 541.3	5 951.8	6 327.90	6 864.8
银矿	万t(金属)	14.4	15.8	16.0	16.4	17.2
铂族金属	t(金属)	339.6	338.3	324.1	324.8	334.6
锶矿	万t(天青石)	4 652.3	4 588.8	4 391.2	4 384.0	4 375.4
菱镁矿	亿t(矿石)	35.9	38.2	38.0	39.5	36.4
萤石	亿t(矿物)	1.72	1.60	1.72	1.82	1.80
耐火粘土	亿t(矿石)	23.4	23.5	23.8	24.0	24.6
硫铁矿	亿t(矿石)	54.1	54.1	53.6	54.7	56.9
磷矿	亿t(矿石)	169.82	174.9	177.6	178.6	186.3
钾盐	亿t(KCl)	8.81	8.35	8.65	8.60	9.30
硼矿	万t(B_2O_3)	7 275.7	7 260.0	7 134.8	7 056.7	7 309.2
钠盐	亿t(NaCl)	13 126.1	13 280.0	13 172.6	13 245.0	13 337.7
芒硝	亿t(Na_2SO_4)	207.7	599.6	611.7	611.9	934.2
重晶石	亿t(矿石)	3.83	3.88	3.898	3.79	10.71
水泥用灰岩	亿t(矿石)	789.5	817.3	864.9	938.4	1 021.0
玻璃硅质原料	亿t(矿石)	53.4	55.4	56.1	57.2	64.7
石膏	亿t(矿石)	682.5	679.2	695.9	704.3	769.1
高岭土	亿t(矿石)	18.3	20.0	20.3	20.2	21.0
膨润土	亿t(矿石)	29.4	27.8	27.9	28.0	28.0
硅藻土	亿t(矿石)	4.7	4.7	4.8	5.0	4.3
饰面花岗石	亿m^3	21.5	21.5	22.0	22.9	23.2
饰面大理石	亿m^3	14.1	14.1	13.8	13.9	15.3
金刚石	kg(矿物)	3 644.8	3 666.0	3 716.3	3 705.7	3 702.1
晶质石墨	亿t(矿物)	1.64	1.84	1.96	1.85	1.85
石棉	万t(矿物)	9 552.4	10 303.3	9 382.3	9 384.7	8 975.3
滑石	亿t(矿石)	2.58	2.57	2.59	2.68	2.67
硅灰石	亿t(矿石)	1.65	1.65	1.60	1.57	1.55

注:石油、天然气为剩余技术可采储量

“十一五”期间,主要黑色金属矿产查明资源储量均有增长:铁矿查明的资源储量由607亿t增至727亿t,增长19.8%。主要有色金属:铜矿查明资源储量由7 048万t增至8 041万t,增长14.1%;铝土矿由27.8亿t增至37.5亿t,增长34.9%;铅矿由4 141万t增至5 509万t,增长33.0%;锌矿由9 711万t增至11 596万t,增长19.4%。镍矿由801万t增至938万t,增长17.1%。贵金属矿产:金矿查明资源储量由4 997t增至6 865t,增长37.4%;银矿由14.4万t增至17.2万t,增长19.4%。优势矿产:钨矿查明资源储量由558万t增至591万t,增长5.9%;钼矿由1 094万t增至1 402万t,增长28.2%;锑矿由225万t增至255万t,增长13.3%;锡矿由477万t降至432万t,下降9.4%。非金属矿产:硫铁矿查明资源储量由54.1亿t增加至56.9亿t,增长5.2%;磷矿由169.8亿t增至186.3亿t,增长9.7%;钾盐由8.8亿t增至9.3亿t,增长5.7%。

“十一五”期间,中国主要矿产勘查新增查明资源储量,除了银矿和钾盐以外,均高于“十五”期间。煤炭勘查新增查明资源储量4 092亿t,是“十五”期间的12.7倍。石油勘查新增地质储量57.48亿t,天然气勘查新增地质储量3.12万亿m^3,分别比“十五”期间增长15.4%和16.5%。

“十一五”期间勘查新增查明资源储量:铁矿164.1亿t、铜矿2 115.9万t、铝土矿6.5亿t、铅矿1 919.3万t、锌矿3 119.3万t、镍矿178.5万t、金矿2 975.8t、钨矿65.8万t、锡矿67.7万t、钼矿444.8万t和锑矿66.1万t,分别是“十五”期间新增储量的6.4倍、8.6倍、2.3倍、3.9倍、3.0倍、100多倍、2.4倍、30多倍、2.4倍、4.1倍和6.9倍。非金属矿勘查新增查明资源储量:硫铁矿4.8亿t、磷矿21.4亿t,分别比“十五”期间增长208.9%和72.1%;钾盐1.3亿t,比“十五”期间下降37.6%。

目前,中国经济增长和矿产资源消费处于同步增长的阶段。随着中国工业化进程的不断加快,中国后备资源储量的增长速度已经滞后于消耗速度,矿产资源对经济社会的支持力度正呈下降趋势。

(2)我国矿产资源节约与综合利用状况

我国矿产资源的特点之一是共伴生矿多。目前,国内已开发利用的141种矿产中,有87种是共伴生矿,占总数的63%。全国有色金属矿区中,有85%以上是多元素共伴生矿产。我国银储量的90%、金储量的45%、铂族金属储量的73%是以共伴生矿的形式产出的。有色金属矿床是贵金属矿的重要来源。因此,综合利用共伴生资源不但能提高资源利用效率和效益,而且能够减少共伴生资源废弃物排放,从而保护环境。

贫矿多、难选矿多是我国矿产资源的又一特点。低品位矿和难利用矿的回收利用对于减少矿山废弃物排放,从而降低矿业对环境的影响至关重要。目前,我国一些低品位资源利用技术达到国际先进水平,独立研发了包括油田稠油开采技术、超低品位铁矿开发利用技术、低品位铜矿利用技术和中低品位磷矿开发利用技术在内的一批具有重大影响的科技成果,将低品位资源转化为工业可利用资源,对于保护资源和节约集约利用资源意义重大。

尾矿作为排放量最多的矿山废弃物,近年来引发了诸多的环境和安全问题。国家发改委《中国资源综合利用年度报告(2014)》数据显示[8],2013年我国尾矿产生量16.49亿t,同比增长1.73%,其中铁尾矿8.39亿t,铜尾矿3.19亿t,黄金尾矿2.14亿t,其他有色及稀贵金属尾矿1.38亿t,非金属矿尾矿1.39亿t。尾矿综合利用量为3.12亿t,同比增长7.96%,综合利用率为18.9%,截至2013年年底,我国尾矿累积堆存量达146亿t,废石堆存量达438亿t(表3-6)。

表 3-6 2009~2013 年我国主要尾矿产生情况 (单位:亿 t)

种类	2009 年	2010 年	2011 年	2012 年	2013 年	总计
铁尾矿	5.36	6.34	8.06	8.21	8.39	45.59
黄金尾矿	1.74	1.89	2.01	2.12	2.14	12.98
铜尾矿	2.56	3.05	3.07	3.17	3.19	19.91
其他有色金属尾矿	1.12	1.33	1.34	1.36	1.38	8.67
非金属尾矿	1.14	1.32	1.33	1.35	1.39	8.45
合计	11.92	13.93	15.81	16.21	16.49	95.59

尾矿的用途主要有下列形式:尾矿再选回收有用矿物,用于生产建筑材料,用作充填材料,用作土壤改良剂及微量元素肥料,进行土壤复垦和生态恢复。矿山空场充填是尾矿利用的重要方式,约占尾矿利用总量的 53%,铁矿山、金矿山、铜矿山是尾矿充填利用的主要领域,分别占尾矿利用总量的 11.4%、18.0%、23.6%。

2013 年我国金属矿采矿废石总产生量为 49.47 亿 t,综合利用量为 4.68 亿 t,尾矿和废石综合利用年产值达到 936 亿元,未来随着胶结充填采矿技术的推广和新建尾矿库征地成本及难度的不断增加,尾矿利用将持续高速增长。

再生金属的回收利用,可大大减少矿产资源的开发强度,节约资源、保护资源、减少环境扰动。随着我国经济持续快速的发展,废旧资源的社会积存量迅速增多,尤其是物理化学性质比较稳定,可回收利用的再生金属资源,为我国再生金属资源利用提供了雄厚的物质基础。

第五节 人口增长对自然资源的压力

1. 人口增长对土地资源的压力

“民以食为天”,土地提供丰富多彩的食物,特别是耕地是人类赖以生存和繁衍的物质基础。但是全世界人口的迅猛增加,使土地的人口“负荷系数”(某国家或地区人口平均密度与世界人口平均密度之比)每年增加 2%,若按农用面积计算,其负荷系数则每年增加 6%、7%,这意味着人口的增长将给本来就十分紧张的土地资源,特别是耕地资源造成更大的压力。随着人均耕地减少和自然灾害频发,贫穷和饥饿已经成为人类的最大悲剧。

中国用全球 7%的耕地养活了世界 22%的人口,成功解决了 13 亿人口的吃饭问题。但令人不安的是,我国人均耕地从新中国成立时的 2.5 亩降至 1.38 亩。《全国土地利用总体规划纲要》提出[9],到 2020 年全国耕地保持在 18.05 亿亩,但是水土流失、土地沙漠化、次生盐渍化、土地污染、工业和城市发展吞食耕地等正冲击着 18 亿亩“红线”。人口对土地资源压力的形势是严峻的,应从多方面采取强有力的综合对策力争人口 – 土地矛盾从恶性循环状态向良性循环状态转化。

2. 人口增长对森林资源的压力

不断缩小的森林是人类最宝贵的资源之一，它不仅能为人类提供大量的林木资源，具有重要的经济价值，还具有调节气候、防风固沙、涵养水源、保持水土、净化大气、保护生物多样性、吸收二氧化碳、美化环境等重要的生态学价值。森林的生态学价值要远远大于其直接的经济价值。由于人类对森林的生态学价值认识不足，受短期利益的驱动，对森林资源的利用过度，使森林资源锐减，造成了许多生态灾害。

我国在历史上曾是个森林资源丰富的国家，但随着人口和耕地需求的增加，大量的森林被砍伐破坏，使我国变为了一个少林国。人均森林占有面积只占世界人均水平的1/6，在世界160个国家和地区中，我国仅名列第120位。由于我国人均占有林木蓄积量很低，森林资源已经承受着过重的压力，加之人口增长和经济建设的需要，诱发了过量开采，而人口增长对粮食和土地的需求，加剧了毁林开荒，这些都使我国森林资源遭到严重的破坏。

3. 人口增长对水资源的压力

水是生命的摇篮，是一切生命新陈代谢活动的介质；水是人类和一切生物赖以生存和发展的物质基础。随着经济的发展和人民生活水平的提高，对水的需求量也在急剧增加。公元前，每人每天耗水12L，到了中世纪增加到20~40L，18世纪增加到60L。当前，欧美一些城市每人每天耗水大约0.5m³，每人每年耗水超过104m³。现在，每年全世界增加用水量800亿~900亿m³，在现代社会中，人类对水的依赖程度越来越大，每年消耗的水资源数量远远超过了其他任何资源的使用量。

据统计，全世界每年用水总量接近3万亿m³。世界粮农组织指出世界人均占有水量相对减少24%，全球已有数十个国家发生水荒，灌溉和生活用水都发生了困难。在1985年，全世界人均可利用淡水量为4.3万m³，而今却低于0.9万m³，变化的原因不是水文循环，而仅仅是人口的增加。

我国既存在水源不足、处处缺水告急，又存在用水定额高、效率低、浪费严重的问题，这就加剧了人水矛盾。还有因人口急剧增长，使地下水严重超采，人口增加不断扩大对耕地的需求，围湖造田，破坏了地表水资源，再加上水体污染等，使得水资源更加紧张。

4. 人口增长对能源的压力

人口激增造成能源短缺，并且缩短了化石燃料的耗竭时间，这是一个世界性问题。据统计，仅20世纪100年来，世界各国已消耗1 420亿t石油、78万亿m³天然气、2 650亿t煤、380亿t铁(钢)、7.6亿t铝和4.8亿t铜以及大量其他矿物资源，而生产和生活中所消耗的燃煤、石油和天然气等释放出大量的二氧化碳，再加上热带雨林的砍伐等，使大气中的二氧化碳浓度增加。据近百年来的测定，大气中的二氧化碳以每年0.7~0.8ppm的速度递增，从而导致温室效应加剧，使全球气候变暖，而且会导致生物异常，毁坏大面积的森林和湿地，引起海平面上升，甚至导致极地冰帽融化，危害生态系统。人口增长也使我国能源供给长期短缺情况日趋严重，如按小康水平人均能耗 1.5~1.6t 标准煤计算，每年要增加(3~3.2) $\times 10^8$t 标准煤，这种逐年增加的能源消耗，加上中国以煤为主的不合理的能源结构，对环境将产生巨大的压力。

5. 人口增长对物种资源的压力

联合国环境规划署下属的世界自然保护联盟 2010 年公布报告指出，自 1970年以来，全球野生动物数量已减少 31%，活珊瑚减少 38%，各种红树种植物和海草减少 19%，全球 3/4 的渔场已资源枯竭。英国《自然》杂志预计，50 年后 100 多万种陆地生物将从地球上消失，因为人类活动造成的影响，物种灭绝速度比自然灭绝速度快 1 000 倍。

我国是一个物种繁多、生物资源丰富的国家。据计算，中国生物资源的经济价值在 1 000 亿美元以上，但在人口急剧增加的情况下，为解决吃饭问题和发展经济，毁林开荒、围湖造田、滥伐森林、向荒野和滩涂进军，大批水利工程、交通建设和开发区建设等，破坏了生物栖息地，许多珍贵物种的生存环境缩小，其中包括中国特有的珍贵野生动物濒危物种 312 种和濒危珍稀植物 354 种。生物资源的减少将损害中国的生态潜力，特别是对农业的打击可能是非常严重的。

综上所述，站在可持续发展的立场上看待人类社会与自然生态环境的关系，具有互惠性、整体性和长远性的特点。一方面，人类通过实践活动改变着生态环境，实现自然的人化；另一方面，自然环境又作用于人类，迫使人类遵循自然规律和维护自然权益，实现人的自然化。人类对自身利益的保护，实际是对自身利益的维护，人类对自然利益的损害，也即是对自身利益的损害。一切以人类的利益和价值为中心，以人为根本尺度去评价和安排整个世界价值的单向型思维方式，最初萌芽于恶劣自然条件下为求生存的早期人类社会，并随着私有制的产生而不断强化，在资本主义社会得到了最充分的发展和表现。然而全球性的环境危机，暴露了这种思维方式的局限性，推动了人类思维方式的变革。由单向功利型思维方式向双向互利型思维方式转变，是变革的关键。人类需要重新认识自己与自然的关系，将过去那种征服自然、以人类为中心、最大限度地谋取和占有眼前物质利益的功利型思维方式和做法，转化为尊重自然界自身存在和发展的规律、保护环境、合理利用资源、对自然尽人类的道德责任的互利型思维方式和做法。

参考文献

[1] 斯特芬·安格嫩特. 世界人口分为三部分. 科学和政治基金杂志，2010.

[2] 联合国经济和社会事务部人口司. 世界人口展望：2012 年修订版. 2013.

[3] 国务院人口普查办公室. 中国 2010 年人口普查资料.北京：中国统计出版社，2012.

[4] 国土资源部，国家统计局，国务院第二次全国土地调查领导小组办公室. 第二次全国土地调查主要数据成果. 2013.

[5] 国家林业局. 第八次全国森林资源清查主要结果. 2014.

［6］ 中华人民共和国国家统计局. 中国统计年鉴 2014. 北京: 中国统计出版社,2014.
［7］ 国土资源部. 中国矿产资源报告 2011. 2011.
［8］ 中华人民共和国国家发展和改革委员会. 中国资源综合利用年度报告(2014),2014.
［9］ 国土资源部. 全国土地利用总体规划纲要(2006~2020 年). 北京:中国法制出版社,2008.

第四章　环境污染

第一节　水　污　染

自然界的水循环是由自然循环和社会循环所构成的二元动态循环组成的。水的社会循环是指人类生活和生产从天然水体中取用大量的水,在利用以后产生生活污水和工业废水等,又排放到天然水体中去的循环过程,在这个循环过程中水受到了污染。

水环境污染是指排入天然水体的污染物,在数量上超过了该物质在水体中的本底含量和水体环境容量,从而导致了水体的物理特征和化学特征发生不良变化,破坏了水中固有的生态系统,破坏了水体的功能及其在经济发展和人民生活中的作用。为了确保人类生存的可持续发展,人们在利用水的同时,还必须有效地防止水环境的污染。

造成水环境污染的原因:①向水体排放未经妥善处理的生活污水和工业废水;②含有化肥、农药的农田径流进入水体;③城市地面的污染物被雨水冲刷随地面径流而进入水体;④随大气扩散的有毒物质通过重力沉降或降水过程而进入水体等。

水体污染是污染物进入水体后的迁移、转化,是通过污染物与水体之间产生物理、化学、生物、生物化学等作用或综合作用的结果。①物理作用是指污染物进入水体后,通过在水中的稀释扩散、升温等作用,使水体发生物理变化而影响水质的污染方式。②化学作用是指污染物进入水体后,通过氧化、还原、分解、化合等化学作用,使水体的化学性质发生改变的污染方式。③生物和生物化学污染是指藻类、细菌和病毒等生物进入水体后,直接导致水体的水质发生变化,影响水体的使用功能;或是大量有机污染物进入水体后,水中生物体在对其降解过程中,所进行的生物化学作用对水体水质产生的不良影响。

一、水环境的主要污染物

造成水体污染的污染源有多种,不同污染源排放的污水、废水具有不同的成分和性质,但其所含的污染物主要有以下几类。

1. 悬浮物

悬浮物主要指悬浮在水中的污染物质,包括无机的泥沙、炉渣、铁屑以及有机的纸片、菜叶等,无毒害作用,但能够降低光的穿透率,减弱水的光合作用且妨碍水体的自净作用。水中存在悬浮物,可能堵塞鱼鳃,导致鱼的死亡,制浆废水中的纸浆产生此类危害最为明显。含有大量有机悬浮物的水体,由于微生物的呼吸作用,会使溶解氧含量大为降低,也可能影响鱼类的生存。水中的悬浮物又可能是各种污染物的载体,它可能吸附一部分水中的污染物并随水流迁移。

2. 耗氧有机物

生活污水和某些工业废水中含有糖类、蛋白质、脂肪、氨基酸、碳水化合物、纤维素等有机物质，这些物质以悬浮状态或溶解状态存在于水中，排入水体后能在微生物作用下分解为简单的无机物，在分解过程中消耗氧气，使水体中的溶解氧减少，严重影响鱼类和水生生物的生存。当溶解氧降至零时，水中厌氧微生物占据优势，造成水体变黑发臭，将不能被用作饮用水源和其他用途。耗氧有机物的污染是当前我国最普遍的一种水污染。由于有机物成分复杂、种类繁多，一般用综合指标生化需氧量(BOD_5)、化学需氧量(COD)或总有机碳(TOC)等表示耗氧有机物的量。

3. 植物性营养物

植物性营养物主要指含有氮、磷等植物所需营养物的无机、有机化合物，如氨氮、硝酸盐、亚硝酸盐、磷酸盐和含氮、磷的有机化合物。这些污染物排入水体，特别是流动缓慢的湖泊、海湾，容易引起水中藻类及其他浮游生物的大量繁殖。过量的藻类和其他微生物的增殖，在水面上聚集成大片的水华(湖泊)或赤潮(海洋)，还将大量消耗水体中的溶解氧，使水体处于缺氧状态，水质迅速恶化，形成富营养化污染，除了会使自来水处理厂运行困难，造成饮用水的异味外，严重时也会使水中溶解氧下降，鱼类大量死亡，甚至会导致湖泊的干涸灭亡。特别应注意的是富营养化水体中有毒藻类(如微囊藻类)会分泌毒性很强的生物毒素，如微囊藻毒素，这些毒素是很强的致癌毒素，而且在净水处理过程中很难去除，对饮用水安全构成了严重的威胁。

富营养化是湖泊分类和演化的一种概念，是湖泊水体老化的一种自然现象。当水体中氮和磷的浓度分别达到 0.2mg/L 和 0.02mg/L 时，就会造成水体富营养化。

4. 难降解有机物

难降解有机物是指那些难以被微生物降解的有机物，它们多是人工合成的有机物。近年来，水中难降解有机物造成的水污染问题越来越突出，主要是来自人工合成的各种有机物质，包括有机农药、化工产品等，农药中有机氯农药和有机磷农药危害很大。有机氯农药(如 DDT、六六六等)毒性大、难降解，并会在自然界积累，造成二次污染，已禁止生产与使用。现在普遍采用有机磷农药，如敌百虫、乐果、敌敌畏、甲基对硫磷等，这类物质毒性大，对微生物有毒害和抑制作用。人工合成的高分子有机化合物种类繁多，成分复杂，使城市污水的净化难度大大增加。在这类物质中已被查明具有三致作用(致癌、致突变、致畸形)的物质有聚氯联苯、联苯胺、稠环芳烃等多达 20 余种，疑致癌物质也超过 20 种。

5. 重金属

重金属污染是危害最大的水污染问题之一。重金属通过矿山开采、金属冶炼、金属加工及化工生产废水、化石燃料的燃烧、施用农药化肥和生活垃圾等人为污染源，以及地质侵蚀、风化等天然源形式进入水体。水中的重金属离子主要有汞、镉、铅、铬、锌、铜、镍、锡等，通常可以通过食物链在动物或人体内富集，不但污染水环境，也严重威胁人类和水生生物的生存。

重金属物质污染水体有以下特点：①天然水体中微量浓度的重金属物质即可使水体具有毒性；②天然水体中的重金属物质可长期稳定地存在于自然界中，且无法在微生物的作用下降解，某些重金属物质在微生物的作用下甚至可转化为毒性更强的化合物；③重金属物质在生物体内很难排泄，以致在生物体内富集，通过食物链将毒性放大，对人体造成危害；④重金属物质进入人体后往往在某些器官中逐渐蓄积，造成慢性中毒。

6. 酸碱污染

酸碱污染物排入水体会使水体的 pH 值发生变化，破坏水体的自然缓冲作用。当水体 pH 值小于 6.5 或大于 8.5 时，水中微生物的生长会受到抑制，致使水体自净能力减弱，并影响渔业生产，严重时还会腐蚀船只、桥梁及其他水上建筑。用酸化或碱化的水浇灌农田，会破坏土壤的物化性质，影响农作物的生长。酸碱物质还会使水的含盐量增加，提高水的硬度，对工业、农业、渔业和生活用水都会产生不良的影响。对于鱼类水体来说，pH 值不得低于 6 或是高于9.2，当 pH 值为 5.5 时，一些鱼类就不能生存或生殖率下降，甚至死亡。

7. 石油类

含有石油类产品的废水进入水体后会漂浮在水面并迅速扩散，形成一层油膜。每滴石油能在水面形成 0.25 m^2 的油膜，每吨石油可能覆盖 $5 \times 10^6 m^2$ 的水面，油膜隔绝大气与水面，阻止大气中的氧进入水中，妨碍水生植物的光合作用。石油在微生物作用下的降解也需要消耗氧，造成水体缺氧。石油还能堵塞鱼鳃，使鱼类呼吸困难直至死亡，同时，食用在含有石油的水中生长的鱼类，还会危害人体健康。当水中含有的石油浓度达到 0.3～0.5mg/L 时，就会产生石油气味，不适于饮用。

8. 放射性物质

放射性物质主要来自于核工业和使用放射性物质的工业或民用部门。放射性物质能从水中或土壤中转移到生物、蔬菜或其他食物中，并发生浓缩和富集进入人体。放射性物质的射线会使人的健康受损，最常见的放射病就是血癌，即白血病。

9. 热污染

废水排放引起水体的温度升高，被称为热污染。热污染会影响水生生物的生存及水资源的利用价值。水温升高还会使水中溶解氧减少，同时加速微生物的代谢速率，使溶解氧的下降更快，最后导致水体的自净能力降低。热电厂、金属冶炼厂、石油化工厂等常排放高温的废水。

10. 病原微生物

生活污水、医院污水和屠宰、制革、洗毛、生物制品等工业废水，常含有病原体，会传播霍乱、伤寒、胃炎、肠炎、痢疾以及其他病毒传染的疾病和寄生虫病。污水生物性质的检测指标一般为总大肠菌群数、细菌总数和病毒等。水中常见的病原微生物包括致病细菌、病虫卵和病毒。肠道传染病病菌，包括霍乱、伤寒、痢疾等病菌；寄生虫病的虫卵有血吸虫、阿米巴、鞭虫、蛔虫、绕虫及干吸虫等；病毒有传染性肝炎等病毒。病原微生物污染具有数量大、分布范围广、存活时间长、难于彻底清除的特点。基于水中病原微生物的特点易导致大范围人群感染，引起各国对病原微生物污染的高度重视，各个国家都加强了针对旨在控制病原微生物的环境标准的制定，以保障水质的卫生学安全。

二、水污染源的分类

人类活动所排放的各类污水是将上述污染物带入水体的一大类污染源，由于这些污水、废水多由管道收集后集中排除，因此称为点源污染。大面积的农田地面径流或雨水径流也会对水体产生污染，由于其进入水体的方式是无组织的，通常被称为非点源污染，或面源污染。

1. 点污染源

主要的点污染源有生活污水和工业废水，由于产生废水的过程不同，这些污水、废水的成分和性质有很大的差别。

(1)生活污水

生活污水主要来自家庭、商业、学校、旅游服务业及其城市公用设施，包括厕所冲洗水、厨房洗涤水、洗衣机排水、沐浴排水及其他排水等。污水中主要含有悬浮态或溶解态的有机物质(淀粉、脂肪、糖类、蛋白质、纤维素等)，还含有氮、硫、磷等无机盐类和各种微生物。一般生活污水中各种悬浮固体的含量在200~400mg/L，由于其中有机物种类繁多、性质各异，常以生化需氧量(BOD_5)或化学需氧量(COD)来表示其含量。一般生活污水的BOD_5为200~400mg/L。由于地域和人群生活习惯的不同，生活污染的污染物含量及性质也有一定的差别。近年来，氮、磷污染物质引起的水体富营养化在各地均有发展，因此，我国最近加强了对城市污水处理厂脱氮除磷的要求。

(2)工业废水

工业废水来自工业生产过程中，其水量和水质随生产过程而异。根据其来源可分为工艺废水、原料或成品洗涤水、场地冲洗水以及设备冷却水等；根据废水中主要污染物的性质，可分为有机废水、无机废水、兼有有机物和无机物的混合废水、重金属废水、放射性废水等；根据产生废水的行业性质，又可分为造纸废水、印染废水、焦化废水、农药废水、电镀废水等。不同工业排放废水的性质差异很大，即使是同一种工业，由于原料工艺路线、设备条件、操作管理水平的差异，废水的数量和性质也会不同。工业废水有以下几个特点：废水中污染物浓度大、成分复杂、有毒物质含量高，废水水量和水质变化大。

2. 面源污染

面污染源又称非点污染源，主要指农村灌溉水形成的径流，农村中无组织排放的废水，地表径流及其他废水、污水。农村废水一般含有有机物、病原体、悬浮物、化肥、农药等污染物；畜禽养殖业排放的废水，常含有很高的有机物浓度；由于过量的施加化肥、使用农药，农田地表径流中含有大量的氮、磷营养物质和有毒的农药。

大气中含有的污染物随降雨进入地表水体，也可认为是面污染源，如酸雨。此外，天然性的污染源，如水与土壤之间的物质交换，风刮起泥沙、粉尘进入水体等，也是一种面污染源。对面污染源的控制要比对点污染源难得多。值得注意的是，对于某些地区和某些污染物来说，面污染源所占的比例往往不小。例如，对于湖泊的富营养化，面污染源的贡献率常会超过50%。

三、水污染的危害

水污染的危害主要有以下几方面。

1. 危害人体健康

水污染直接影响饮用水水源的水质。当饮用水受到有机物污染时，原有的水处理厂不能保证饮用水的安全可靠，这将会导致一系列的疾病（腹泻、肠道线虫、肝炎、胃癌、肝癌等），与不洁的水接触也会染上如皮肤病、沙眼、血吸虫、钩虫病等疾病。现在科研工作人员所面临的问题就是开发出新的处理工艺以去除有机污染物。

2. 降低农作物的产量和质量

由于污水能够提供水量和肥分，很多地区的农民有采用污水灌溉农田的习惯。但惨痛的教训表明，含有有毒有害物质的废水、污水污染了农田土壤，造成作物枯萎死亡，使农民受到极大的损失。一些污水灌溉区生长的蔬菜或粮食作物中，可以检出痕量有机物，包括有毒有害的农药等，它们必将危及消费者的健康。

3. 影响渔业的产量和质量

渔业生产的产量和质量与水质直接紧密相关。淡水渔场由于水污染而造成鱼类大量死亡事故，已经不是个别事例，还有很多天然水体中的鱼类和水生生物正濒临灭绝或已经灭绝。海水养殖事业也受到了水污染的威胁和破坏。水污染除了造成鱼类死亡影响产量外，还会使鱼类和水生生物发生变异。此外，在鱼类和水生生物体内还发现了有害物质的积累，使它们的食用价值大大降低。

4. 制约工业的发展

由于很多工业(如食品、纺织、造纸、电镀等)需要利用水作为原料或洗涤产品而直接参加产品的加工过程,水质的恶化将直接影响产品的质量。工业冷却水的用量最大,水质恶化也会造成冷却水循环系统的堵塞、腐蚀和结垢,水硬度的增高还会影响锅炉的寿命和安全。

5. 加速生态环境的退化和破坏

水污染造成的水质恶化,对生态环境的影响更是十分严峻。水污染除了对水体中天然鱼类和水生物造成危害外,对水体周围生态环境的影响也是一个重要方面。污染物在水体中形成的沉积物,对水体的生态环境也有直接的影响。

6. 造成经济损失

水污染对人体健康、农业生产、渔业生产、工业生产以及生态环境的负面影响,都可以表现为经济损失。例如,人体健康受到危害将减少劳动力,降低劳动生产率,疾病多发需要支付更多医药费;对工农业、渔业产量质量的影响更有直接的经济损失;对生态环境的破坏意味着对污染治理和环境修复费用的需求将大幅度增加。

四、中国水污染状况

自 20 世纪 80 年代以来,中国经历了一个经济快速发展的过程,同时也经历了一个对水的需求量不断增大,水污染不断加重的过程。

《地表水环境质量标准》(GB 3838 - 2002) 依据地表水水域环境功能和保护目标,按功能高低依次划分为五类[3]:

Ⅰ类水体:主要适用于源头水、国家自然保护区;

Ⅱ类水体:主要适用于集中式生活饮用水地表水源地一级保护区、珍稀水生生物栖息地、鱼虾类产卵场、仔稚幼鱼的索饵场等;

Ⅲ类水体:主要适用于集中式生活饮用水地表水源地二级保护区、鱼虾类越冬场、洄游通道、水产养殖区等渔业水域及游泳区;

Ⅳ类水体:主要适用于一般工业用水区及人体非直接接触的娱乐用水区;

Ⅴ类水体:主要适用于农业用水区及一般景观要求水域。

(一)中国河流的水污染状况

2013 年《中国环境状况公告》[4]表明,长江、黄河、珠江、松花江、淮河、海河、辽河、浙闽片河流、西南诸河和西北诸河十大流域的国控断面中,Ⅰ~Ⅲ类、Ⅳ~Ⅴ类和劣Ⅴ类水质断面比例分别为 71.7%、19.3%和 9.0%(图 4-1)。与 2012 年相比,水质无明显变化,主要污染指标为化学需氧量、高锰酸盐指数和五日生化需氧量。

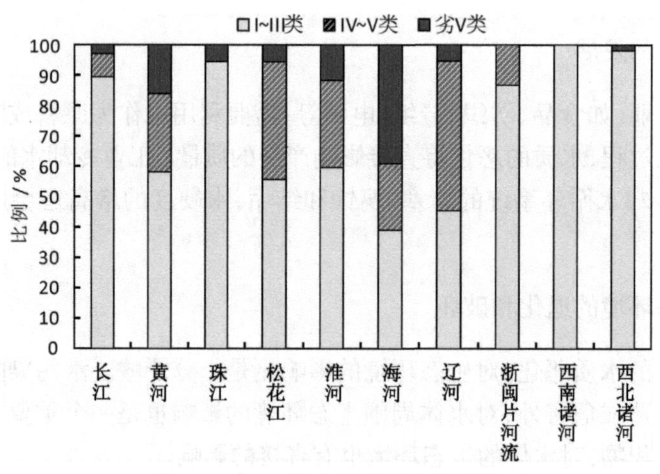

图 4-1　2013 年十大流域水质状况

1. 长江流域

2013 年《中国环境状况公告》[4]表明，长江流域水质良好，Ⅰ~Ⅲ类、Ⅳ~Ⅴ类和劣Ⅴ类水质断面比例分别为 89.4%、7.5%和 3.1%。长江干流水质为优，Ⅰ~Ⅲ类水质断面比例为 100.0%；长江主要支流水质良好，Ⅰ~Ⅲ类、Ⅳ~Ⅴ类和劣Ⅴ类水质断面比例分别为 85.6%、10.2%和 4.2%；长江流域的城市河段中，螳螂川云南昆明段、府河四川成都段和釜溪河四川自贡段为重度污染。

图 4-2 将近 10 年内的长江流域水质状况进行对比(2004~2013 年《中国环境状况公告》[4-13])，图中能够清楚地看到近 10 年内长江流域水质总体良好，Ⅰ~Ⅲ类水质断面比例有逐年增加的趋势，劣Ⅴ类水质断面比例逐年减少。

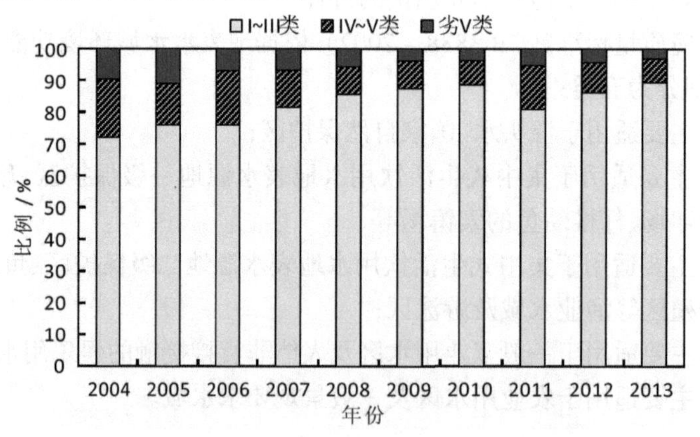

图 4-2　2004~2013 年长江流域水质状况

2. 黄河流域

2013 年《中国环境状况公告》[4]表明，黄河流域属轻度污染，Ⅰ~Ⅲ类、Ⅳ~Ⅴ类和劣Ⅴ类水质断面比例分别为 58.1%、25.8%和 16.1%。黄河干流水质为优，Ⅰ~Ⅲ类、Ⅳ~Ⅴ类水质断面比例分别为 92.3%和 7.7%；黄河主要支流为中度污染，Ⅰ~Ⅲ类、Ⅳ~Ⅴ类和劣Ⅴ类水质断面比例分别为33.3%、38.9%和27.8%；黄河流域的城市河段中，总排干内蒙古巴彦淖尔段，三川河山西吕梁段，汾河山西太原段、临汾段、运城段，涑水河山西运城段和渭河陕西西安段为重度污染。

图4-3将近10年内的黄河流域水质状况进行对比（2004~2013年《中国环境状况公告》[4-13]），图中能够清楚地看到近10年内黄河流域水质总体属轻度污染，Ⅰ~Ⅲ类水质断面比例有逐年恢复的趋势，从2004年的36.4%增加到2013年的58.1%；劣Ⅴ类水质断面比例逐年减少，从2004年的29.5%降低到2013年的16.1%。

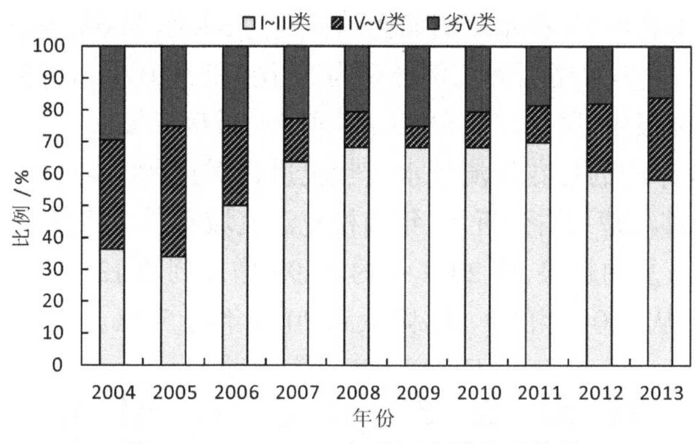

图4-3　2004~2013年黄河流域水质状况

3. 珠江流域

2013年《中国环境状况公告》[4]表明，珠江流域水质为优，Ⅰ~Ⅲ类和劣Ⅴ类水质断面比例分别为94.4%和5.6%。珠江干流水质为优，Ⅰ~Ⅲ类水质断面比例为100.0%；珠江主要支流水质良好，Ⅱ~Ⅲ类和劣Ⅴ类水质断面比例分别为88.5%和11.5%；海南岛内4条河流中，南渡江、万泉河和昌化江水质为优，石碌河水质良好；珠江流域的城市河段中，深圳河广东深圳段为重度污染。

图4-4将近10年内的珠江流域水质状况进行对比（2004~2013年《中国环境状况公告》[4-13]），图中能够清楚地看到近10年内珠江流域水质优良，且Ⅳ至劣Ⅴ类水质断面比例逐年降低，从2004年的21.2%降低到2013年的5.6%。

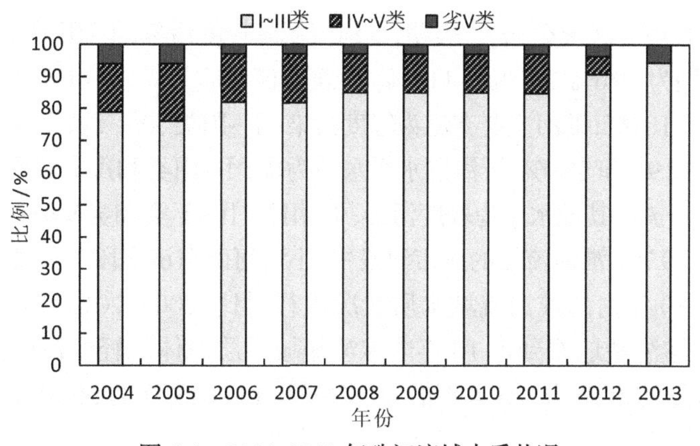

图4-4　2004~2013年珠江流域水质状况

4. 松花江流域

2013 年《中国环境状况公告》[4]表明，松花江流域属轻度污染，Ⅰ~Ⅲ类、Ⅳ~Ⅴ类和劣Ⅴ类水质断面比例分别为 55.7%、38.6%和 5.7%。松花江干流水质良好，Ⅰ~Ⅲ类、Ⅳ~Ⅴ类和劣Ⅴ类水质断面比例分别为 81.3%、12.5%和 6.2%；松花江主要支流为轻度污染，Ⅰ~Ⅲ类、Ⅳ~Ⅴ类和劣Ⅴ类水质断面比例分别为 58.8%、32.4%和 8.8%；黑龙江水系为轻度污染，Ⅰ~Ⅲ类、Ⅳ~Ⅴ类和劣Ⅴ类水质断面比例分别为 40.9%、54.6%和 4.5%；乌苏里江水系为轻度污染，Ⅰ~Ⅲ类和Ⅳ~Ⅴ类水质断面比例分别为 33.3%和 66.7%；图们江水系为轻度污染，Ⅰ~Ⅲ类和Ⅳ~Ⅴ类水质断面比例分别为 50.0%和 50.0%；绥芬河水系为Ⅲ类水质；松花江流域的城市河段中，阿什河黑龙江哈尔滨段为重度污染。

图 4-5 将近 10 年内的松花江流域水质状况进行对比（2004~2013 年《中国环境状况公告》[4-13]），图中能够清楚地看到近 10 年内松花江流域水质总体属轻度污染，Ⅰ~Ⅲ类水质断面比例有逐年恢复的趋势，从 2004 年的 21.9%增加到 2013 年的 55.7%；劣Ⅴ类水质断面比例逐年减少，从 2004 年的 24.4%降低到 2013 年的 5.7%。

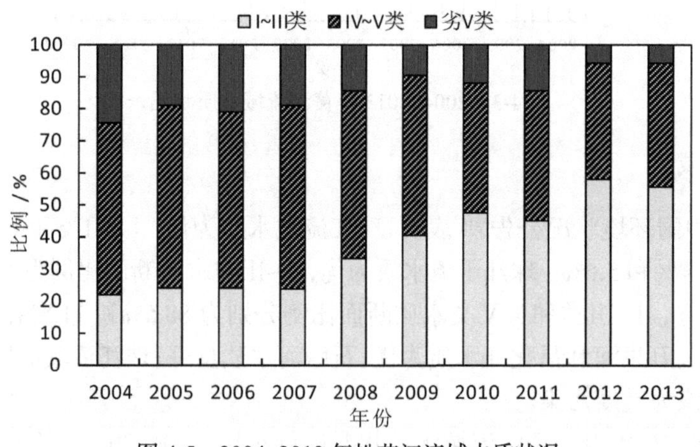

图 4-5　2004~2013 年松花江流域水质状况

5. 淮河流域

2013 年《中国环境状况公告》[4]表明，淮河流域属轻度污染，Ⅰ~Ⅲ类、Ⅳ~Ⅴ类和劣Ⅴ类水质断面比例分别为 59.6%、28.7%和 11.7%。淮河干流水质为优，Ⅰ~Ⅲ类和Ⅳ类水质断面比例分别为 90.0%和 10.0%；淮河主要支流为轻度污染，Ⅰ~Ⅲ类、Ⅳ~Ⅴ类和劣Ⅴ类水质断面比例分别为 38.1%、42.9%和 19.0%；沂沭泗水系水质为优，Ⅰ~Ⅲ类和Ⅳ类水质断面比例分别为 90.9%和 9.1%；淮河流域其他水系为轻度污染，Ⅰ~Ⅲ类、Ⅳ~Ⅴ类和劣Ⅴ类水质断面比例分别为 67.7%、22.6%和 9.7%；淮河流域的城市河段中，小清河山东济南段为重度污染。

图 4-6 将近 10 年内的淮河流域水质状况进行对比（2004~2013 年《中国环境状况公告》[4-13]），图中能够清楚地看到近 10 年内淮河流域水质总体属轻度污染，Ⅰ~Ⅲ类水质断面比例有逐年恢复的趋势，从 2004 年的 19.8%增加到 2013 年的 59.6%；劣Ⅴ类水质断面比例逐年减少，从 2004 年的 32.6%降低到 2013 年的 11.7%。

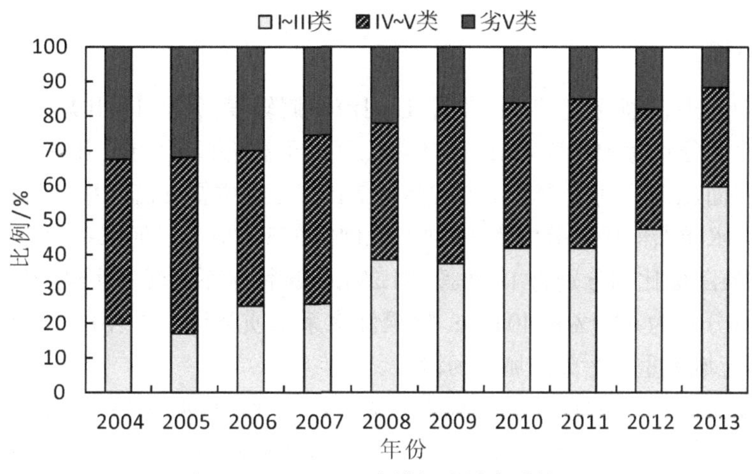

图 4-6 2004~2013 年淮河流域水质状况

6. 海河流域

2013 年《中国环境状况公告》[4]表明,海河流域属中度污染,Ⅰ~Ⅲ类、Ⅳ~Ⅴ类和劣Ⅴ类水质断面比例分别为 39.1%、21.8%和 39.1%。海河干流 2 个国控断面分别为Ⅳ类和劣Ⅴ类水质;海河主要支流为重度污染,Ⅰ~Ⅲ类、Ⅳ~Ⅴ类和劣Ⅴ类水质断面比例分别为 40.0%、18.0%和 42.0%;滦河水系水质良好,Ⅰ~Ⅲ类和Ⅳ类水质断面比例分别为 83.3%和 16.7%;徒骇马颊河水系为重度污染,Ⅳ~Ⅴ类和劣Ⅴ类水质断面比例分别为 50.0%和 50.0%;海河流域的城市河段中,滏阳河邢台段、岔河德州段和府河保定段为重度污染。

图 4-7 将近 10 年内的海河流域水质状况进行对比(2004~2013 年《中国环境状况公告》[4-13]),图中能够清楚地看到近 10 年内海河流域水质总体属中度污染,Ⅰ~Ⅲ类水质断面比例有逐年恢复的趋势,从 2004 年的 25.4%增加到 2013 年的 39.1%;2004 年劣Ⅴ类水质断面比例为 56.7%,占水质断面比例的一半以上,逐年降低到 2013 年的 39.1%。

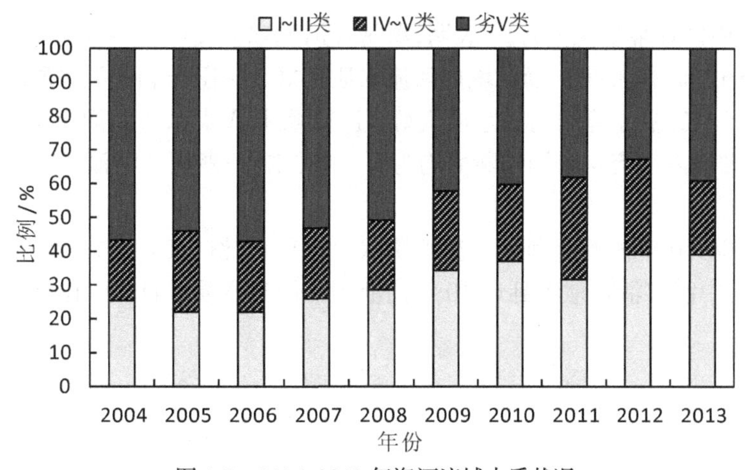

图 4-7 2004~2013 年海河流域水质状况

7. 辽河流域

2013 年《中国环境状况公告》[4]表明，辽河流域属轻度污染，Ⅰ~Ⅲ类、Ⅳ~Ⅴ类和劣Ⅴ类水质断面比例分别为 45.5%、49.1%和 5.4%。辽河干流为轻度污染，Ⅱ~Ⅲ类、Ⅳ~Ⅴ类和劣Ⅴ类水质断面比例分别为 28.6%、64.3%和 7.1%；辽河主要支流为中度污染，Ⅲ类、Ⅳ~Ⅴ类和劣Ⅴ类水质断面比例分别为 16.7%、50.0%和 33.3%；大辽河水系为轻度污染，Ⅱ类和Ⅳ~Ⅴ类水质断面比例分别为 18.8%和 81.2%；大凌河水系为轻度污染，Ⅱ~Ⅲ类和Ⅳ类水质断面比例分别为 60.0%和 40.0%；鸭绿江水系水质为优，Ⅰ~Ⅲ类水质断面比例为 100.0%；辽河流域无重度污染的城市河段。

图 4-8 将近 10 年内的辽河流域水质状况进行对比(2004~2013 年《中国环境状况公告》[4-13])，图中能够清楚地看到近 10 年内辽河流域水质总体属轻度污染，Ⅰ~Ⅲ类水质断面比例有逐年恢复的趋势，从 2004 年的 32.4%增加到 2013 年的 45.5%；劣Ⅴ类水质断面比例逐年减少，从 2004 年的 37.9%降低到 2013 年的 5.4%。

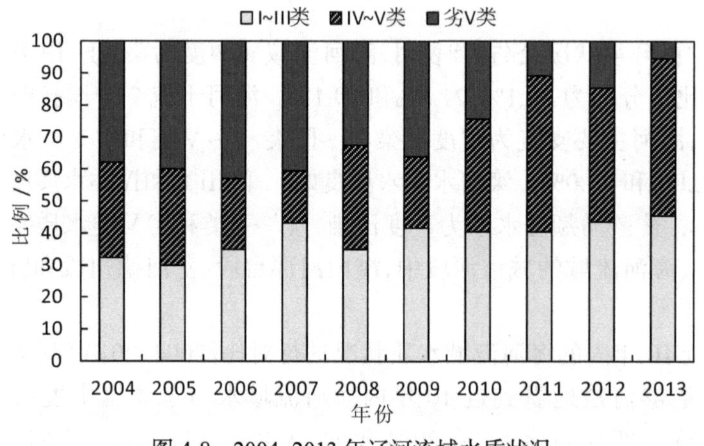

图 4-8　2004~2013 年辽河流域水质状况

8. 浙闽片河流

2013 年《中国环境状况公告》[4]表明，浙闽片河流水质良好，Ⅰ~Ⅲ类和Ⅳ类水质断面比例分别为 86.7%和 13.3%。浙江境内河流水质良好，Ⅰ~Ⅲ类和Ⅳ类水质断面比例分别为 83.3%和 16.7%；福建境内河流水质良好，Ⅰ~Ⅲ类和Ⅳ类水质断面比例分别为 88.2%和 11.8%；安徽境内河流 4 个国控断面均为Ⅱ、Ⅲ类水质；浙闽片河流无重度污染的城市河段。

图 4-9 将近 10 年内的浙闽片河流水质状况进行对比(2004~2013 年《中国环境状况公告》[4-13])，图中能够清楚地看到近 10 年内浙闽片河流水质优良，Ⅰ~Ⅲ类水质断面比例为 70%左右。

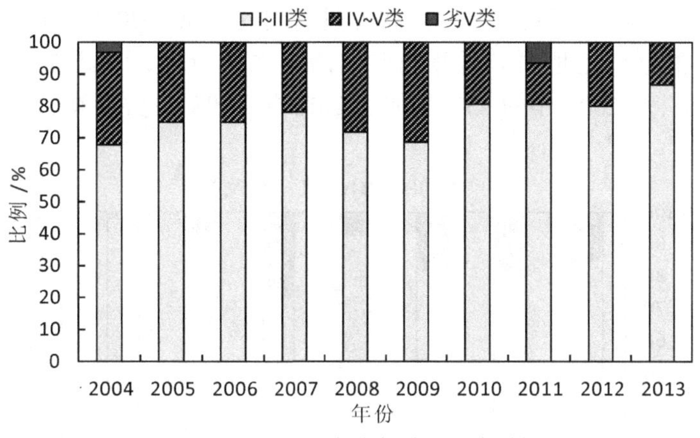

图 4-9 2004~2013 年浙闽片河流水质状况

9. 西南诸河

2013 年《中国环境状况公告》[4]表明,西南诸河水质为优,Ⅰ~Ⅲ类水质断面比例为 100%。西藏境内河流水质为优,Ⅰ~Ⅲ类水质断面比例为 100%;云南境内河流水质为优,Ⅰ~Ⅲ类水质断面比例为 100%;西南诸河无重度污染的城市河段。

图 4-10 将近 10 年内的西南诸河水质状况进行对比(2004~2013 年《中国环境状况公告》[4-13]),图中能够清楚地看到近 10 年内西南诸河水质为优,Ⅰ~Ⅲ类水质断面比例有逐年增加的趋势,从 2004 年的 82.3%增加到 2013 年的 100%;Ⅳ类至劣Ⅴ类水质断面比例逐年减少,从 2004 年的 17.7%降低到 2013 年的 0.0%。

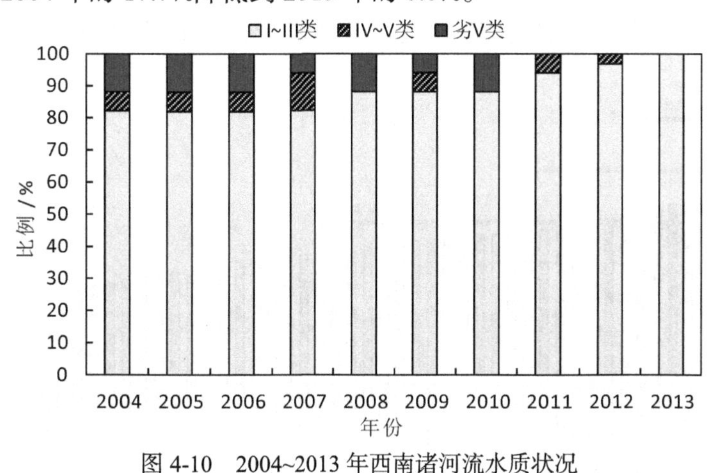

图 4-10 2004~2013 年西南诸河流水质状况

10. 西北诸河

2013 年《中国环境状况公告》[4]表明,西北诸河水质为优,Ⅰ~Ⅲ类和劣Ⅴ类水质断面比例分别为 98%和 2%。新疆境内河流水质为优,Ⅰ~Ⅲ类和劣Ⅴ类水质断面比例分别为 97.8%和 2.2%;甘肃境内河流 4 个国控断面均为Ⅰ~Ⅲ类水质;青海境内河流 1 个国控断面为Ⅱ类水质;西北诸河的城市河段中,克孜河新疆喀什段为重度污染。

图 4-11 将近年内的西北诸河水质状况进行对比(2005~2013 年《中国环境状况公告》[4-13]),图中能够清楚地看到近年内西北诸河水质为优, I ~Ⅲ类水质断面比例有逐年增加的趋势,从 2005 年的 85%增加到 2013 年的 98%;劣 V 类水质断面比例逐年减少。

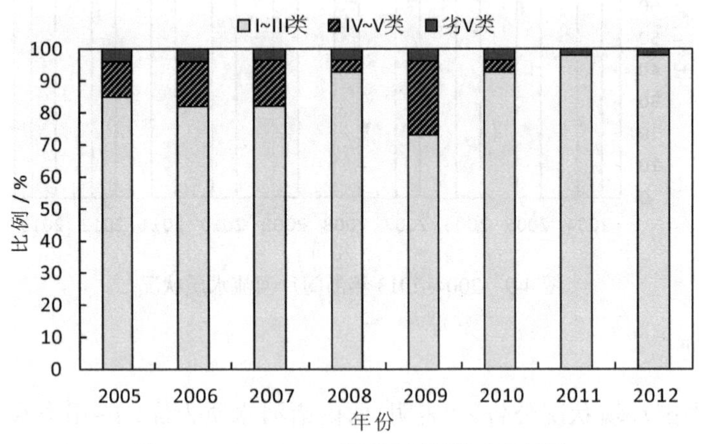

图 4-11 2005~2013 年西北诸河流水质状况

(二)中国湖泊(水库)的水污染状况

2013 年《中国环境状况公告》[4]表明,水质为优良、轻度污染、中度污染和重度污染的国控重点湖泊(水库)比例分别为 60.7%、26.2%、1.6%和 11.5%。与 2012 年相比,各级别水质的湖泊(水库)比例无明显变化,主要污染指标为总磷、化学需氧量和高锰酸盐指数。富营养、中营养和贫营养的湖泊(水库)比例分别为 27.8%、57.4%和 14.8%(图 4-12)。

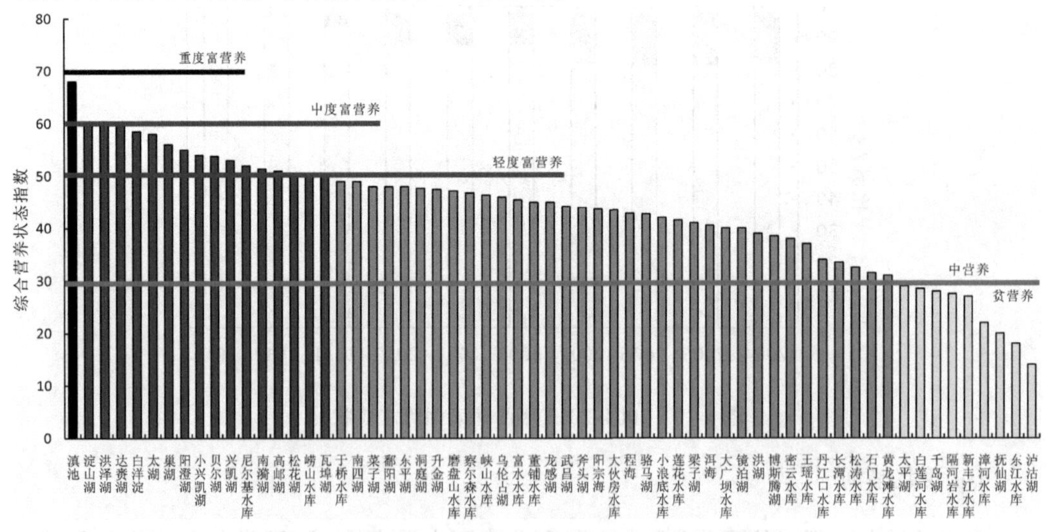

图 4-12 2013 年重点湖泊(水库)综合营养状态指数

1. 太湖

2013 年《中国环境状况公告》[4]表明,太湖水体属轻度污染,主要污染指标为总磷和化学需氧量。其中，西部沿岸区为中度污染，北部沿岸区、湖心区、东部沿岸区和南部沿岸区为轻度污染。全湖总体为轻度富营养。其中，西部沿岸区为中度富营养，北部沿岸区、湖心区、东部沿岸区和南部沿岸区为轻度富营养。太湖主要入湖河流中，乌溪河、陈东港、洪巷港、殷村港、百渎港、太鬲运河和梁溪河为轻度污染，其他主要入湖河流水质优良。主要出湖河流中，浒光河和苏东河水质良好，胥江和太浦河水质为优。

在 2011 年《中国环境状况公告》[6]太湖的 87 个国控断面中，Ⅱ类、Ⅲ类、Ⅳ类、Ⅴ类和劣Ⅴ类水质断面比例分别为 1.1%、34.5%、40.2%、16.1 和 8.1%（图 4-13），Ⅳ类至劣Ⅴ类水质断面比例占 64.4%，湖体水质总体为Ⅳ类，主要污染指标为总磷和化学需氧量。

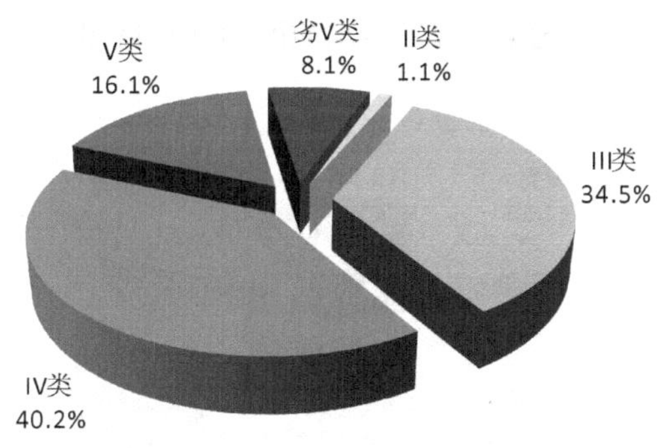

图 4-13　2011 年太湖环湖河流水质类别比例

2. 巢湖

2013 年《中国环境状况公告》[4]表明，巢湖水体属轻度污染，主要污染指标为总磷和化学需氧量。其中，西半湖为中度污染，东半湖为轻度污染。全湖总体为轻度富营养。其中，西半湖为中度富营养，东半湖为轻度富营养。巢湖主要入湖河流中，南淝河、十五里河和派河为重度污染，其他主要入湖河流水质良好。巢湖主要出湖河流裕溪河水质良好。

在 2011 年《中国环境状况公告》[6]巢湖的 12 个国控断面中，Ⅲ类、Ⅳ类和劣Ⅴ类水质断面比例分别为 8.3%、41.7%和 50.0%（图 4-14）。与 2010 年相比，Ⅰ~Ⅲ类水质断面比例降低 25 个百分点，劣Ⅴ类水质断面比例持平，水质明显下降，环湖河流总体为重度污染。

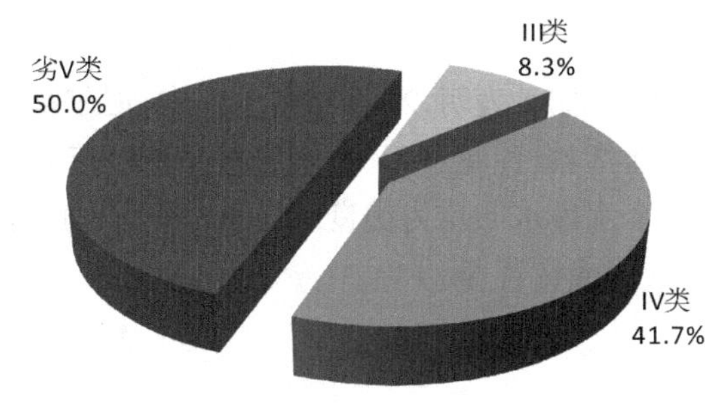

图 4-14　2011 年巢湖环湖河流水质类别比例

3. 滇池

2013 年《中国环境状况公告》[4]表明，滇池属重度污染，主要污染指标为化学需氧量、总磷和高锰酸盐指数。其中，草海和外海均为重度污染。全湖总体为中度富营养。其中，草海和外海均为中度富营养。滇池主要入湖河流中，盘龙江、新河、老运粮河、海河、乌龙河、金汁河、船房河、大观河、捞渔河和西坝河为重度污染，宝象河、柴河和中河为中度污染，马料河和东大河为轻度污染，洛龙河水质为优。

在 2011 年《中国环境状况公告》[6]滇池的 8 个国控断面中，Ⅱ类、Ⅳ类、Ⅴ类和劣Ⅴ类水质断面比例分别为 12.5%、62.5%、12.5%和 12.5%（图 4-15）。与 2010 年相比，Ⅱ~Ⅲ类水质断面比例降低 37.5 个百分点，劣Ⅴ类水质断面比例降低 37.5 个百分点，水质总体为Ⅳ~Ⅴ类。

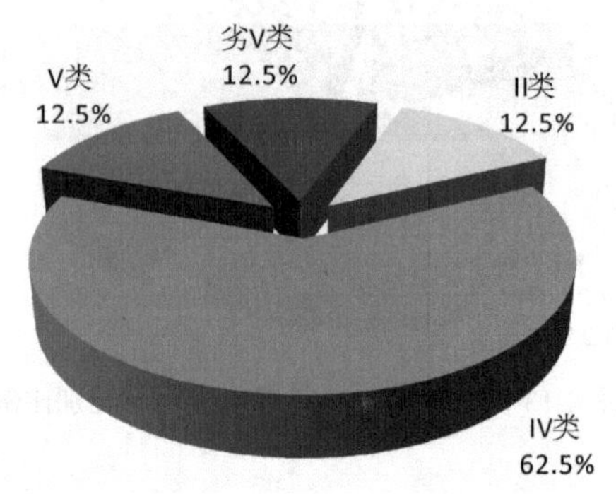

图 4-15　2011 年滇池环湖河流水质类别比例

4. 重要湖泊

2013 年《中国环境状况公告》[4]表明，31 个大型淡水湖泊中，淀山湖、达赉湖、白洋淀、贝尔湖、乌伦古湖和程海为重度污染，洪泽湖为中度污染，阳澄湖、小兴凯湖、兴凯湖、菜子湖、鄱阳湖、洞庭湖、龙感湖、阳宗海、镜泊湖和博斯腾湖为轻度污染，其他 14 个湖泊水质优良。与 2012 年相比，高邮湖、南四湖、升金湖和武昌湖水质有所好转，鄱阳湖和镜泊湖水质有所下降。淀山湖、洪泽湖、达赉湖、白洋淀、阳澄湖、小兴凯湖、贝尔湖、兴凯湖、南漪湖、高邮湖和瓦埠湖均为轻度富营养，其他湖泊均为中营养或贫营养。

5. 重要水库

2013 年《中国环境状况公告》[4]表明，27 个重要水库中，尼尔基水库为轻度污染，主要污染指标为总磷和高锰酸盐指数；莲花水库、大伙房水库和松花湖均为轻度污染，主要污染指标均为总磷；其他 23 个水库水质均为优良。崂山水库、尼尔基水库和松花湖为轻度富营养，其他水库均为中营养或贫营养。

6. 重点水利工程

（1）三峡库区

2013 年《中国环境状况公告》[4]表明，长江干流水质良好，3 个国控断面均为Ⅲ类水质。一级支流总氮和总磷超标断面比例分别为 90.7%和 77.9%。支流水体综合营养状态指数范围为 28.8~73.0，富营养的断面占监测断面总数的 26.6%。支流水华优势种主要为硅藻门的小环藻，蓝藻门的颤藻、微囊藻，甲藻门的多甲藻和隐藻门的隐藻等。

（2）南水北调（东线）

2013 年《中国环境状况公告》[4]表明，长江取水口夹江三江营断面为Ⅲ类水质。输水干线京杭运河里运河段、宝应运河段、宿迁运河段、鲁南运河段、韩庄运河段和梁济运河段水质均为良好。与 2012 年相比，梁济运河段水质有所好转，其他河段无明显变化。洪泽湖湖体为中度污染，主要污染指标为总磷，营养状态为轻度富营养。骆马湖、南四湖和东平湖湖体水质良好，营养状态为中营养。汇入骆马湖的沂河水质良好。汇入南四湖的 11 条河流中，洙赵新河为轻度污染，主要污染指标为化学需氧量和石油类，其他河流水质良好。汇入东平湖的大汶河水质良好。

（3）南水北调（中线）

2013 年《中国环境状况公告》[4]表明，取水口陶岔断面为Ⅱ类水质。丹江口水库水质为优，营养状态为中营养。入丹江口水库的 9 条支流水质均为优良。与 2012 年相比，天河、官山河和老灌河水质有所下降，其他河流无明显变化。

（三）中国海洋水环境质量状况

2013 年《中国环境状况公告》[4]表明，中国全海海域海水环境状况总体较好，符合第Ⅰ类海水水质标准的海域面积约占全国海域面积的 95%。近岸海域水质一般，Ⅰ、Ⅱ、Ⅲ、Ⅳ和劣Ⅳ类海水点位比例分别为 24.6%、41.8%、8.0%、7.0%和 18.6%（图 4-16）。与 2012 年相比，Ⅰ~Ⅱ类海水点位比例下降 3.0 个百分点，Ⅲ~Ⅳ类海水点位比例上升 3.0 个百分点，劣Ⅳ类海水点位比例持平。主要污染指标为无机氮和活性磷酸盐。

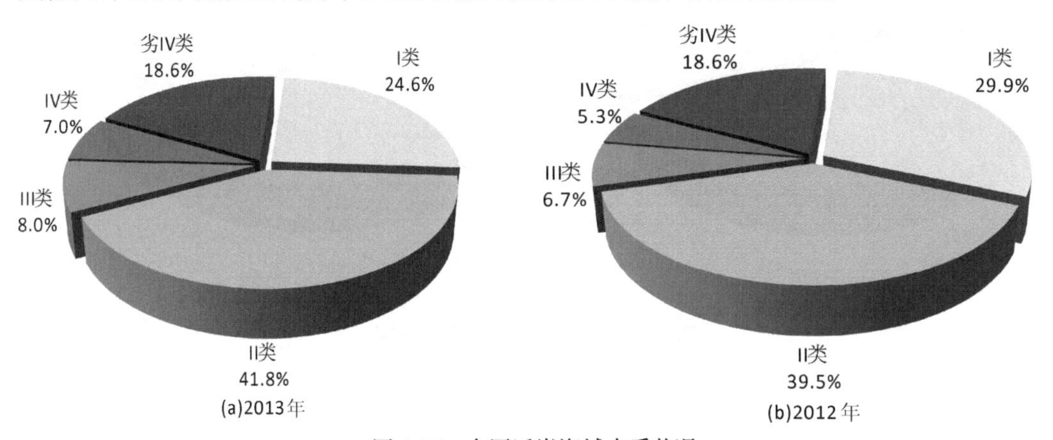

图 4-16 全国近岸海域水质状况

1. 渤海

2013 年《中国环境状况公告》[4]表明，渤海近岸海域水质一般。Ⅰ、Ⅱ、Ⅲ、Ⅳ和劣Ⅳ类海水点位比例分别为 12.2%、51.0%、16.4%、14.3%和 6.1%(图 4-17)。与 2012 年相比，Ⅰ~Ⅱ类海水点位比例下降 4.1 个百分点，Ⅲ~Ⅳ类海水点位比例上升 10.2 个百分点，劣Ⅳ类海水点位比例下降了 6.1 个百分点。主要污染指标为无机氮、铅和镍。

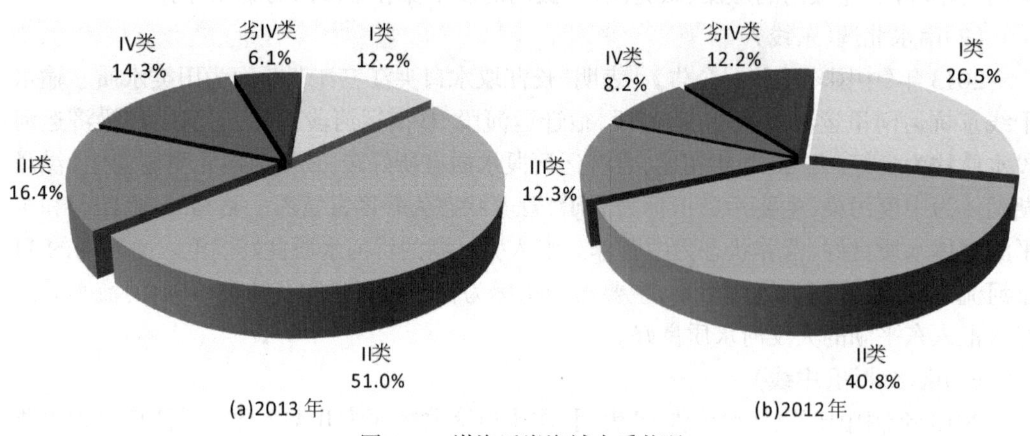

图 4-17　渤海近岸海域水质状况

2. 黄海

2013 年《中国环境状况公告》[4]表明，黄河近岸海域水质良好。Ⅰ、Ⅱ、Ⅲ、Ⅳ类海水点位比例分别为 29.6%、55.6%、12.9%、1.9%(图 4-18)。与 2012 年相比，Ⅰ~Ⅱ类海水点位比例下降 1.8 个百分点，Ⅲ~Ⅳ类海水点位比例上升 1.8 个百分点，无劣Ⅳ类海水点位。主要污染指标为无机氮和石油类。

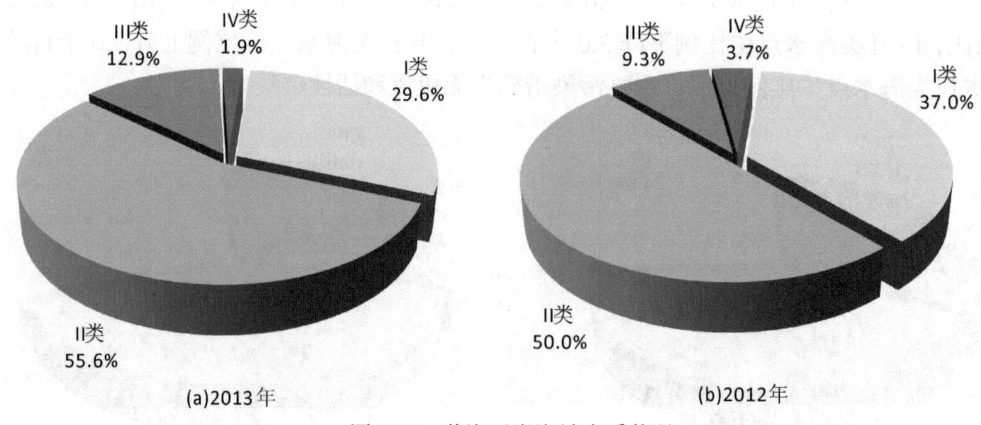

图 4-18　黄海近岸海域水质状况

3. 东海

2013 年《中国环境状况公告》[4]表明，东海近岸海域水质极差。Ⅱ、Ⅲ、Ⅳ类、劣Ⅳ类海水点位比例分别为30.5%、7.4%、12.6%、49.5%(图4-19)。与2012年相比，Ⅰ~Ⅱ类海水点位比例下降7.4个百分点，Ⅲ~Ⅳ类海水点位比例上升4.2个百分点，劣Ⅳ类海水点位比例上升3.2个百分点。主要污染指标为无机氮、活性磷酸盐和生化需氧量。

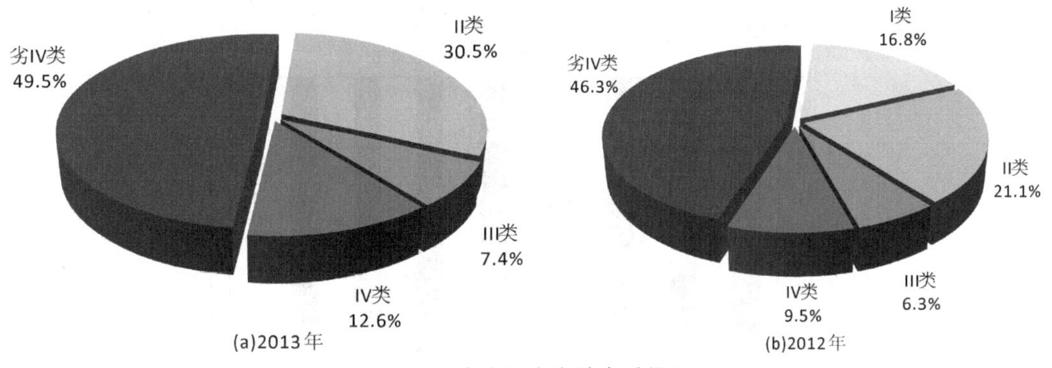

图4-19　东海近岸海域水质状况

4. 南海

2013年《中国环境状况公告》[4]表明，南海近岸海域水质良好。Ⅰ、Ⅱ、Ⅲ、Ⅳ类、劣Ⅳ类海水点位比例分别为50.5%、40.8%、1.9%、1.0%、5.8%(图4-20)。与2012年相比，Ⅰ~Ⅱ类海水点位比例上升1.0个百分点，Ⅲ~Ⅳ类海水点位比例下降1.0个百分点，劣Ⅳ类海水点位比例不变。主要污染指标为无机氮、活性磷酸盐和pH。

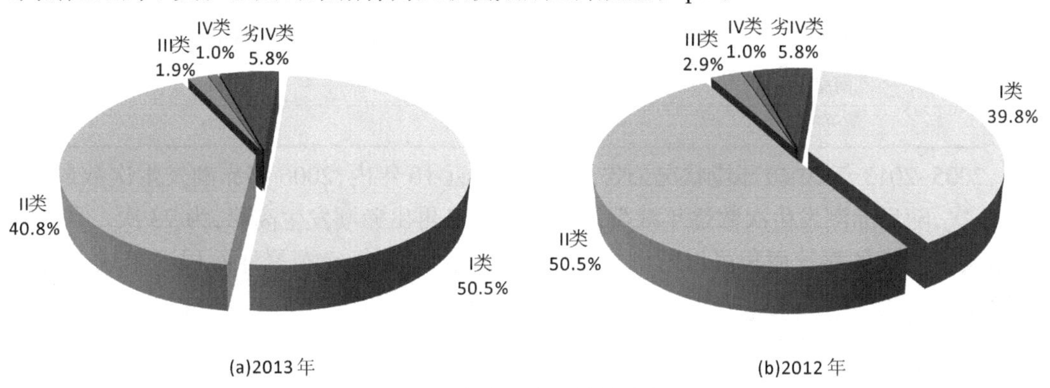

图4-20　南海近岸海域水质状况

5. 重要海湾

2013年《中国环境状况公告》[4]表明，9个重要海湾中，北部湾水质优，黄河口水质良好，辽东湾、渤海湾和胶州湾水质差，长江口、杭州湾、闽江口和珠江口水质极差(图4-21)。与2012年相比，北部湾和渤海湾水质变好，黄河口和闽江口水质变差，其他海湾水质基本稳定。

2012年《中国环境状况公告》[5]表明，2012年全海域共发现赤潮73次，累计面积7 971 km²。东海发现赤潮次数最多，为38次；渤海赤潮累计面积最大，为3 869 km²。各海域赤潮情况见表4-1，赤潮高发期集中在5~6月。2012年3~8月，南黄海沿岸海域发生浒苔绿潮。3 月下旬，江苏如东沿岸海域发现漂浮浒苔；5 月 16 日，黄海南部浒苔分布面积达 1 110 km²，随后漂浮浒苔向偏北方向漂移，主要分布在黄海中部及近岸海域；6 月 13 日，漂浮浒苔分布面积和覆盖面积均达到最大，分别为 19 610 km² 和 267 km²；进入 7 月，漂浮浒苔面积逐渐减小；8 月 30 日，浒苔绿潮基本消失。

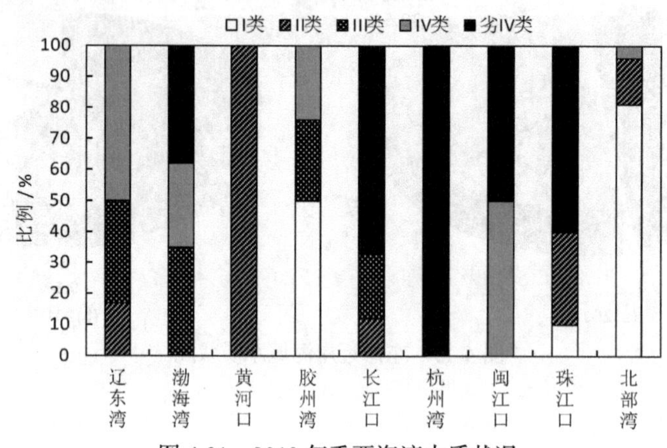

图 4-21　2013 年重要海湾水质状况

表 4-1　2012 年全国各海区赤潮情况

海区	赤潮发现次数 / 次	赤潮累计面积 /km²
渤海	8	3 869
黄海	11	1 333
东海	38	2 028
南海	16	741
合计	73	7 971

2005~2013 年《中国环境状况公告》[4-12]表明，近 10 年内，2006 年赤潮发生次数最多，为 93 次，随后赤潮发生次数逐年减少，在 2012 年又再出赤潮发生高峰，为 73 次。但从历年来发生赤潮的累计面积可以看到，从 2005 年至 2013 年赤潮累计面积逐年减少（图 4-22）。

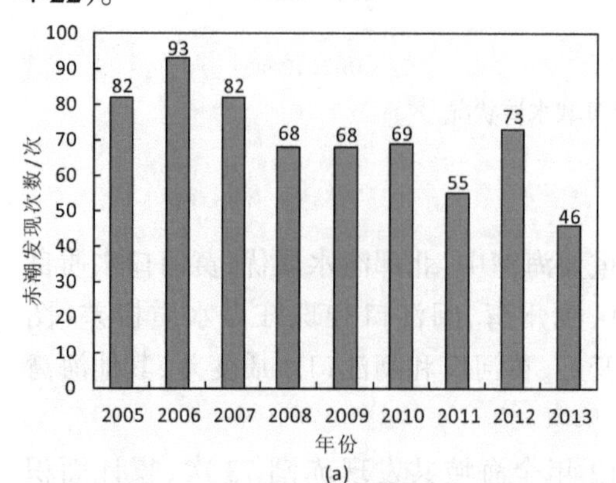

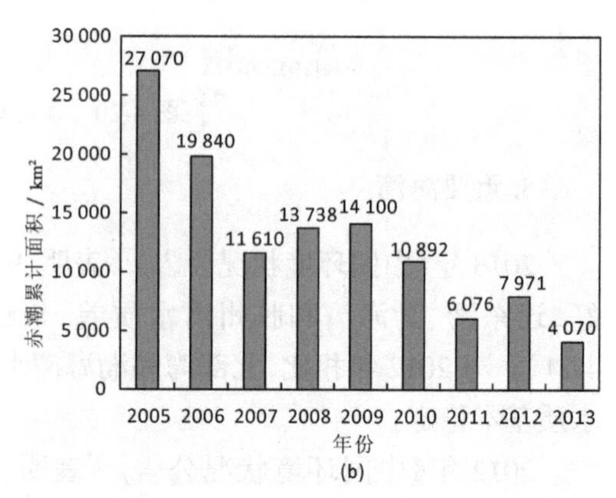

图 4-22　2005~2013 年全国海域发生赤潮情况

(四)中国地下水污染状况

2013年《中国环境状况公告》[4]表明,地下水环境质量的监测点总数为4 778个,其中国家级监测点800个。水质优良的监测点比例为10.4%,良好的监测点比例为26.9%,较好的监测点比例为3.1%,较差的监测点比例为43.9%,极差的监测点比例为15.7%(图4-23)。主要超标指标为总硬度、铁、锰、溶解性总固体、"三氮"(亚硝酸盐、硝酸盐和氨氮)、硫酸盐、氟化物、氯化物等。与2012年相比,有连续监测数据的地下水水质监测点总数为4 196个,分布在185个城市,水质综合变化以稳定为主。其中,水质变好的监测点比例为15.4%,稳定的监测点比例为66.6%,变差的监测点比例为18.0%。

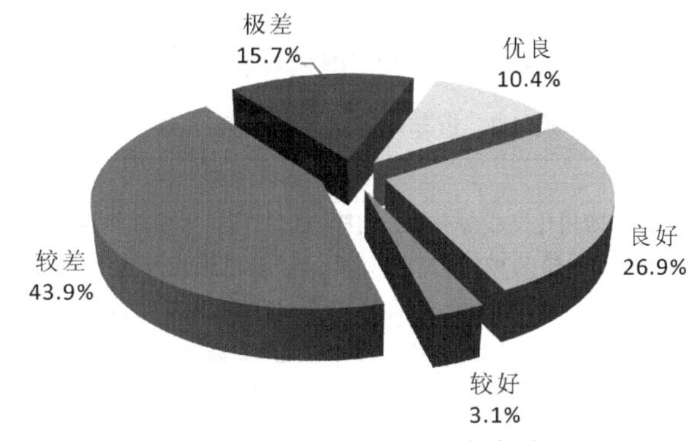

图4-23　2013年地下水监测点水质状况

(五)中国水环境污染事故增加

近年来,中国水环境污染事故频发,损失巨大,隐患严重。2005~2012年《中国环境状况公告》[5-12]表明(图4-24),每年发生的水污染事故为30~90次。例如,2005年11月13日,中石油吉林石化分公司双苯厂发生爆炸事故,约100t苯、硝基苯和苯胺进入松花江,形成近百公里的污染带沿松花江下泄并进入黑龙江,导致了严重的松花江水污染事件,对沿江居民的生产生活产生了影响,引起国际国内的广泛关注。2005年12月16日,由于韶关冶炼厂违反法规规定,直接排放含镉超标的污水,造成珠江北江水域发生重大环境污染事件。2007年5月太湖流域爆发了大面积的富营养化,对太湖周边的城市的生产、生活用水危害极大,这为我们国家的水环境安全保障敲响了警钟。太湖地区人口密度已达1 000人/km^2,是世界上人口密度最高的地区之一,同时经济发展速度快,这个区域生活污水的日排放量为3万多吨,高密度的人群、高速发展的经济对湖泊水质造成了巨大的影响,亟待转变发展模式,加强源头控制,并采取切实措施修复已受污染的水体。根据国家环保总局的调查,全国有大量的化工企业分布在江河湖海沿岸的环境敏感区,成为水污染事故发生的隐患。近10年,中国发生的水污染事件纪实见表4-2。

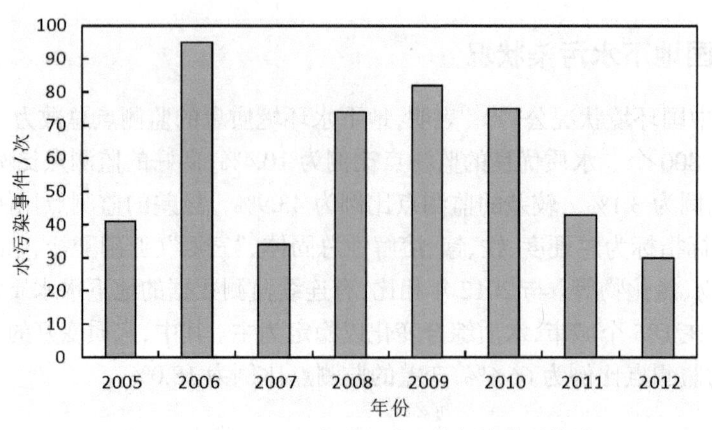

图 4-24　2005~2012 年全国发生水污染状况统计

表 4-2　近年中国水污染事件纪实

年份	事件	事件概要
2004	沱江特大水污染事故	2004 年 3 月，四川化工股份有限公司第二化肥厂将大量高浓度氨氮超标工业废水（浓度高达 2 611~7 618mg/L，超标 125 倍）直接外排，经支流毗河流入沱江，严重污染了沱江水质。导致沱江下游死鱼 100 万 kg，沿线城市简阳、资阳、资中和内江四地饮用水源遭受污染，造成 25 天近 100 万群众饮水中断，沱江水生生态环境遭受严重破坏。
2004	龙川江楚雄段水污染事件	2004 年 6 月初，楚雄市龙川江发生严重镉污染事件，楚雄水文站、智民桥、黑井等断面的总镉超标 36.4 倍。经过对沿河入河排污口进行排查，硫酸厂、海源锌业公司、滇东冶炼厂的入河污水是造成此次镉污染事件的主要污染源。
2004	河南濮阳水污染事件	自 2004 年 10 月以来，河南省濮阳市黄河取水口发生持续 4 个多月的水污染事件，城区 40 多万居民的饮水安全受到威胁，濮阳市被迫启用备用地下水源。据了解，自 1997 年以来，濮阳市黄河取水口已连续多年遭受污染，城市饮用水源每年约有 4~5 个月受污染影响。
2005	重庆綦河水污染	2005 年 1 月 3 日因取水点污染导致自来水厂停止供水，经卫生和环保部门勘测，河水是被綦河上游重庆华强化肥有限公司排出的废水所污染。綦江县有关部门立即在綦河水域的桥河段上游和下游开闸放水，加速稀释受污染水体，并责成华强化肥有限公司硫酸厂停止生产并整改。
2005	松花江重大水污染事件	2005 年 11 月 13 日，中石油吉林石化公司双苯厂苯胺车间爆炸事故。事故发生的约 100t 苯、苯胺和硝基苯等有机污染物流入松花江，形成近百公里的污染带沿松花江下泄并进入黑龙江，导致了严重的松花江水污染事件，对沿江居民的生产生活产生了影响，引起国际国内的广泛关注。
2005	广东北江镉污染事故	北江是珠江三大支流之一，也是广东省各市的重要饮用水源。2005 年 12 月 15 日，北江韶关段出现严重镉污染，高桥断面检测到镉浓度超标 12 倍多，此次镉污染事故是由韶关冶炼厂在设备检修期间超标排放含镉废水所致，是由企业违法超标排污导致的环境污染事故。
2006	河北白洋淀死鱼事件	2006 年 2 月和 3 月，素有"华北明珠"美誉的华北地区最大淡水湖泊白洋淀，接连出现大面积死鱼。死鱼事件的主因是水体污染较重、水中溶解氧过低，最终造成鱼类窒息。河北任丘市所属 9.6 万亩水域受到污染，水色发黑，有臭味，网箱中养殖鱼类全部死亡，淀中漂浮着大量死亡的野生鱼类，部分水草发黑枯死。
2006	吉林牤牛河水污染事件	2006 年 8 月 21 日，吉林省蛟河市吉林长白精细化工有限公司约 10t 工业废液倾入吉林市牤牛河，主要污染物为 N,N– 二甲基苯胺、4– 氨基 –N,N– 二甲基苯胺，引发了严重的水环境污染事件。
2006	湖南岳阳砷污染事件	2006 年 9 月 8 日，湖南岳阳县城饮用水源地新墙河发生水污染事件，砷超标 10 倍左右，8 万居民的饮用水安全受到威胁和影响。污染发生的原因为河流上游 3 家化工厂的工业废水"日常性排放"，致使大量高浓度含砷废水流入新墙河。

续表

年份	事件	事件概要
2006	四川泸州电厂重大环境污染事故	2006年11月15日，四川泸州川南电厂工程施工单位在污水设施尚未建成的情况下，开始燃油系统安装调试，造成柴油泄漏混入冷却水管道并排入长江。该事故导致泸州市城区停水，并进入重庆境内形成跨界污染。
2007	广西茅岭江支流那蒙江水污染事件	2007年2月20日，广西钦州市茅岭江支流那蒙江发生水污染事件，造成下游那蒙镇水厂停止供水，影响到该镇1 000多人饮用水安全，造成此次水污染事件主要是那蒙江上游南宁市一制糖企业污水氧化塘溃坝所致。由于那蒙江河段闸坝较多，大量污水滞留库区内，水体发黑、发臭。
2007	湘粤边界跨省镉、砷污染事故	2007年5月12日，湖南省宜章县赤石乡“三无”铟冶炼企业排放含有剧毒砷化物和镉的废水，经武江支流田头水跨省界流入广东省乐昌市境内，造成田头水的砷化物和镉含量超标几十倍，部分河段出现死鱼，并影响了乐昌市黄圃镇和田头镇的居民生活用水。
2007	太湖水污染事件	2007年5月29日开始，江苏省无锡市城区的大批市民家中自来水水质突然发生变化，并伴有难闻的气味，无法正常饮用。造成这次水质突然变化的原因是入夏以来，无锡市区域内的太湖水位出现50年以来最低值，再加上天气连续高温少雨，太湖水富营养化较重，从而引发了太湖蓝藻的提前暴发，严重影响了无锡市饮用水的水源水质。
2007	巢湖、滇池蓝藻暴发	2007年6月份，巢湖、滇池也不同程度地出现蓝藻。安徽巢湖西半湖出现了区域在5km²左右的大面积蓝藻，由于西半湖不作为饮用水源，所以对当地影响不大，但随着持续高温，巢湖东半湖也出现蓝藻。滇池也因连日天气闷热，蓝藻大量繁殖。在昆明滇池海埂一线的岸边，湖水如绿油漆一般，并伴随着阵阵腥臭。太湖、巢湖、滇池蓝藻的连续暴发，为“三湖”流域水污染综合治理敲响了警钟。
2007	江苏沭阳水污染事件	2007年7月2日下午3时，江苏沭阳县地面水厂发现，短时间内，大流量的污水侵入位于淮沭河的自来水厂取水口。经检测，取水口的水氨氮含量为28mg/L左右，远远超出国家取水口水质标准。20万人口用水受到影响。
2008	云南富宁县交通事故引发跨界水污染	2008年6月7日，云南省文山州富宁县境内发生交通事故，一辆装载33.6t危险化学品粗酚溶液的槽车从高速公路上侧翻，车上粗酚溶液全部泄漏流入者桑河（右江支流那马河的支流），造成者桑河及入流后的那马河及百色水库库尾水体（云南省境内）严重污染。直接影响云南省富宁县剥隘镇居民饮用水，并可能危及百色水库下游广西壮族自治区百色市约20万人饮用水安全。
2008	云南阳宗海砷污染事件	2008年6月以来，云南九大高原湖泊之一的阳宗海被测出水体中的砷浓度严重超出饮用水安全标准，直接危及两万人的饮水安全。从7月8日起，沿湖周边民众及企业全面停止从中取水作为生活饮用水。
2009	江苏盐城水污染事件	2009年2月20日，江苏省盐城市因自来水水源受到酚类化合物污染，导致大面积断水近67小时，20万市民生活受到影响，占盐城市市区人口的2/5。导致该事故的原因是盐城市标新化工厂为减少治污成本，居然趁大雨天偷排了30t化工废水，最终污染了水源地。
2009	山东沂南砷污染事件	2009年4月，山东沂南县亿鑫化工有限公司在未获批相关手续的情况下，非法生产阿散酸，并将生产过程中产生的大量含砷有毒废水存放在一处蓄意隐藏的污水池中。7月20日、23日深夜，趁当地降雨，这家公司用水泵将含砷量超标2.7254万倍的废水排放到南涑河中，造成水体严重污染。
2009	陕西凤翔县儿童血铅超标事件	2009年8月7日，陕西省凤翔县长青工业园区所在的马道口、孙家南头村两村239名儿童铅超标临床筛查中发现138名儿童存在疑似血铅值超标。8月7日至11日，马道口村、孙家南头村731名14岁以下少年儿童接受了西安市中心医院医疗小组血样采集。检测结果显示，615名少年儿童血铅超标。14日，166名中、重度铅中毒儿童陆续入院接受免费治疗。

续表

年份	事件	事件概要
2010	陕西洛川县千余吨污油泥泄漏造成洛河污染	2010年3月31日,陕西洛川县一污油泥处理厂回收池发生泄漏事故,千余吨污油泥沿着山沟倾泻而下,其中有一部分流入洛河流域造成洛河污染。
2010	福建紫金矿业溃坝事件	2010年7月3日,福建紫金矿业紫金山铜矿湿法厂发生酮酸水泄漏事故,事故造成汀江部分水域严重的重金属污染,致使当地居民无人敢用自来水。
2010	大连新港石油储备库输油管道爆炸事件	2010年7月16日18时,中石油大连新港石油储备库输油管道发生爆炸,大量原油泄漏入海,导致大连湾、大窑湾和小窑湾等局部海域受到严重污染,对泊石湾、金石滩和棒棰岛等十余个海水浴场和滨海旅游景区,三山岛海珍品资源增殖自然保护区、老偏岛 玉皇顶海洋生态自然保护区和金石滩海滨地貌自然保护区等敏感海洋功能区产生了影响。
2010	吉林化工用桶污染事件	2010年7月28日12时,穿越吉林市永吉县的温德河受洪水影响,将永吉县经开区内的新亚强生物化工有限公司、吉林众鑫集团两家企业的库房冲毁。两家化工厂的7 000只左右装有三甲基一氯硅烷的原料桶(160kg/桶),被冲入松花江中。
2010	江苏梅兰化工厂氯仿泄露事件	2010年11、12月江苏泰州梅兰化工厂发生氯仿、四氯化碳严重污染水体事故。氯仿和四氯化碳是强致癌物质,四氯化碳还是破坏臭氧层物质。含有这些致癌物质的污水沿着河道漂流几百公里,其中一条河道流经至一百多公里外的盐城市污水监测点,被盐城环保局监测站发现,氯仿和四氯化碳超标几千倍,有的地方超标几万倍。
2011	杭州苯酚槽罐车泄漏事件	2011年6月4日晚上22时55分左右, 杭州市辖区建德境内杭新景高速公路发生苯酚槽罐车泄漏事故,导致部分苯酚泄漏并随雨水流入新安江,造成部分水体受到污染。
2011	美国康菲石油渤海漏油事件	2011年6月上旬至中旬,美国康菲石油中国有限公司作业的蓬莱19-3油田出现漏油事故,溢油污染面积累计5 500 km^2,一类海水变为劣四类海水的面积累计870 km^2,单日溢油最大分布面积158 km^2,对油田及周边海域海洋环境造成污染损害。蓬莱19-3油田位于渤海海域,康菲中国任该油田的作业者,负责油田的开发生产作业管理。
2011	四川涪江锰矿水污染事件	2011年7月21日凌晨2时左右,四川松潘县小河乡境内突发强降雨,山洪泥石流造成四川岷江电解锰厂渣场挡坝部分损毁,矿渣流入涪江。绵阳市26日监测出涪江江油、绵阳段水质锰和氨氮超标,提醒市民不要饮用自来水。
2011	江西瑞昌自来水中毒事件	2011年8月9日上午,因饮用受污染的自来水,江西瑞昌裕丰村、庆丰村村民及工业园区西区一工地施工人员共110人中毒,中毒人员普遍出现了恶心、呕吐、腹痛腹泻等症状。中毒原因为饮用水铜、氯超标受污染,起因是一家铜冶炼企业内的自来水管网受到厂里原料、污水等腐蚀后,在夜晚水压低时被渗透污染。
2011	云南曲靖铬渣污染	2011年8月,5 000t铬渣倒入水库,事后云南曲靖将受污染的水排入珠江源头南盘江。云南陆良和平化工有限公司为了节省运费,将本应送往一家专业处理厂的剧毒废料,随意丢弃在了曲靖市麒麟区的多个地点,总量达到了5 222.38t,污染倾倒点土壤9 130t,和叉冲水库约4.3万 m^3 水体,并造成附近牲畜死亡。紧邻珠江源头南盘江的陆良和平化工厂堆放了17年的剧毒化工废料铬渣,最多时达28万t。被污染的积水潭中,蓄水100亿 m^3 左右,残留水的颜色让人震惊。
2011	洛阳市区河流污染事件	2011年12月13日下午,洛阳涧河河水完全变成了暗红色,并散发一股淡淡的怪味,引起市民恐慌,涧河变红系上游废品站冲洗收购的化工厂装存原料的红色塑料袋所致。
2012	广西龙江镉污染事件	2012年1月15日,龙江河的宜州市怀远镇河段水质出现异常,镉含量超标约80倍。此次镉污染事件镉泄漏量约20t,波及河段约达到300 km。

续表

年份	事件	事件概要
2012	江苏镇江水污染事件	2012年2月3日中午开始，镇江市自来水出现异味，水源水受苯酚污染是此次异味的主要原因。苯酚是重要的有机化工原料，有特殊臭味，极稀的溶液有甜味，腐蚀性极强。造成此次污染事件的是一艘曾停靠镇江的韩国籍船舶，排口管道阀无法关严。
2012	广东东莞水污染事件	2012年3月东莞松木山水库出现大面积死鱼现象，造成此次大面积死鱼的原因是大量污染物经排污口流入，导致水体质量下降。加上近期气温升高，水底微生物大量繁殖，消耗水中溶解氧，造成水体底部缺氧，导致鱼类大面积死亡。
2012	山西长治苯胺泄漏事件	2012年12月31日7时40分，位于长治市潞城市境内的山西天脊煤化工集团股份有限公司发生一起因输送软管破裂导致的苯胺泄漏事故，泄漏苯胺随河水流出省外，致漳河流域水源被污染。事故造成山西沿途80 km河道停止人畜饮用自然水，河北邯郸因上游自来水被污染，致使大面积停水。
2013	山西苯胺泄漏事件	2013年1月7日，在潞城市与平顺县交界的黄牛蹄乡辛安村，苯胺泄漏事故的排污渠在此汇入浊漳河。在发生泄漏事故的排污渠内，经过大量石灰粉掩埋后，渠道内污水结冰形成白色冰块，局部地段仍能隐约看到残留的铁锈红色污染物。受此事件的影响，红旗渠等部分水体有苯胺、挥发酚等因子检出和超标。
2013	宁夏石嘴山市电厂废水事件	2013年4月15日，宁夏回族自治区石嘴山市惠农区一电厂的废水冲垮拦水坝涌入黄河，事故未对黄河水质造成大的影响。
2014	兰州自来水污染事件	2014年4月10日，兰州威立雅水务集团公司在对第二水厂出水口检测时发现自来水中苯含量高达118μg/L，超过标准10μg/L。
2014	武汉水污染事件	2014年4月23日，武汉市政府应急办发布消息，称汉江武汉段水质氨氮超标，造成武汉白鹤嘴水厂和余氏墩水厂停产。
2014	江苏靖江水污染事件	2014年5月9日上午，江苏省靖江市因饮用水水源地水质异常停止供水，全市近70万人的生产、生活因此受影响，并引发了抢水潮。造成靖江水污染的原因是犯罪式排放、倾倒危废行为。
2014	富春江水污染事件	2014年5月19日，一辆装载有四氯乙烷的槽罐车，行至320国道桐庐富春江镇俞赵村建德方向路段时，发生侧翻，造成四氯乙烷泄漏，部分四氯乙烷流入富春江，造成部分水体污染。

（六）造成目前中国水污染状况的主要原因

中国地面水最常见的水污染是有机污染、重金属污染、富营养污染以及这些污染物共存的复合性污染。中国多数污染河流的特征都属于有机污染，表现为水体中COD、BOD浓度增高。受到有机污染的河流往往同时接纳大量悬浮物，它们组成中的相当一部分是有机物，排入水体后先是沉淀至河底形成沉积物。沉积物是水体的一个潜在污染源。2013年《中国环境状况公告》[4]表明，中国海域海洋沉积物质量状况总体良好。近岸海域沉积物中铜含量符合第Ⅰ类海洋沉积物质量标准的站位比例为89%，其余监测要素含量符合第Ⅰ类海洋沉积物质量标准的站位比例均在95%以上。有机污染中有毒的难降解合成有机物污染受到广泛注意，它们即使在十分低的含量下也可能对人体健康有直接危害，如致癌、致畸、致突变。目前在中国水体中检出了多种有毒污染物，而且含量远远高出地面水环境质量标准的限制，其中很多种物质属于内分泌干扰物质和持久性有机污染物。

2013年《中国环境状况公告》[4]表明，监测了423个日排污水量大于100 m^3的直排海工业污染源、生活污染源和综合排污口，污水排放总量约为63.84亿t。化学需氧量排放总量为22.1万t，石油类为1 636t，氨氮为1.69万t，总磷为2 841t，汞为213kg，六价铬为1 908kg，铅为7 681kg，镉为392kg。

2013年《中国环境状况公告》[4]表明了四大海域的受纳污染物情况（表4-3）。四大海域每年受纳废水量2.06亿~37.45亿t，化学需氧量1.2万~11.9万t，石油类36.2~861.6t，氨氮0.2万~0.8万t，总磷180.4~1 046.9t。

表4-3 2013年四大海域受纳污染物情况

海区＼分类	废水量/亿t	化学需氧量/万t	石油类/t	氨氮/万t	总磷/t
渤海	2.06	1.2	36.2	0.2	180.4
黄海	11.04	5.5	235.8	0.4	662.0
东海	37.45	11.9	861.6	0.8	1 046.9
南海	13.29	3.5	501.9	0.4	951.8

造成中国目前水环境污染的原因主要有以下几方面[2,14]。

（1）城市废水处理率低

随着城市化进程加快，生活污水排放量逐年增大，中国污水排放总量逐年增加。近年来，中国政府在水污染治理方面的投入不断增大，污水处理率逐年提高。在已经建设的城市废水处理厂中，还有相当一部分因为排水管网建设未能配套，以及污水处理费不能收齐等原因而不能正常运行，绝大部分污水处理厂没有完善的污泥处理设施。也就是说，虽然建成了废水处理设施，却没有充分发挥其减轻水污染的作用。大量污水、废水以及污泥未经过处理便直接排入江河湖海是导致中国水环境状况得不到明显改善的直接原因。

（2）工业污染源控制不力

违规排污行为非常突出，造成了水环境的急剧恶化。2013年2月下旬至3月，环境保护部组织北京、天津、河北、山西、山东、河南六省（市）环保厅（局），以地下水水质异常和群众反映强烈的区域为重点地区，以废水排放量与理论产生量明显不一致、建有渗坑渗井或旱井的企业为重点目标，全面排查华北平原地区工业企业废水排放去向和污染物达标排放情况，查处污染地下水的环境违法行为。40天中共检查涉水排污企业25 875家，查处各类环境违法行为558件。各级环保部门对424家企业责令限期改正；对88家企业处以罚款，总额达613万余元；另有80家企业的违法问题已经立案，正在履行处罚程序。本次检查发现有55家企业存在利用渗井、渗坑或无防渗漏措施的沟渠、坑塘排放、输送或者存贮污水的违法问题，其中天津5家、河北6家、山西1家、山东14家、河南29家。天津、河北、山西、山东、河南5省（市）将分别公开利用渗坑、渗井排放的环境违法企业名单和有关信息，请全社会监督查处治理情况。环境保护部将继续组织各地深入排查整治排污企业地下水污染问题，在全国范围内严厉打击地下水污染违法行为[15]。2011年，全国共出动执法人员270余万人（次），检查企业107万余家（次），查处环境违法问题1万余件，挂牌督办环境违法案件2 016件，有效遏制了铅蓄电池企业引发血铅事件的高发态势，推动了铅蓄电池行业的优化升级和可持续发展。继续加大火电、污水处理等污染减排重点行业监管力度,严查环境违法行为[16]。2007年,国家环保总局对重点流域进行了专项检查,被检查的11个省区的126个工业园区内,有110个存在环境违法行为,占抽查总数的87.3%;75家城镇污水处理厂,有38家存在运转不正常、处理不达标或停运现象,占抽查总数的50.7%;529家企业中有234家企业存在违法行为,占总数的44.2%[2]。

(3)对非点源污染控制的重要性认识不足

除点源污染外,农业面源污染、城市面源污染等非点源污染也是导致中国水环境恶化的重要原因。中国是一个农业大国,农业和农村的非点源污染不可忽视,其中包括:夹带着大量剩余化肥、农药的农田径流,畜禽养殖业废水,农村生活污水及生活垃圾,以及水土流失造成的污染等。城市中含有大量污染物的初期雨水或排入污水管网的雨水也未经处理便进入了环境水体,加剧了水体的污染程度。近年来中国正逐渐认识非点源污染对水环境质量的影响,但目前尚无专门针对非点源污染控制的标准或法规出台,非点源污染仍处于无序排放状态。

第二节　大气污染

大气中某种组分达到一定浓度,并持续足够的时间,达到对公众健康、动物、植物、材料、大气环境美学因素产生可以测量的负面影响,就是大气污染。

按照污染的范围,大气污染可分为下列三种类型[2]。

(1)局地性的大气污染:在较小的空间尺度内(如厂区或者一个城市)产生的大气污染问题,在该范围内造成影响,并可以通过该范围内的控制措施加以解决的局部污染。

(2)区域性的大气污染:跨越城市乃至国家的行政边界的大气污染,需要通过各行政单元间相互协作才能解决的大气环境问题,如北美洲、欧洲和东亚地区的酸沉降、大气棕色云等。

(3)全球性的大气污染:涉及整个地球大气层的大气环境问题,如臭氧层破坏以及温室效应等。

一、大气污染源及污染物

(一)大气污染源

大气污染源可分为两类:天然源和人为源。天然源系指自然界自行向大气环境排放物质的场所;人为源系指人类的生产活动和生活活动所形成的污染源。由于自然环境所具有的物理、化学和生物功能(自然环境的自净作用),能够使自然过程所造成的大气污染经过一定时间后自动消除,大气环境质量能够自动恢复。一般而言,大气污染主要是人类活动造成的,随着人为活动的加剧,许多大气污染的形成是人为源和天然源共同作用的结果。下面对人工源进行分类[2]。

(1)按污染源存在形式

固定污染源:排放污染物的装置所处位置固定的,如火力发电厂、烟囱、炉灶等。

移动污染源:排放污染物的装置所处位置不固定的,如汽车、火车、轮船等。

(2)按污染物的排放形式

点源:集中在一点或在可当做一点的小范围内排放污染物,如烟囱。

线源:沿着一条线排放的污染物,如汽车、火车等的排气。

面源:在一个大的范围内排放污染物,如成片的民用炉灶、工业炉窑等。

(3)按污染物排放空间

高架源:在距地面一定高度上排放污染物,如烟囱。

地面源:在地面上排放污染物。

(4)按污染物排放时间

连续源:连续排放污染物,如火力发电厂的排烟。

间断源:间歇排放污染物,如某些间歇生产过程的排气。

瞬时源:无规律地短时间排放污染物,如事故排放。

(5)按污染物发生类型

工业污染源:主要包括工业燃料燃烧排放的废气及工业生产过程的排气等。

农业污染源:农业燃料燃烧的废气,某些有机氯农药对大气的污染,施用的氮肥分解产生的氮氧化物。

生活污染源:民用炉灶及取暖锅炉燃煤排放的污染物,焚烧城市垃圾的废气,城市垃圾在堆放过程中由于厌氧分解排出的有害污染物。

交通污染源:交通运输工具燃烧燃料排放的污染物。

(二)大气污染物

大气污染物是指由于人类活动或自然过程排入大气,并对人和环境产生有害影响的物质。大气污染物的种类很多,按其来源可分为一次污染物和二次污染物。一次污染物系指直接由污染源排放的污染物。而在大气中一次污染物发生化学作用生成的污染物,常称为二次污染物,比一次污染物对环境和人体的危害更为严重。大气污染物按其存在状态则可分为两大类:颗粒物和气态污染物[2]。

1. 颗粒物

颗粒物是大气中的固体或液体颗粒状物质,又称"尘"。一般按其尺寸大小将大气中的颗粒物划分为:

粉尘:粒径介于1.0~100μm的颗粒,一般多在10μm以上;

降尘:粒径大于10μm的微小颗粒,在空气中能够自然沉降下来;

飘尘:粒径小于10μm的微小颗粒,在大气中飘浮,而不下沉;

烟尘:通过燃烧、熔融、蒸发、升华、冷凝等过程所形成的固态或液态悬浮颗粒;

云尘:粒径小于0.25μm的颗粒。

在我国的环境空气质量标准中，根据颗粒的大小将其分为总悬浮颗粒物和可吸入颗粒物。总悬浮颗粒物是能悬浮在空气中，空气动力学当量直径≤100μm的颗粒物的总和；可吸入颗粒物是悬浮在空气中，空气动力学当量直径≤10μm的颗粒物的总和，其中直径≤2.5μm的颗粒物，又总称为$PM_{2.5}$，这部分颗粒污染物可通过呼吸道吸入肺泡，因而危害更大。

2. 气态污染物

(1)一次污染物

大气中有多种气态的一次污染物，按其成分可分为无机气态污染物和有机气态污染物，主要有下列几种。

1)硫氧化物(SO_x)：主要来自含硫的化石燃料燃烧产生的废气，多数为二氧化硫(SO_2)，少数是三氧化硫(SO_3)，二者均是大气中的主要气态污染物，特别是当它们和固体微粒相结合后危害更大。全世界每年向大气中排放的二氧化硫约1.5亿t。

2)氮氧化物(NO_x)：主要是一氧化氮(NO)和二氧化氮(NO_2)，它们主要是在高温条件下，氮和空气中的氧反应化合而形成的。汽车发动机和以矿物燃料为动力的燃烧器，都可能排放氮氧化物。

3)挥发性有机物(VOCs)：大气中普遍存在的一类具有挥发性的气态有机化合物，包含几百种甚至上千种不同的有机物，大致可以分为六类：饱和烷烃和卤代烷烃，烯烃和卤代烯烃，芳香烃和卤代芳香烃，含氧有机物，含氮有机物，含硫有机物。VOCs的来源复杂，主要是燃料燃烧、溶剂挥发、石油化工以及天然源等。

4)碳氧化物(CO_x)：主要是一氧化碳(CO)和二氧化碳(CO_2)。CO是城市大气中含量很高的气态污染物，城市大气中的CO主要由汽车尾气排放，高浓度的CO经常出现在城市人群的上下班时间，交通繁忙的道路和交叉路口。矿物燃料的不完全燃烧也产生大量的CO。CO_2在很长时间里并没有被认为是一个污染组分，但是它是一种温室气体，随着对气候变化的关注，大气CO_2的排放及变化规律在大气环境的研究中越来越重要。

5)含卤素的化合物：含卤素的化合物在大气中的浓度水平很低，但是在大气环境中具有十分重要的作用。平流层臭氧化学的研究，揭示大气中的含卤素化合物，特别是含氯氟的氟利昂类物质及其替代的中间物质以及含溴的哈龙类物质，是造成臭氧损耗的关键因素。

(2)二次污染物

大气中二次污染物的生成、影响和控制是大气污染研究的重要内容。表4-4列举了部分大气中一次污染物及由其生成的二次污染物。

二次污染物的危害性更大，典型的二次污染事件包括洛杉矶光化学烟雾和伦敦烟雾。洛杉矶光化学烟雾是由于汽车排放的大量氮氧化物或挥发性有机物，通过复杂的光化学反应形成的大气污染现象；伦敦烟雾是由于燃煤导致的大量烟尘和二氧化硫排放，与在化学反应作用下形成的硫酸、硫酸盐等混合形成的酸性烟雾。

表 4-4 大气中气态污染物及其所生成的二次污染物

污染物	一次污染物	二次污染物
含硫化合物	SO_2、H_2S	SO_3、H_2SO_4、MSO_4
碳氧化物	CO、CO_2	无
含氮化合物	NO、NH_3	NO_2、HNO_3、MNO_3
挥发性有机物	碳氢化合物	酮、醛、过氧乙酰硝酸酯
卤素化合物	HF、HCl	无
VOCs+NO_x	烯烃、芳香烃、羰基化合物、NO_x等	O_3、二次有机气溶胶

(3)其他有毒有害的污染物

1)多环芳烃类化合物。多环芳烃是分子中含有两个以上苯环的碳氢化合物,包括萘、蒽、菲、芘等150余种化合物,有些多环芳烃还含有氮、硫等原子。苯并芘是最早被发现的大气中的化学致癌物,而且致癌性很强,因此苯并芘常被用作多环芳烃的代表,是燃料及有机物质在400℃以上高温热解、环化聚合等反应过程而生成的一种芳香族有机化合物,其分子结构由5个苯环所组成。

2)重金属。重金属一般以天然丰度广泛存在于自然界中,但由于人类对重金属的开采、冶炼、加工及商业制造活动日益增多,造成不少重金属如铅、汞、镉、钴等进入大气、水、土壤中,引起严重的环境污染。

重金属是水体污染的重点污染物。近年来,大气中的重金属污染也引起越来越多的关注,主要的污染物是铅和汞。在用四乙基铅作汽油的防爆剂时,汽车尾气中的铅有97%成为直径小于0.5μm的颗粒,飘浮在空气中,对人群健康具有很大危害。矿业生产和燃煤过程导致汞向大气的排放,由于我国一次能源主要依赖燃煤,我国被认为是向大气中排汞量很大的国家。而且,汞在大气中能被传送很远的距离,造成严重的区域性污染问题。

3)大气中的持久性有机污染物(POPs)。持久性有机污染物是指那些难以通过物理、化学及生物途径降解的有毒有害的有机化合物。根据《关于持久性有机污染物的斯德哥尔摩公约》(POPs公约),这些物质具有持久性、生物蓄积性、毒性、挥发性等特征。目前POPs公约中规定有12种这类物质,它们分别是滴滴涕(DDT)、狄氏剂(dieldrin)、异狄氏剂(endrin)、艾氏剂(aldrin)、氯丹(chlordane)、七氯(heptachlor)、六氯苯(HCB)、灭蚁灵(mirex)、毒杀芬(camphechlor)、多氯联苯(PCBs)、二噁英(dioxins)和呋喃(furans)。

持久性有机污染物是成千上万人造化学品中很小的部分,人工合成的化学物质引起多种环境与人体健康问题,这些物质在大气中的迁移和有效控制将受到全人类越来越深切的关注。

二、几种典型的大气污染

(一)煤烟型污染

煤是重要的固体燃料,它是一种复杂的物质聚集体,其可燃成分主要是由碳、氢及少量氧、氮和硫等一起构成的有机聚合物。煤中也含有多种不可燃的无机成分(统称灰分),

其含量因煤的种类和产地不同而有很大差异。与燃油和燃气相比，相同规模的燃烧设备，燃煤排放的颗粒物和二氧化硫要高得多。虽然燃烧条件影响污染物的生成和排放，但煤的品质也是重要的影响因素。对于给定的燃烧设备和燃烧条件，烟气中所含飞灰的初始浓度，主要取决于煤的灰分含量。煤中灰分含量越高，烟气中飞灰的初始浓度也越高。由于我国原煤入洗率低，灰分含量普遍较高，平均达25%。

燃烧过程中形成的氮氧化物，一部分由燃料中固定氮生成，常称为燃氮氧化物；另一部分由空气中氮气在高温下通过原子氧和氮之间的化学反应生成，常称为热氮氧化。化石燃料的氮含量差别很大，石油的平均含氮量为0.65%，而大多数煤的含氮量为1%~2%。

不完全燃烧产物主要为一氧化碳（CO）和挥发性有机化合物。它们排入大气不仅污染了环境，也使能源利用效率降低，导致能源浪费。烟气中硫组分几乎完全来自燃料。经物理、化学和放射化学方法测定的结果证实，煤中含有四种形态的硫：黄铁矿硫、有机硫、元素硫和硫酸盐硫。在燃烧过程中，前三种硫都能燃烧放出热量，并释放出硫氧化物或硫化氢，在一般燃烧条件下，二氧化硫是主要产物。硫酸盐硫主要以钙、铁和锰的硫酸盐形式存在，硫分含量相对要少得多。

燃煤产生的SO_2在大气中会氧化生成硫酸雾或硫酸盐气溶胶，是环境酸化的重要前体物，也是大气污染的主要酸性污染物。因此，当一次污染物主要为SO_2和煤烟时，二次污染物主要是硫酸雾和硫酸盐气溶胶。在相对湿度比较高、气温比较低、无风或静风的天气条件下，SO_2在重金属（如铁、锰）氧化物的催化作用下，易发生氧化作用生成SO_3，继而与水蒸气结合形成硫酸雾。硫酸雾是强氧化剂，其毒性比SO_2更大。它能使植物组织受到损伤，对人的主要影响是刺激上呼吸道，附在细微颗粒上时也会影响下呼吸道。硫酸雾污染一般多发生在冬季，尤以清晨最为严重，有时可连续数日。例如，1961~1972年的日本四日市气喘病事件，即是二氧化硫与重金属微粒形成的硫酸烟雾，连续数天不散，导致气喘病患者大量死亡。SO_2与大气中的烟尘有协同作用，可使呼吸道疾病发病率增高，慢性病患者的病情迅速恶化，使危害加剧。例如，20世纪50年代的著名公害事件伦敦烟雾事件，以及马斯河谷事件和多诺拉等烟雾事件，都是这种协同作用所造成的。中国是燃煤大国，随着燃煤量的增加，SO_2的排放量也不断增长，SO_2的大量排放是我国长期以来的大气污染问题。

（二）酸沉降

酸沉降是指大气中的酸性组分通过降水（如雨、雾、雪）等方式迁移到地表，或在含酸气团气流的作用下直接迁移到地表。酸沉降已成为当今世界上最严重的区域性环境问题之一。伴随着人口的快速增长和迅速的工业化，酸雨和环境酸化问题一直呈发展趋势，影响地域逐渐扩大，由局地问题发展成为跨国问题，由工业化国家扩大到发展中国家。目前，世界酸雨主要集中在欧洲、北美和中国西南部3个地区。

酸沉降的形成与大气中的污染物质二氧化硫、氮氧化物（NO_x）、颗粒物和挥发性有机物等有关。大气中污染物二氧化硫、氮氧化物和挥发性有机物通过扩散、转化、输运以及被雨水吸收、冲刷、清除等过程，生成硫酸、硝酸和有机酸，然后随着干、湿沉降过程到达地表,造成地表生态环境的酸化。

酸沉降在全球造成的影响十分巨大,被称作空中死神、空中杀手、空中化学定时炸弹。酸雨对环境和人类的危害主要有:

1)酸雨可引起江、河、湖、水库等水体酸化,影响水生动植物的生长,当湖水 pH 降到 5.0 以下时,湖泊将成为无生命的死湖。

2)酸雨可使土壤酸化,抑制土壤中有机物的分解和氮的固定,导致钙、镁、钾等养分淋溶流失,使土壤日益酸化、贫瘠化。

3)酸雨抑制植物的生长,野外调查表明,在降水 pH 值小于 4.5 的地区,马尾松林、华山松和冷杉林等出现大量黄叶并脱落,森林成片地衰亡。例如,重庆奉节县的降水 pH 值小于 4.3 的地段,20 年生马尾松林的年平均高生长量降低 50%。

4)酸雨的腐蚀力很强,能大大加速建筑物、金属、纺织品、皮革、纸张、油漆、橡胶等物质的腐蚀速度,尤其是以碳酸钙($CaCO_3$)为主要成分的纪念碑、石刻壁雕、塑像等文化古迹,受到腐蚀和破坏的程度更为严重。

5)酸雨对人体健康也产生危害作用,土壤、湖泊和地下水酸化后,由于金属的溶出,对饮用者会产生危害,含酸的空气使多种呼吸道疾病增加,特别是硫酸雾微粒侵入人体肺部,可引起肺水肿和肺硬化等疾病而导致死亡。

酸沉降是一种跨越国界的大气污染,它可以随同大气转移到成百至上千千米以外,甚至更远的地区。科学家在人们通常认为地球上最洁净的北极圈内冰雪层中,也检测出浓度相当高的酸性组分。因此,全球和区域尺度酸沉降的控制是一项长期和艰巨的工作。

(三)光化学烟雾

在一定的条件下(如强日光、低风速和低湿度等),NO_x 和 VOCs 发生复杂的化学反应,生成臭氧、过氧乙酰硝酸酯、高活性自由基、醛类(甲醛、乙醛、丙烯醛)、酮类和有机酸类以及颗粒物细粒子等二次污染物,这种由反应物和产物形成的高氧化性的混合气团,称为光化学烟雾。

光化学污染是典型的二次污染,即由源排放的一次污染物在大气中经过化学转化而形成,它一般出现在相对湿度较低的夏季晴天,最易发生在中午或下午,夜间消失。这一污染影响的范围可达下风向几百到上千千米,因此也是一种区域性的污染问题。

光化学烟雾是 1940 年在美国的洛杉矶地区首先发现的,继洛杉矶之后,日本、英国、德国、澳大利亚和中国先后出现过光化学烟雾污染。一般而言,机动车尾气是光化学烟雾污染的主要污染源。汽车排放的污染物分别来自排气管、曲轴箱以及燃料箱和化油箱。随着汽车保有量的增加,汽车排放在人为排放 CO、NO_x 和 VOCs 中所占的份额越来越高。机动车排放的 VOCs 达几百种组分,包括烷烃、烯烃、芳香烃和羰基化合物等。这些组分参加活跃的大气化学过程,是大气臭氧和二次有机气溶胶生成的重要前体物。

除机动车外,其他向大气释放 NO_x 和 VOCs 的污染源,如燃煤过程、石油化工甚至天然源等,也是造成光化学烟雾污染不容忽视的原因。早在 20 世纪 70 年代末,我国就在兰州西固石油化工区首次发现了光化学烟雾污染问题,并证实该地区光化学烟雾的前体物主要来源于石油化工排放的VOCs和电厂排放的氮氧化物。1986年夏季在北京也发现了光化学烟雾污染的迹象。随着经济的高速发展,我国中、南部特别是沿海城市均已发生或面临光化学烟雾的威胁,上海、广州、深圳等城市也频繁观测到光化学烟雾污染的现象。因此,严格控制城市机动车排放,合理规划交通发展规模,建立和完善机动车管理体系,是改善城市空气质量的当务之急。而且,随着机动车保有量的快速增加,我国大城市的大气污染已逐渐出现在煤烟型污染问题上叠加光化学烟雾污染的严重趋势,呈现两种污染相互复合的污染特征。

(四)室内空气污染

室内环境污染的危害程度并不比室外低,有时甚至比室外更高。装有空调设施、装修豪华并配备现代化办公设备的环境的危害程度要远远高于一间普通的办公室。现代成年人70%~80%的时间是在室内度过,老弱病残者在室内的时间更高,可达90%以上[17]。

据国外一项室内空气持续5年的检测结果,室内空气中的化学物质多达数千种,其中某些有毒有害物质的含量比室外绿化区的含量多20倍,特别是那些刚完工的新建筑,在6个月内,室内空气中的有毒有害物质的含量比室外空气中的含量多20~100mg/L。加拿大调查表明,当前人们68%的疾病都与室内空气污染有关。某些长期生活和工作在不良室内环境的工作人员和学生中出现一些特异性的症状,主要表现为眼、鼻、喉不适,干咳,皮肤干燥发痒,人体易疲倦、乏力,头痛、头晕恶心,注意力难以集中,记忆力减退等。这些症状估计与建筑物内的空气质量有关,因此被称为"病态建筑物综合征",大多数患者在离开建筑物不久症状即行缓解[2]。

近年来,由于室内装修而引发的室内空气质量造成人体健康危害的问题,在我国时有发生,并越来越引起人们的关注。室内空气中的污染物主要有来自装修材料的甲醛、挥发性有机物(VOCs)、放射性元素氡以及各种病原微生物等[17]。

三、大气污染的危害

大气污染会影响人类和动物的健康、危害植被、腐蚀材料、影响气候、降低能见度。目前,虽然对其中有些影响的认识比较充分,但大多数的不良影响尚难以量化。下面仅简要介绍大气污染对人体健康、植物、材料和全球变化的影响[2]。

1. 大气污染对人体健康的危害

大气污染物对人体健康危害严重,如细颗粒物、硫氧化物、一氧化碳、光化学烟雾和铅等重金属均对人体健康产生不利影响。污染物对健康的影响因污染物浓度和组成、暴露水平以及人体健康状况而异。

(1)大气颗粒物

大气颗粒物对人体健康的影响取决于:①大气颗粒物沉积于呼吸道中的位置,这与颗粒物粒径大小有关,粒径0.01~1.0μm的细小颗粒在肺泡的沉积率最高,粒径大于

10μm的颗粒绝大部分保留在鼻腔和鼻咽喉部,只有很少部分进入气管和肺内。人体长期暴露在飘尘浓度高的环境中,呼吸系统发病率增高,如气管炎、支气管炎、支气管哮喘、肺气肿等。②在沉积位置上对组织的影响,取决于颗粒物的化学组成。

颗粒物的组成十分复杂,各种污染源都会有所贡献。其表面还会浓缩和富集多种化学物质。其中多环芳烃类化合物等随呼吸吸入体内成为肺癌的致病因子;许多重金属(如铁、铍、铝、锰、铅、镉等)化合物也可对人体健康造成危害。因此,人体暴露在颗粒物浓度高的环境中,呼吸系统和心血管系统的发病率和死亡率增高。研究表明,除短期的高剂量暴露的急性影响外,低污染水平的长期暴露也会导致发病率和死亡率的显著增加。

(2)二氧化硫(SO_2)

SO_2进入呼吸道后,绝大部分被阻滞在上呼吸道,在潮湿的黏膜上生成具有刺激性的亚硫酸、硫酸、硫酸盐等。上呼吸道对SO_2的这种阻滞作用,在一定程度上可以减轻其对肺部的侵袭,但进入血液的SO_2仍可随血液循环抵达肺部产生刺激作用。进入血液循环的SO_2也会对全身产生不良反应,能够破坏酶的活力,影响碳水化合物及蛋白质的代谢,对肝脏有一定损害,在人和动物体内均使血中蛋白与球蛋白比例降低。

(3)一氧化碳(CO)

CO是无色无臭的有害气体,与血液中血红蛋白的亲和力强,结合生成缺氧血红蛋白,将严重阻碍血液输氧,引起缺氧,发生中毒。CO是大气污染物中散布最广的一种,其全球排放量超过其他主要大气污染物的总量,主要来源于汽车尾气。长期吸入低浓度CO可发生头痛,头晕,记忆力减退,注意力不集中,对声、光等微小改变的识别力降低,心悸等现象。

(4)近地面臭氧(ground level ozone)

由于光化学烟雾特别是臭氧的高氧化性,近地面的臭氧与人体直接接触,将导致严重的健康危害,最明显的作用是对黏膜系统的伤害,对眼睛具有强烈的刺激,同时对鼻、咽喉、气管和肺也有伤害。臭氧浓度水平过高或者长时间接触,会引起呼吸系统病变,造成中枢神经系统损害,并阻碍血液输氧的功能。

(5)大气中的铅(Pb)

铅是生物体酶的抑制剂,进入人体的铅随血液分布到软组织和骨骼中,轻度中毒导致神经衰弱综合征、消化不良;中度中毒出现腹绞痛、贫血及多发性神经病;重度中毒出现肢体麻痹和中毒脑病例。儿童铅中毒可推迟大脑发育或感染急性脑症。

2. 大气污染对植物的危害

大气污染对植物的危害可归纳为以下几个方面:损害植物酶的功能组织,影响植物新陈代谢的功能,破坏原生质的完整性和细胞膜,损害根系生长及其功能,减弱输送作用与导致生物产量减少。

大气污染物对植物的危害程度取决于污染物剂量、污染物组成等因素。例如,环境中的SO_2能直接损害植物的叶子,长期阻碍植物生长;氟化物会使某些关键的酶催化作用受到影响;O_3可对植物气孔和膜造成损害,导致气孔关闭,也可损害三磷酸腺苷的形成,降低光合作用对根部营养物的供应，影响根系向植物上部输送水分和养料。大气是多种气体的混合物，大气污染经常是多种污染物同时存在，对植物产生复合作用。在复合作用中，每种气体的浓度、各种污染物之间浓度的比率、污染物出现的顺序都将影响植物受害的程度。单独的 NO_x 似乎对植物不大可能构成直接危害，但它可与 O_3 及 SO_2 反应后，通过协同途径产生巨大危害。

3. 大气污染对材料的危害

大气污染可使建筑物和暴露在空气中的金属制品及皮革、纺织等物品发生性质的变化，造成直接和间接的经济损失。SO_2 与其他酸性气体可腐蚀金属、建筑石料及玻璃表面。SO_2 还可使纸张变脆、褪色，使胶卷表面出现污点、皮革脆裂并使纺织品抗张力降低。O_3 及 NO_x 会使染料与绘画褪色，从而对宝贵的艺术作品造成威胁。光化学烟雾对材料（主要是高分子材料，如橡胶、塑料和涂料等）也会产生破坏作用。酸沉降对材料特别是金属和石质文物的损坏作用受到极大的关注。

4. 大气污染的其他影响

长期以来，人们一直把对能见度的影响作为城市大气污染严重性的定性指标。随着研究的深入，人们更多地认识到污染物的远距离迁移和由此引起的区域性危害，对能见度的影响已经远远超出城市地区本身，能见度已成为一个区域性大气质量的重要参考指标。严重的光化学烟雾能显著地降低大气能见度，造成城市的大气质量恶化。

水循环对于地球上人类的生存是至关重要的。大气污染会导致降水规律的改变，影响凝聚作用与降水形成，可能导致降水的增加或减少。

大气污染还会产生全球性的影响，包括大气中 CO_2、O_3 等的辐射活性组分气体浓度增加，导致全球气候变化；人工合成的氟氯烃化合物等化学物质导致的臭氧层损耗和其他环境问题。

四、中国的主要大气污染问题及趋势

中国是一个发展中国家，城市化和工业化在推动社会经济高速发展的过程中，大气环境质量的现状和变化趋势值得引起高度的重视。据 2013 年国家环境保护部《中国环境状况公报》[4]，二氧化硫的排放量为 2 043.9 万 t，与 2012 年相比下降 3.5%，氮氧化物排放总量为 2 227.3 万 t，比 2012 年下降 4.7%。具体地说，我国城市大气污染的未来趋势有以下的特征。

1. 城市空气质量不容乐观

2013 年《中国环境状况公报》[4]表明，全国城市环境空气质量不容乐观。京津冀、长三角、珠三角等重点区域及直辖市、省会城市和计划单列市共 74 个城市按照新标准开展监测。依据《环境空气质量标准》（GB 3095 – 2012）[18]对 SO_2、NO_2、PM_{10}、$PM_{2.5}$ 年均值，CO 日

均值和 O_3 日最大 8 小时均值进行评价，74 个城市中仅海口、舟山和拉萨 3 个城市空气质量达标，占 4.1%；超标城市比例为 95.9%。空气质量相对较好的前 10 位城市是海口、舟山、拉萨、福州、惠州、珠海、深圳、厦门、丽水和贵阳；空气质量相对较差的前 10 位城市是邢台、石家庄、邯郸、唐山、保定、济南、衡水、西安、廊坊和郑州。

根据 2013 年《中国环境状况公报》[4]中各指标来看，SO_2 年均浓度范围为 7~114μg/m³，平均浓度为 40μg/m³，达标城市比例为 86.5%；NO_2 年均浓度范围为 17~69μg/m³，平均浓度为 44μg/m³，达标城市比例为 39.2%；PM_{10} 年均浓度范围为 47~305μg/m³，平均浓度为 118μg/m³，达标城市比例为 14.9%；$PM_{2.5}$ 年均浓度范围为 26~160μg/m³，平均浓度为 72μg/m³，达标城市比例为 4.1%；O_3 日最大 8 小时平均值第 90 百分位数浓度范围为 72~190μg/m³，平均浓度为 139μg/m³，达标城市比例为 77.0%；CO 日均值第 95 百分位数浓度范围为 1.0~5.9mg/m³，平均浓度为 2.5mg/m³，达标城市比例为 85.1%。74 个城市平均达标天数比例为 60.5%，平均超标天数比例为 39.5%（图 4-25）。10 个城市达标天数比例介于 80%~100%，47 个城市达标天数比例介于 50%~80%，17 个城市达标天数比例低于50%。

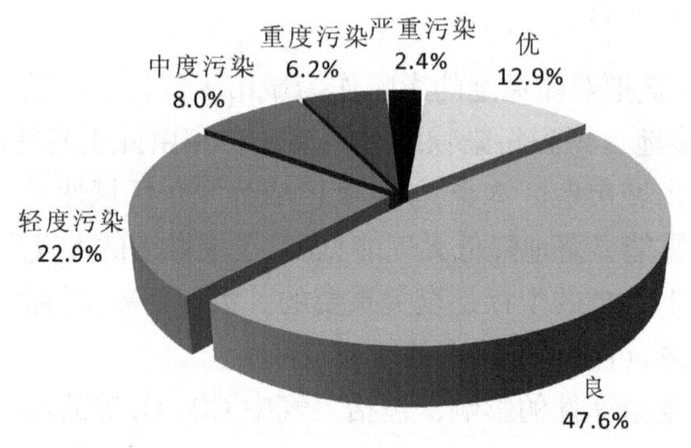

图 4-25　2013 年新标准第一阶段监测实施城市不同空气质量级别天数比例

2013 年，京津冀区域 13 个地级及以上城市达标天数比例范围为 10.4%~79.2%，平均为 37.5%；超标天数中，重度及以上污染天数比例为 20.7%。京津冀地区超标天数中以 $PM_{2.5}$ 为首要污染物的天数最多，占 66.6%；其次是 PM_{10} 和 O_3，分别占 25.2%和 7.6%。京津冀区域 $PM_{2.5}$ 平均浓度为 106μg/m³，PM_{10} 平均浓度为 181μg/m³，所有城市 $PM_{2.5}$ 和 PM_{10} 均超标；SO_2 平均浓度为 69μg/m³，6 个城市超标；NO_2 平均浓度为 51μg/m³，10 个城市超标；CO 按日均标准值评价有 7 个城市超标；O_3 按日最大 8 小时标准评价有 5 个城市超标[4]。

北京市达标天数比例为 48.0%，重度及以上污染天数比例为 16.2%。主要污染物为 $PM_{2.5}$、PM_{10} 和 NO_2。$PM_{2.5}$ 年均浓度为 89 μg/m³，超标 1.56 倍；PM_{10} 年均浓度为 108μg/m³，超标 0.54 倍；NO_2 年均浓度为 56μg/m³，超标 0.40 倍；O_3 日最大 8 小时浓度超标 0.18 倍；SO_2 和 CO 均达标[4]。

2013 年，长三角区域 25 个地级及以上城市达标天数比例范围为 52.7%~89.6%，平均为 64.2%。超标天数中，重度及以上污染天数比例为 5.9%。舟山和丽水两个城市空气质量达标天数比例介于 80%~100%，其他 23 个城市达标天数比例介于 50%~80%。长三角地区超标天数中以 $PM_{2.5}$ 为首要污染物的天数最多，占 80.0%；其次是 O_3 和 PM_{10}，分别占

13.9%和 5.8%。长三角区域 $PM_{2.5}$ 平均浓度为 67μg/m³,仅舟山达标,其他 24 个城市超标;PM_{10} 平均浓度为 103μg/m³,23 个城市超标;NO_2 平均浓度为 42μg/m³,15 个城市超标;SO_2 平均浓度为 30μg/m³,所有城市均达标;O_3 按日最大 8 小时标准评价有 4 个城市超标;CO 按日均标准值评价,所有城市均达标[4]。

上海市达标天数比例为 67.4%, 重度及以上污染天数比例为 6.3%。主要污染物为 $PM_{2.5}$、PM_{10} 和 NO_2。$PM_{2.5}$ 年均浓度为 62μg/m³,超标 0.77 倍;PM_{10} 年均浓度为 84μg/m³,超标 0.20 倍;NO_2 年均浓度为 48μg/m³,超标 0.20 倍;SO_2、CO 和 O_3 均达标[4]。

2013 年,珠三角区域 9 个地级及以上城市空气质量达标天数比例范围为 67.7%~94.0%,平均为 76.3%。超标天数中,重度污染天数比例为 0.3%。深圳、珠海和惠州的达标天数比例在 80%以上, 其他城市达标天数比例介于 50%~80%。珠三角地区超标天数中以 $PM_{2.5}$ 为首要污染物的天数最多,占 63.2%;其次是 O_3 和 NO_2,分别占 31.9%和 4.8%。珠三角区域 $PM_{2.5}$ 平均浓度为 47μg/m³,所有城市均超标;PM_{10} 平均浓度为 70μg/m³,4 个城市超标;NO_2 平均浓度为 41μg/m³,4 个城市超标;SO_2 平均浓度为 21μg/m³,所有城市均达标;O_3 按日最大 8 小时标准评价 5 个城市超标;CO 按日均标准值评价,所有城市均达标[4]。

广州市达标天数比例为 71.0%,全年无重度及以上污染。主要污染物为 $PM_{2.5}$、PM_{10} 和 NO_2。$PM_{2.5}$ 年均浓度为 53μg/m³,超标 0.51 倍;PM_{10} 年均浓度为 72μg/m³,超标 0.03 倍;NO_2 年均浓度为 52μg/m³,超标 0.30 倍;SO_2、CO 和 O_3 均达标[4]。

2. 区域性污染继续加重和蔓延

随着中西部地区和东北老工业基地的开发和迅速崛起,这些地区的煤烟型大气污染可能向煤烟型与机动车尾气污染共存的大气复合污染转变,使得区域性大气复合污染继续向中西部地区和东北老工业基地蔓延。

近年来,大气霾造成我国广大地区的能见度衰减,并可能导致严重的人体健康和生态环境危害,成为政府、研究人员和公众普遍关注的区域性污染问题。霾是一种大气污染引起的光学现象,其成因和影响因素十分复杂。

中国气象局基于能见度的观测结果表明,2013 年全国平均霾日数为 35.9 天,比 2012 年增加 18.3 天,为 1961 年以来最多。中东部地区雾和霾天气多发,华北中南部至江南北部的大部分地区雾和霾日数范围为 50~100 天,部分地区超过 100 天[4]。

环境保护部基于空气质量的监测结果表明,2013 年 1 月和 12 月,中国中东部地区发生了两次较大范围区域性灰霾污染。两次灰霾污染过程均呈现出污染范围广、持续时间长、污染程度严重、污染物浓度累积迅速等特点,且污染过程中首要污染物均以 $PM_{2.5}$ 为主。其中,1 月份的灰霾污染过程接连出现 17 天,造成 74 个城市发生 677 天次的重度及以上污染天气,其中重度污染 477 天次,严重污染 200 天次。污染较重的区域主要为京津冀及周边地区,特别是河北南部地区,石家庄、邢台等为污染最重城市。12 月 1 日至 9 日,中东部地区集中发生了严重的灰霾污染过程, 造成 74 个城市发生 271 天次的重度及以上污染天气,其中重度污染 160 天次,严重污染 111 天次。污染较重的区域主要为长三角区域、京津冀及周边地区和东北部分地区,长三角区域为污染最重地区[4]。

3. 酸沉降污染仍将在较长时间内影响我国

我国在实施大气SO_2排放区和酸沉降控制区规划过程中，在SO_2减排方面做出很大的成绩，但是我国能源需求强劲，而且一次能源长期依赖煤炭。因此，总体上酸沉降的问题始终居高不下，局部地区出现缓解的同时，发生重酸雨（$pH<4.5$）的地区没有显著减少。而且，未来随着能源消耗量的继续增长，二氧化硫、氮氧化物等致酸物排放量会继续增长，如果没有及时有效的减排措施，我国长江以南的酸雨区面积存在继续扩大、降水酸度进一步加强、酸雨频率增高的可能性。更加值得注意的是，我国北方地区已有许多城市出现酸雨，随着二氧化硫、氮氧化物等致酸物排放量的继续增长，我国的氮沉降及其变化趋势和影响应引起重视。另外，如果大气中碱性颗粒物浓度迅速降低，有可能使酸雨污染加重，导致酸雨区向北蔓延。

2013年《中国环境状况公报》[4]表明，473个监测降水的城市中，出现酸雨的城市比例为44.4%，酸雨频率在25%以上的城市比例为27.5%，酸雨频率在75%以上的城市比例为9.1%。降水pH年均值低于5.6（酸雨）、低于5.0（较重酸雨）和低于4.5（重酸雨）的城市比例分别为29.6%、15.4%和2.5%。与2012年相比，酸雨、较重酸雨和重酸雨的城市比例分别下降1.1个百分点、3.3个百分点和2.9个百分点。降水中的主要阳离子为钙和铵，分别占离子总当量的25.7%和12.0%；主要阴离子为硫酸根，占离子总当量的25.6%；硝酸根占离子总当量的7.4%。硫酸盐为主要致酸物质。

2013年，全国酸雨分布区域集中在长江沿线及中下游以南，主要包括江西、福建、湖南、重庆的大部分地区，以及长三角、珠三角和四川东南部地区。酸雨区面积约占国土面积的10.6%[4]。

4. 有毒有害污染物对公众健康造成更大威胁

空气中的有毒有害物质一直是各国大气污染控制的优先领域。我国十分重视有毒有害物质的控制和管理。然而，作为拉动中国GDP增长的主要支柱产业，重化工业的增长势头将持续相当长时间。随着重化工业快速发展，结构性污染将进一步突出，工业生产排放的有毒有害物质（包括有机物、重金属等）将严重污染部分地区的大气环境，这些有毒有害物质如苯系物等多具有致癌、致畸、致突变的作用，严重危害受影响区人民群众的身体健康。因此，未来几十年大气有毒有害污染物的危害极易引发重大环境污染事件。

第三节 土壤污染

土壤是人类生存的基础。随着工业化、城市化、农业集约化的快速发展，大量未处理的废弃物向土壤系统转移，并在自然因素的作用下汇集、残留于土壤中。土壤污染与退化已成为我国乃至全球性污染的问题之一，并得到了全世界普遍的关注。

一、土壤污染源及污染物

土壤污染是指人类活动所产生的污染物质通过各种途径进入土壤，其数量超过了土壤的容纳和净化能力，从而使土壤的性质、组成及结构等发生变化，并导致土壤的自然功能失调、土壤质量恶化的现象。土壤污染的明显标志是土壤生产力的下降。

（一）土壤污染源

土壤污染物的来源极为广泛，其主要来自工业、城市废水和固体废物，农药和化肥，牲畜排泄物以及大气沉降等[2]。

（1）工业、城市废水和固体废物

在工业、城市废水中含有多种有机污染物，当长期使用这种废水灌溉农田时，便会使污染物在土壤中积累而引起污染。利用工业废渣和城市污泥作为肥料施用于农田时，常常会使土壤受到重金属、无机盐、有机物和病原体的污染。工业废物和城市垃圾的堆放场，往往也是土壤的污染源。

（2）农药和化肥

现代农业生产大量使用的农药、化肥也会造成土壤污染，如有机氯杀虫剂 DDT、六六六等在土壤中长期残留，并在生物体内富集。氮、磷等化学肥料，凡未被植物吸收利用的都在根部以下积累或转入地下水，成为潜在的土壤环境污染物。

（3）牲畜排泄物和生物残体

禽畜饲养场的积肥和屠宰场的废物中含有寄生虫、病原菌和病毒等病原体，当利用这些废物作肥料时，如果不进行物理和生物处理便会引起土壤或水体污染，并可通过农作物危害人体健康。

（4）大气沉降物

大气中的 SO_2、NO_x 和颗粒物可通过沉降或降水而进入农田，如北欧的南部、北美的东北部等地区，因雨水酸度增大，引起土壤酸化、土壤盐基饱和度降低。大气层核试验的散落物也可造成土壤的放射性污染。此外，造成土壤污染的还有自然污染源。例如，在含有重金属或放射性元素的矿床附近，由于这些矿床的风化分解作用，也会使周围土壤受到污染。

（二）土壤污染物

凡是进入土壤并影响到土壤的理化性质和组成，而导致土壤的自然功能失调、土壤质量恶化的物质，统称为土壤污染物。土壤污染物种类繁多，按污染物的性质可分为四类：有机污染物、重金属、放射性元素和病原微生物[2]。

（1）有机污染物

土壤有机污染物主要是化学农药，目前大量使用的化学农药有 50 多种，主要包括有机磷农药、有机氯农药、氨基甲酸酯类、苯氧羧酸类、苯酸胺类等。此外，石油、多环芳烃、多氯联苯、甲烷等,也是土壤中常见的有机污染物。

(2)重金属

重金属主要有 Hg、Cd、Cu、Zn、Cr、Pb、As、Ni、Co、Se 等。使用含有重金属的污水灌溉是重金属进入土壤的一个重要途径。重金属进入土壤的另一种途径是随大气沉降落入土壤。由于重金属不能被微生物分解,一旦土壤被重金属污染,其自然净化过程和人工治理都将非常困难,能够被生物富集,因而对人类有较大的潜在危害。

(3)放射性元素

放射性元素主要来源于宇宙射线和地壳中的放射性物质、核试验的沉降物,以及原子能和平利用过程中所排放的各种废气、废水和废渣。含有放射性元素的物质不可避免地随自然沉降、雨水冲刷和废弃物的堆放而污染土壤。土壤一旦被放射性物质污染就难以自行消除,只能靠其自然衰变为稳定元素,但自然衰变过程往往需要很长时间,同时放射性元素也可通过食物链进入人体。

(4)病原微生物

土壤中的病原微生物可以直接或间接地影响人体健康, 主要包括病原菌和各种病毒,主要来源于人畜的粪便及用于灌溉的污水(未经处理或处理未达到相应标准的生活污水,特别是医院污水)。人类若接触含有病原微生物的土壤,可能会对健康带来直接影响,若食用被土壤污染的蔬菜、水果等则间接受到危害。

二、土壤污染的影响和危害

土壤污染对环境和人类造成的影响与危害在于它可导致土壤的组成、结构和功能发生变化,进而影响植物的正常生长发育,造成有害物质在植物体内累积,并可通过食物链进入人体,以致危害人的健康。土壤污染的最大特点是,一旦土壤受到污染,特别是受到重金属或有机农药的污染后,其污染物是很难消除的。因此,要特别注意防止重金属等污染物质进入土壤。对于已被污染的土壤,应积极采取有效措施,以避免和消除它可能对动植物和人体带来的有害影响[2]。

1. 土壤污染对植物的影响

当土壤中的污染物超过植物的忍耐限度时,会被植物吸收而代谢失调;一些污染物在植物体内残留,会影响植物的生长发育,甚至导致遗传变异。

(1)无机污染物的影响

土壤长期使用酸性肥料或碱性物质引起土壤 pH 的变化,降低土壤肥力,减少作物的产量。土壤受重金属的污染能引起植物生长和发育障碍,而且它们能在植物体内蓄积。

(2)有机毒物的影响

利用未经处理的含油、酚等有机污染物的污水灌溉农田,会使植物生长发育受到障碍。农田在灌溉或施肥过程中,极易受三氯乙醛及其在土壤中转化产物三氯乙酸的污染。三氯乙醛能破坏植物细胞原生质的极性结构和分化功能, 使细胞和核的分裂产生紊乱,形成病态组织，阻碍正常生长发育，甚至导致植物死亡。

(3)土壤生物污染的影响

土壤生物污染是指一个或几个有害的生物种群，从外界环境侵入土壤，大量繁衍，破坏原来的动态平衡，对人体或生态系统产生不良的影响。造成土壤生物污染的污染物主要是未经处理的粪便、垃圾、城市生活污水、饲养场和屠宰场的污染物等。

2. 土壤污染物在植物体内的残留

植物从污染土壤中吸收各种污染物质，经过体内的迁移、转化和再分配，有的分解为其他物质，有的部分或全部以残毒形式蓄积在植物体内的各个部位。土壤中的污染物主要是以离子形式被植物根系吸收。植物从土壤中吸收污染物的强弱，与土壤的类型、温度、水分、空气等有关，也与污染物在土壤中的数量、种类、形态和植物品种有关。

(1)重金属在植物体内的残留

植物对重金属吸收的有效性，受重金属在土壤中活动性的影响。一般情况下，土壤中有机质、黏土矿物含量越多、盐基代换量越大、土壤的 pH 值越高，则重金属在土壤中活动性越弱，重金属对植物的有效性越低，也就是植物对重金属的吸收量越小。农作物体内的重金属主要是通过根部从被污染的土壤中吸收的。例如，植物从根部吸收镉之后，各部位的含镉量为根 > 茎 > 叶 > 荚 > 籽粒。一般根部的含镉量超过地上部分的两倍。此外，汞、砷也是可以在植物体内残留的重金属。

(2)农药在植物体内的残留

农药在土壤中受物理、化学和微生物的作用，按照其被分解的难易程度可分为两类：易分解类[2,4–二氯苯氧乙酸(2,4–D)和有机磷农药]和难分解类[2,4,5 – 三氯苯氧乙酸(2,4,5–T)、有机氯、有机汞农药等]，难分解农药成为植物残毒的可能性很大。植物对农药的吸收率因土壤质地不同而异，其从沙质土壤吸收农药的能力要比从其他黏质土壤中高得多。不同类型农药在吸收率上差异较大，通常农药的溶解度越大，被作物吸收也就越容易。

(3)放射性物质在植物体内的残留

放射性物质指重核铀 235 和钚 239 的裂变产物包括 34 种元素、189 种放射性同位素。当分析某一种裂变产物的生物学意义时，必须考虑它们的产率、射线能量、物理半衰期、放射性核素的物理形态和化学组成，以及由土壤转移到植物的能力，生物半衰期和有效半衰期等因素。由核裂变产生的两个重要的长半衰期放射性元素是锶 90(半衰期为 28 年)和铯 137(半衰期为 30 年)。放射性物质进入土壤后能在土壤中积累，形成潜在的威胁。

3. 土壤污染对人体健康的影响和危害

(1)病原体对人体健康的影响

病原体是由土壤生物污染带来的污染物，其中包括肠道致病菌、肠道寄生虫、破伤风杆菌、肉毒杆菌、霉菌和病毒等。土壤中肠道致病性原虫和蠕虫进入人体主要通过两个途径：①通过食物链经消化道进入人体。例如，蛔虫、毛首鞭虫等一些线虫的虫卵，在土壤中经几周时间发育后，变成感染性的虫卵通过食物进入人体。②穿透皮肤侵入人体。例如，十二指肠钩虫、美洲钩虫和粪类圆线虫等虫卵在温暖潮湿的土壤中经过几天孵育变为感染性幼虫，再通过皮肤穿入人体。

传染性细菌和病毒污染土壤后对人体健康的危害更为严重。一般来自粪便和城市生活污水的致病细菌有：沙门氏菌属、芽孢杆菌属、梭菌属、假单孢杆菌属、链球菌属及分枝菌属等。另外，随患病动物的排泄物、分泌物或其尸体进入土壤而传染至人体的还有破伤风、恶性水肿、丹毒等疾病的病原菌。目前，在土壤中已发现有100多种可能引起人类致病的病毒。例如，脊髓灰质炎病毒、人肠细胞病变孤儿病毒、柯萨奇病毒等，其中最危险的是传染性肝炎病毒。

(2)重金属对人体健康的影响

土壤重金属被植物吸收以后，可通过食物链危害人体健康。例如，1955年日本富山县发生的“镉米”事件，即“痛痛病”事件。其原因是农民长期使用受神通川上游铅锌冶炼厂的含镉废水污染的河水灌溉农田，导致土壤和稻米中的镉含量增加。人们长期食用这种稻米，使镉在人体内蓄积，从而引起全身性神经痛、关节痛、骨折，以致死亡。

三、中国土壤污染状况

随着社会经济的高速发展和高强度的人类活动，我国因污染退化的土壤面积日益增加、范围不断扩大，土壤质量恶化加剧，危害更加严重。根据国务院要求，2005年4月至2013年12月，我国开展了首次全国土壤污染状况调查，调查点位覆盖全部耕地，部分林地、草地、未利用地和建设用地，实际调查面积约630万km^2。

据2014年《全国土壤污染状况调查公报》[19]的调查结果，全国土壤环境状况总体不容乐观，部分地区土壤污染较重，耕地土壤环境质量堪忧，工矿业废弃地土壤环境问题突出。工矿业、农业等人为活动以及土壤环境背景值高是造成土壤污染或超标的主要原因。全国土壤总的超标率为16.1%，其中轻微、轻度、中度和重度污染点位比例分别为11.2%、2.3%、1.5%和1.1%。污染类型以无机型为主，有机型次之，复合型污染比重较小，无机污染物超标点位数占全部超标点位的82.8%。从污染分布情况看，南方土壤污染重于北方；长江三角洲、珠江三角洲、东北老工业基地等部分区域土壤污染问题较为突出，西南、中南地区土壤重金属超标范围较大；镉、汞、砷、铅4种无机污染物含量分布呈现从西北到东南、从东北到西南方向逐渐升高的态势。具体污染物超标情况如下。

(1)无机污染物

镉、汞、砷、铜、铅、铬、锌、镍8种无机污染物点位超标率分别为7.0%、1.6%、2.7%、2.1%、1.5%、1.1%、0.9%、4.8%(表4-5)。

表 4-5 无机污染物超标情况

污染物类型	点位超标率 / %	不同程度污染点位比例 / %			
		轻微	轻度	中度	重度
镉	7.0	5.2	0.8	0.5	0.5
汞	1.6	1.2	0.2	0.1	0.1
砷	2.7	2.0	0.4	0.2	0.1
铜	2.1	1.6	0.3	0.15	0.05
铅	1.5	1.1	0.2	0.1	0.1
铬	1.1	0.9	0.15	0.04	0.01
锌	0.9	0.75	0.08	0.05	0.02
镍	4.8	3.9	0.5	0.3	0.1

(2)有机污染物

2014 年《全国土壤污染状况调查公报》[19]表明,六六六、滴滴涕、多环芳烃 3 类有机污染物点位超标率分别为 0.5%、1.9%、1.4%(表 4-6)。

表 4-6 有机污染物超标情况

污染物类型	点位超标率 / %	不同程度污染点位比例 / %			
		轻微	轻度	中度	重度
六六六	0.5	0.3	0.1	0.06	0.04
滴滴涕	1.9	1.1	0.3	0.25	0.25
多环芳烃	1.4	0.8	0.2	0.2	0.2

2014 年《全国土壤污染状况调查公报》[19]表明,不同土地利用类型土壤的环境质量状况如下。

耕地:土壤点位超标率为 19.4%,其中轻微、轻度、中度和重度污染点位比例分别为 13.7%、2.8%、1.8%和 1.1%,主要污染物为镉、镍、铜、砷、汞、铅、滴滴涕和多环芳烃。

林地:土壤点位超标率为 10.0%,其中轻微、轻度、中度和重度污染点位比例分别为 5.9%、1.6%、1.2%和 1.3%,主要污染物为砷、镉、六六六和滴滴涕。

草地:土壤点位超标率为 10.4%,其中轻微、轻度、中度和重度污染点位比例分别为 7.6%、1.2%、0.9%和 0.7%,主要污染物为镍、镉和砷。

未利用地:土壤点位超标率为 11.4%,其中轻微、轻度、中度和重度污染点位比例分别为 8.4%、1.1%、0.9%和 1.0%,主要污染物为镍和镉。

2014 年《全国土壤污染状况调查公报》表明,典型地块及其周边土壤污染状况如下[19]。

重污染企业用地:在调查的 690 家重污染企业用地及周边的 5 846 个土壤点位中,超标点位占 36.3%,主要涉及黑色金属、有色金属、皮革制品、造纸、石油煤炭、化工医药、化纤橡塑、矿物制品、金属制品、电力等行业。

工业废弃地:在调查的 81 块工业废弃地的 775 个土壤点位中,超标点位占 34.9%,主要污染物为锌、汞、铅、铬、砷和多环芳烃,主要涉及化工业、矿业、冶金业等行业。

工业园区:在调查的 146 家工业园区的 2 523 个土壤点位中,超标点位占 29.4%。其中,金属冶炼类工业园区及其周边土壤主要污染物为镉、铅、铜、砷和锌,化工类园区及周边土壤的主要污染物为多环芳烃。

固体废物集中处理处置场地：在调查的188处固体废物处理处置场地的1 351个土壤点位中，超标点位占21.3%，以无机污染为主，垃圾焚烧和填埋场有机污染严重。

采油区：在调查的13个采油区的494个土壤点位中，超标点位占23.6%，主要污染物为石油烃和多环芳烃。

采矿区：在调查的70个矿区的1 672个土壤点位中，超标点位占33.4%，主要污染物为镉、铅、砷和多环芳烃。有色金属矿区周边土壤镉、砷、铅等污染较为严重。

污水灌溉区：在调查的55个污水灌溉区中，有39个存在土壤污染。在1 378个土壤点位中，超标点位占26.4%，主要污染物为镉、砷和多环芳烃。

干线公路两侧：在调查的267条干线公路两侧的1 578个土壤点位中，超标点位占20.3%，主要污染物为铅、锌、砷和多环芳烃，一般集中在公路两侧150m范围内。

第四节 固体废物及有害化学品污染

固体废物是指在社会的生产、流通、消费等一系列活动中产生的，在一定时间和地点无法利用而被丢弃的污染环境的固体、半固体废弃物。不能排入水体的液态废物和不能排入大气的置于容器中的气态废物，由于多具有较大的危害性，一般也归入固体废物管理体系。人类在其生产过程、经济活动、日常生活中无时无刻不产生固体废物，而且其数量在不断增长。

一、固体废物来源、分类及特点

（一）固体废物来源及分类

固体废物来源于人类生产和生活的很多环节，种类繁多，根据其性质、状态及产生源可分为：按其化学性质，可分为有机废物和无机废物；按其危害程度，可分为危险废物与一般废物；按其产生源，可分为城市固体废物、工业固体废物、矿业固体废物、农业固体废物及放射性固体废物五类。根据2005年公布的《中华人民共和国固体废物污染环境防治法》（以下简称固体废物法），固体废物又分为城市生活垃圾、工业固体废物和有害废物三种[20]。

（1）城市固体废物

城市固体废物又称为城市生活垃圾，它所指的是城市人群在日常生活中或为城市日常生活提供服务的活动中产生的固体废物，其主要成分包括：厨余垃圾、废纸、废塑料、废金属、废玻璃陶瓷碎片、废砖瓦渣土、废家具、废家用电器以及庭园废物等。粪便和废水处理过程产生的污泥也应按城市固体废物考虑。城市固体废物主要产生自城市居民的家庭、商业、餐饮业、服务业、旅馆业、市政环卫业、交通运输业、文教卫生业以及行政事业单位等。城市固体废物的特点是成分复杂、有机成分含量高。影响城市固体废物成分的主要因素有:居民生活水平、生活习惯、季节和气候条件等。

(2)工业固体废物

工业固体废物是指在工业、交通等生产过程中产生的固体废物。工业固体废物主要包括:冶金工业固体废物、能源工业固体废物、石油化学工业固体废物、矿业固体废物、轻工业固体废物、其他工业固体废物等。

(3)有害废物

有害废物又称危险废物,泛指除放射性废物以外,具有毒性、易燃性、反应性、腐蚀性、爆炸性、传染性,因而可能对人类的生活环境产生危害的废物。这部分废物主要包括医疗垃圾,有毒工业垃圾,有腐蚀、污染性的工业废液,含较高重金属成分的固体废物等。

(二)固体废物特点

(1)资源与废物的相对性

固体废物具有鲜明的时间和空间特征。从时间方面讲,它仅仅是在目前的科学技术和经济条件下无法加以利用,但随着时间的推移,科学技术的发展,以及人们的要求变化,今天的废物可能成为明天的资源。从空间角度看,废物仅仅相对于某一过程或某一方面没有使用价值,而并非在一切过程或一切方面都没有使用价值。一种过程的废物,往往可以成为另一种过程的原料。固体废物一般具有某些工业原材料所具有的化学、物理特性,且较废水、废气容易收集、运输、加工处理,因而可以回收利用。因此,应该说废物是在错误的时间放在错误地点的资源。

(2)富集终态和污染源的双重作用

固体废物往往是许多污染成分的终极状态。例如,一些有害气体或飘尘,通过治理最终富集成为固体废物;一些有害溶质和悬浮物,通过治理最终被分离出来成为污泥或残渣;一些含重金属的可燃固体废物,通过焚烧处理,有害金属浓集于灰烬中。但是这些"终态"物质中的有害成分,在长期的自然因素作用下,又会转入大气、水体和土壤,成为大气、水和土壤环境的污染"源头"。

(3)危害具有潜在性、长期性和灾难性

固体废物对环境的污染不同于废水、废气和噪声。固体废物呆滞性大、扩散性小,它对环境的影响主要是通过水、气和土壤进行的。其中污染成分的迁移转化,如浸出液在土壤中的迁移,是一个比较缓慢的过程,其危害可能在数年以至数十年后才能发现。从某种意义上讲,固体废物,特别是有害废物对环境造成的危害可能要比废水、废气造成的危害严重得多。

二、固体废物的环境问题

1. 产生量与日俱增

伴随工业化与城市化进展的加快,经济不断增长,生产规模不断扩大,以及人们消费需求的不断提高,固体废物产生量也在不断增加,资源的消耗和浪费越来越严重。

2013年《中国环境状况公报》[4]表明,全国工业固体废物产生量为327 701.9万t,综合利用量(含利用往年储存量)为205 916.3万t,综合利用率为62.8%。2013年,全国设市城市生活垃圾清运量为1.73亿t,无害化处理能力为49.3万t/d,无害化处理量为1.54亿t,无害化处理率为89.0%。根据2004~2013年《中国环境状况公报》[4-13]结果(图4-26),全国工业固体废物产生量逐年增加,2011~2013年三年内的工业固体废物产生量超过了32亿t,是2004年的2.7倍,而固体废物的综合利用率却很低。

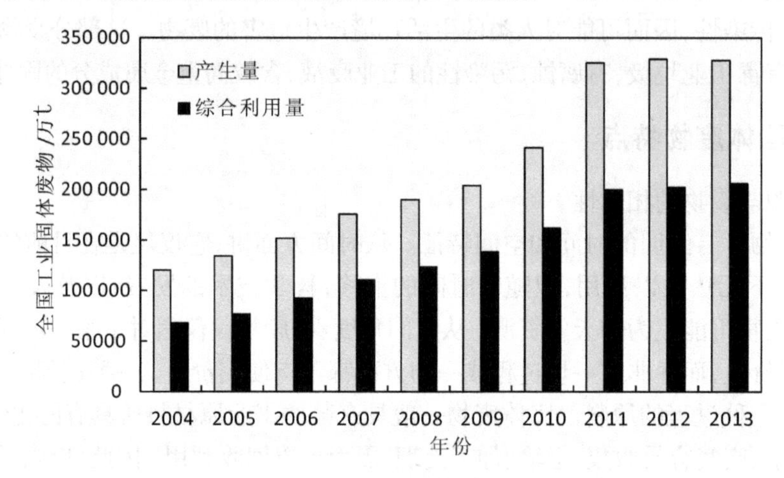

图4-26　2004~2013年全国工业固体废物产生及利用情况

2. 占用大量土地资源

固体废物的露天的堆放和填埋处置,需占用大量宝贵的土地资源,固体废物产生越多,累积的堆积量越大,填埋处置的比例越高,所需的面积也越大,如此一来势必使可耕地面积短缺的矛盾加剧。我国许多城市利用城郊设置的垃圾堆放场,也侵占了大量农田。

3. 固体废物对环境的危害

在一定条件下,固体废物会发生物理、化学或生物的转化,对周围环境造成一定的影响。如果处理、处置不当,污染成分就会通过水、气、土壤、食物链等途径污染环境,危害人体健康。通常,工业、矿业等废物所含的化学成分会形成化学物质型污染,人畜粪便和有机垃圾是各种病原微生物的滋生地和繁殖场,形成病原体型污染,危害人体健康和自然生态系统。

(1)对大气环境的污染

露天堆放的固体废物,其中的微细颗粒和粉尘能够随风飞扬,对空气造成污染。由于固体废物中一些有机物质的生物分解与化学反应,能够不同程度地产生毒气或恶臭,造成局部空气的严重污染。固体废物的填埋场会逸出沼气,影响附近植物的正常生长,尤其是当废物中含有重金属时,会更大程度地抑制附近植物的生长。

(2)对水环境的污染

固体废物任意向水体投放,会使水体受到严重的污染,堆积的固体废物经过雨水的浸渍、其中有机成分及有害化学物质的溶解、转化,其渗滤液将使附近的包括地下水在内的水体受到污染。

(3)对土壤环境的污染

固体废物及其淋洗和渗滤液中所含有的有害物质能够改变土壤的性质和土壤的结构,并将对土壤中微生物的活动产生影响。这些有害成分的存在,不仅有碍植物根系的发育与生长,而且还会在植物有机体内积蓄,通过食物链危及人体健康。

在固体废物污染的危害中,最为严重的是危险废物的污染,其中的剧毒性废物会对土壤造成持续性的危害。

三、化学品及有害废物对人类的危害

《中华人民共和国固体废物污染环境防治法》中规定:“危险废物是指列入国家危险废物名录或者根据国家规定的危险废物鉴别标准和鉴别方法认定的具有危险特性的废物。”[20]

危险废物所具有的特性是毒性、易燃性、反应性、腐蚀性、浸出毒性和疾病传染性。根据这些性质各国都制定出自己的鉴别标准与危险废物名录。联合国环境规划署《控制危险废物越境转移及其处置巴塞尔公约》列出了“应加以控制的废物类别”共 45 类,“须加特别考虑的废物类别”共 2 类,同时也列出了危险废物“危险特性的清单”共 14 种特性[21]。我国参考国际公约,根据《中华人民共和国固体废物污染环境防治法》,制定《国家危险废物名录》(2008 年 8 月 1 日),从特定来源、生产工艺及特定物质等方面把危险废物分成了49 类[22]。

从产生的工业危险废物种类来看,我国工业危险废物名录中的 49 类在我国均有产生,其中碱溶液或固态碱、废酸或固态酸、含铜废物、无机氟化物和无机氰化物 5 种废物的产生量已达到工业危险废物总产生量的 47.7%。从行业分布来看,化学原料及化学制品制造业、有色金属冶炼及压延加工业、有色金属矿采选业、造纸及纸制品业和电器机械及器材制造业 5 个行业产生的工业危险废物占总产生量的 75.5%, 其中化学原料及化学制品制造业产生的工业危险废物占总产生量的 40.0%[22]。据《中国环境状况公报》统计,危险废物产量逐年增加,2010 年产量已超过 1 500 多万吨,但综合利用率只有 60%左右[7]。

20 世纪 30~70 年代,在国内外都发生了因工业固体废物处置不当而祸及居民的公害事件,如含镉固体废物排入水体及土壤引起日本富山县痛痛病事件,美国拉夫运河河谷土壤污染事件,以及我国发生在 50 年代的锦州镉渣露天堆积污染井水事件等。尽管近 10 多年来由于国家的严格管理,严重的污染事件发生较少,但固体废物污染环境对人类健康的潜在危害和影响是难以估量并且不容忽视的。

据 2012 年《中国环境状况公报》统计,全国历史遗留铬渣约为 670 万 t,多数堆存达一二十年,甚至五十多年。从 2005 年年底启动治理工作,截至 2012 年年底,历史遗留铬渣基本处置完毕。其中,2012 年一年处置铬渣约 230 万 t,相当于前 6 年年平均处置量的 3 倍。同时,下发专门通知,要求将铬渣产生单位纳入重点污染源进行监管,每季度组织对铬渣产生单位开展一次现场检查,确保当年产生铬渣当年处置完毕[5]。

目前我国对危险废物处置设施建设滞后,集中处置率低,处置水平低,大部分危险废物处于低水平综合利用、简单储存或直接排放状态。仅少数城市建设了危险废物集中处理处置设施,但相对还不完善,与保障环境安全和人民健康的要求存在较大差距。

四、电子电器废物

电子电器废物是指废弃的电子电器设备及其零部件(俗称电子垃圾),其种类繁多。随着科技产品更新换代速度的加快及生活水平的提高,电子产品使用时间越来越短。电子电器废物具有高附加值。成分含量高和潜在危害等特性。不同电子产品,其对应组分的比例会有很大差异(表 4-7),但整体而言,金属和塑料占电子电器废物总量的比例很高,除了普通金属外,还含有大量贵金属、稀有金属,回收利用的潜在价值很大。但是,废弃电子电器产品中含有的 1 000 多种物质中很多是有毒物质。当电子产品废弃后,含有上述组分的电子电器废物必须采取合理安全的方式进行处理处置,如果任意堆放,可能会对环境造成潜在的危害,如果处理不当,不但不能实现所含成分的有效回收,反而会造成更严重的二次污染。以废弃电路板资源化为例,在过去相当长的一段时间,国内很多个体企业采用简单酸溶或用冲天炉焚烧的方法提取(贵)金属,溶解产生的废酸和印刷线路板中的溴化物阻燃剂在燃烧时都会释放出极为有毒的二噁英类和呋喃系物质[2]。

表 4-7　电子电器废物中包含的主要危险组分

物质和组分	描述
电池	含有重金属,如铅、汞和镉
阴极射线管	锥玻璃中的铅和面板玻璃内部的荧光粉
废石棉	废石棉必须进行单独处理
调色墨盒,液态、浆状的彩色粉	彩色粉和调色墨盒必须从电子电器废物中取出进行单独处理
印刷电路板	在印刷电路板中,镉通常含在 SMD 芯片电阻器、红外检测器和半导体中
电容器中的多氯联苯	含多氯联苯的电容器必须去除,进行安全处置
液晶显示屏	表面积大于 100cm^2 的液晶玻璃必须单独从电子电器废物中除去
含有卤化阻燃剂的塑料	含卤化阻燃剂的塑料在焚烧 / 燃烧过程中,会产生有害组分
含有 CFCs、HCFC 或 HFCs 的设备	存在于泡沫和冷冻回路中的 CFCs 必须进行合理地提取和分解处理,HCFC 或 HFCs 必须进行合理地提取和分解处理或者循环使用
气体放电管	所含的汞必须预先除去

五、固体废物的越境迁移

全世界每年产生的危险废物 5 亿多吨,大部分产生于工业发达的国家。而发达国家日益严格的环境标准,使污染处理的成本急剧上升,发达国家开始以废物进口贸易为名向别国转移或偷运固体废物,特别是危险废物。另一方面,我国某些企业或个人环保意识薄弱,为谋求个人利益给发达国家转嫁废弃物提供了机会,加上环境保护法律不完善,执法不严,致使大量固体废弃物越境转移输入我国。

电子垃圾是进口废物中的主要组成部分。虽然中国已禁止电子垃圾的过口,而且国际条约《控制危险废料越境转移及其处置巴塞尔公约》(简称《巴塞尔公约》)已规定全面禁止通过任何理由从发达国家向发展中国家出口所有有害废物,但电子垃圾在我国的蔓延趋势仍令人担忧。据报道,全世界数量惊人的电子垃圾中,有80%出口至亚洲,而其中又有90%进入中国。进口电子垃圾的港口主要有广东南海市港口、广州黄埔港港口、厦门港口、福建港口、温州港口、台州港口、上海、宁波、天津、连云港等;主要以广东、浙江、福建为主。这些非法转移进入我国的固体废物,特别是毒害性强的危险废物,不仅占用了大量宝贵的土地,而且污染了土壤和地下水,严重破坏了我国的生态环境,更重要的是,这种污染短期内难以消除,多具有潜在危害性[2]。

第五节 环境物理性污染

在人类生存活动的环境中,可分为天然物理环境和人工物理环境。物理环境是由声环境、电磁环境、光环境、热环境等构成。物理环境的声、光、电磁、热等都是人类生活活动和生产活动所必需的。但人类需要生活在其所适宜的物理环境中,当物理环境中的任何一项,其强度过高或过低,就会对人类生活产生不适应作用,甚至还能够对人体的健康造成危害。在这种情况下,就形成了物理性环境污染。

一、噪声污染

随着工业、交通和城市建设的飞速发展,环境噪声污染日趋严重。在我国一些大城市的环境污染投诉中,噪声占了60%~70%,噪声已经成为社会的一大公害。

(一)噪声污染及其危害

噪声是指人们不需要的,使人厌烦并干扰人的正常生活、工作和休息的声音。噪声不仅取决于声音的物理性质,也和人的生活状态有关;噪声可以是杂乱无序的声音,也可能是节奏和谐的乐音。当声音超过了人们生活和社会活动所允许的程度时就成为噪声污染。

噪声的强度用声级表示,单位为分贝(dB)。一般来讲,声级在30~40dB范围内是比较安静的环境,超过50dB就会影响睡眠和休息,70dB以上干扰人们的谈话,使人心烦意乱,精力不集中,而长期工作或生活在90dB以上的噪声环境,会严重影响听力和导致其他疾病的发生。

我国的《城市区域环境噪声标准》(GB 3096 - 2008)规定了城市五类区域的环境噪声

最高限值(表 4-8)。五类标准的适用区域为:0 类标准适用于疗养区、高级别墅区等特别需要安静的区域;1 类标准适用于以居住、文教机关为主的区域;2 类标准适用于居住、商业、工业混杂区;3 类标准适用于工业区;4 类标准适用于城市中的道路交通干线两侧区域,以及穿越城区的内河航道两侧区域[23]。

与其他由有毒有害物质导致的环境污染与公害不同,噪声属于物理性污染和感觉公害,噪声污染主要来源于交通运输、工业生产、建筑施工和日常生活,对人体健康会产生危害,也会使生活质量降低。

表 4-8　城市各类区域环境噪声最高限制　　(单位:dB)

类别	昼间(7:00–22:00)	夜间(22:00–7:00)
0	50	40
1	55	45
2	60	50
3	65	55
4	70	55

(二)中国噪声污染现状

中国当前城市噪声污染已经日益加剧和突出,并在一定程度上影响了经济的发展和人们的健康,越来越被人们所关注。中国城市噪声中各类环境噪声的现状如下。

1. 城市区域环境噪声

2013 年《中国环境状况公报》表明[4],对 316 个地级及以上城市进行昼间监测,区域声环境质量为一级和二级的城市比例为 76.9%,三级的城市比例为 22.8%,五级的城市比例为 0.3%,无四级城市。与 2012 年相比,城市区域声环境质量二级的城市比例下降 1.8 个百分点,三级的城市比例上升 2.5 个百分点,其他级别的城市比例无明显变化。对 293 个地级及以上城市进行夜间监测,区域声环境质量为一级和二级的城市比例为 48.5%,三级和四级的城市比例为 51.5%,无五级城市。

对 113 个环保重点城市进行了昼间监测,区域声环境等效声级范围为 47.7~58.7 dB(A)。区域声环境质量为一级和二级的城市比例为 74.4%,三级的城市比例为 25.6%,无四级和五级城市。对 110 个环保重点城市进行了夜间监测,区域声环境等效声级范围为 39.2~50.4 dB(A)。区域声环境质量为一级和二级的城市比例为 36.4%,三级和四级的城市比例为 63.6%,无五级城市。

2. 城市道路交通噪声

2013 年《中国环境状况公报》表明[4],对 316 个地级及以上城市进行昼间监测,道路交通噪声强度为一级和二级的城市比例为 97.8%,三级和四级的城市比例为 1.6%,五级的城市比例为 0.6%。与 2012 年相比,城市道路交通噪声强度为三级的城市比例下降 1.3 个百分点,四级的城市比例上升 1.0 个百分点,其他级别的城市比例无明显变化。对 292

个地级及以上城市进行夜间监测，道路交通噪声强度为一级和二级的城市比例为80.8%,三级和四级的城市比例为13.4%,五级的城市比例为5.8%。

对113个环保重点城市进行了昼间监测，道路交通噪声平均等效声级范围为62.0~69.8 dB(A)。道路交通噪声强度为一级和二级的城市比例为100.0%。对110个城市进行了夜间监测,道路交通噪声平均等效声级范围为49.6~66.9 dB(A)。道路交通噪声强度为一级和二级的城市比例为72.7%,三级和四级的城市比例为19.1%,五级的城市比例为8.2%。

3. 功能区噪声

2013年《中国环境状况公报》表明[4],地级及以上城市的各类功能区共监测17 696点次,昼间、夜间各8 848点次。各类功能区昼间达标点次比例为91.1%,与2012年持平;夜间达标点次比例为71.7%,比2012年上升2.1个百分点(表4-9)。

表4-9　2013年地级及以上城市各类功能区达标情况

功能区类别	0类		1类		2类		3类		4类	
	昼	夜	昼	夜	昼	夜	昼	夜	昼	夜
达标点次	68	48	1 838	1 502	2 556	2 278	1 677	1 517	1 923	997
监测点次	103	103	2 112	2 112	2 816	2 816	1 724	1 724	2 093	2 093
达标率 / %	66	46.6	87.0	71.1	90.8	80.9	97.3	88.0	91.9	47.6

环保重点城市的各类功能区共监测8 668点次,昼间、夜间各4 334点次。各类功能区昼间达标点次比例为90.7%,夜间达标点次比例为67.9%(表4-10)[4]。

表4-10　2013年环保重点城市各类功能区达标情况

功能区类别	0类		1类		2类		3类		4类	
	昼	夜	昼	夜	昼	夜	昼	夜	昼	夜
达标点次	36	26	792	626	1337	1148	859	757	907	387
监测点次	64	64	899	899	1463	1463	879	879	1029	1029
达标率 / %	56.3	40.6	88.1	69.6	91.4	78.5	97.7	86.1	88.1	37.6

二、电磁污染

当前,人类社会已全面进入电子信息时代,电子设备得到广泛的应用,如无线通信、卫星通信、无线电广播、无线电导航、雷达、电子计算机、超高压输电网、变电站、短波与微波治疗仪等设备,特别是手机得到了极为广泛的应用。这一方面为人类造福,而另一方面电子设备都要不同程度地发射出不同波长和频率的电磁波,这些电磁波看不见,却有着强大的穿透力,而且充斥于整个人类活动的空间环境,成为一种新的“文明”的污染源,即危害人们健康的“隐形杀手”——电磁辐射污染。电磁辐射对人类生活环境和生产环境造成严重的污染,使人类健康受到危害。在联合国召开的全世界人类环境会议上,已经把微波辐射列入“造成公害的主要污染物”的“黑名单”。

(一)电磁辐射污染源

电磁辐射污染源可分为自然污染源和人为污染源两大类。电磁辐射自然污染源是由某些自然现象所引发的,其中有:雷电、火山喷发、地震以及太阳黑子活动所引发的磁暴等。在一般情况下,自然电磁辐射的强度对人类伤害影响都较小,即使雷电有可能在局部地区瞬间地冲击放电使人畜伤亡,但发生的概率极小。可以认定,自然电磁辐射能够对短波电磁造成严重的干扰,但是对人类并不构成严重的危害[2]。

人为电磁污染源主要有:

1)放电所致污染源:如电晕放电(高压输电线由于高压、大电流而引起的静电感应、电磁感应、大地泄漏电流)、辉光放电(白炽灯、高压水银灯及其他放电管)、弧光放电(开关、电气铁道、放电管的点火系统、发电机、整流装置等)、火花放电(电气设备、发动机、冷藏车、汽车等的整流器、发电机放电管、点火系统等)。

2)工频交变电磁场源:如大功率输电线、电气设备、电气铁道的高压、大电流。

3)射频辐射场源:如无线电发射机、雷达、高频加热设备、热合机、微波干燥机、医用理疗机、治疗机等。

4)建筑物反射:如高层楼群及大的金属构件。

在上述人工污染源中,射频电磁辐射是电磁辐射的主要污染源。射频场源所指的是频率变化介于0.1~3 000MHz的,由无线电设备或射频设备运行过程中所产生的电磁感应和电磁辐射。

(二)电磁辐射的危害

(1)电磁辐射对人体的伤害

电磁辐射对人体的伤害与波长有关,长波对人体的伤害较弱,波长越短对人体的伤害越强,而以微波对人体的伤害最为巨大。一般认为,微波辐射对内分泌和免疫系统产生作用,小剂量、短时间的照射,对人体产生的是兴奋效应,大剂量、长时间作用则对人体产生不利的抑制效应。电磁对血液系统、生殖系统、遗传系统、中枢神经系统、免疫系统等的伤害极大。

(2)电磁辐射有治癌与致癌双重作用

微波对人体组织具有致热效应,能够用以进行人的理疗、治疗癌症,在微波的照射下,使癌细胞组织中心温度上升,从而使癌细胞的增殖遭到破坏。这是电磁辐射能够治疗癌症的一面。但是,电磁辐射还具有对人体致癌作用的另一面。

(3)电磁辐射能够导致儿童智力残缺

世界卫生组织认为,计算机、电视机、移动电话等设备产生的电磁辐射,对胎儿能够产生不良影响,因此建议,怀孕妇女在孕期的前三个月应避免接触电磁辐射。其原因是在母体内的胚胎,对有害因素的毒性作用非常敏感,受到电磁辐射作用后,可能产生下列不良影响:在胚胎形成期,有可能导致流产;在胎儿的发育期,有可能使中枢神经受到损伤,从而使婴儿智力低下。最近的调查结果表明,我国每年的新生儿约为2 000万,其中有25

万为弱智儿。专家们认为,这种情况的产生,电磁辐射是"罪魁祸首"之一。

(4)移动电话电磁波污染造成的危害

当前,我国已成为"手机大国"。手机对飞机等交通工具危害严重,此外,手机发出的电磁波对人体健康也能够造成伤害。移动电话是一种高频无线通信装置,其发射频率多在800MHz以上,而飞机上的导航系统最怕高频干扰,在飞行过程中若有旅客使用手机,就非常有可能导致飞机的电子控制系统出现误动,使飞机失控,发生重大事故,这样的惨剧国内外已发生过多起。

三、热污染

热环境所指的是:提供给人类生产、生活及生命活动的良好适宜的生存空间的温度环境。热污染就是人类活动影响和危害热环境的现象,也就是使环境温度反常的现象。

从大范围来讲,人类活动改变了大气的组成,从而改变了太阳辐射的穿透率,造成全球范围的热污染,最严重的危害是"温室效应"的加剧,这将给地球的生态系统带来灾难性的影响[2]。

(一)水体热污染及危害

向自然水体排放温热水,导致水体升温,当水温升高至对水生生物的生态结构产生影响的程度时,就会使水体水质恶化,并影响到人类在生产、生活方面对水体的应用,这种情况就是水体热污染。

工业生产的冷却水是使水体遭受热污染的主要来源,其中主要是电力工业,其次则是冶金、化工、石油、造纸和机械行业。

水体遭受热污染,可能使水体的物理性质改变,使水体的生态系统及水生生物系统受到一系列的危害。鱼类生命活动适宜的温度范围是比较窄的,很小的温度波动都可能对鱼类的生命活动造成致命的伤害。温度是水生生物生命活动的基本影响因素,水温的变化将会影响水生生物从排卵到卵的成熟等一系列环节。水温度上升,给一些致病的昆虫,如蚊子、苍蝇、蟑螂、跳蚤及其他能够传染疾病的昆虫以及病原体微生物提供了最佳的滋生繁衍条件和传播机会,使这些生物大量繁殖和泛滥,形成"互感连锁反应",导致一些传染性疾病,如疟疾、登革热、血吸虫病、流行性脑膜炎等疾病的流行。

(二)城市热岛效应及其危害

由于城市人口集中,城市建设使大量的建筑物、混凝土代替了田野和植物,改变了地表的反射率和蓄热能力,形成了不同于周边地区的热环境,即热岛效应。"热岛效应"是城市气候最为明显的特征之一,它的表现特征是城区的气温显著高于周围的农村地区。1918年霍华德在《伦敦的气候》一书中,把伦敦的气温高于周围农村的这种特殊局部气温分布现象称之为"城市热岛"。城市热岛是随着城市化而出现的一种特异的局部气温分布现象。

城市热岛给人们的身体健康和社会经济带来的损失是不容低估的,主要有以下几个方面。

(1)促使光化学烟雾形成:在高温季节,汽车尾气和工厂排放的废气中的氮氧化物和碳氢化物,经光化学反应形成一种浅蓝色的烟雾,形成二次污染物,不易沉降,空气混浊,造成散射光,显著降低能见度,水平视程因之缩短,不利于车辆的行驶安全;对人的眼睛有强烈的刺激作用,也容易引发呼吸道感染,还能使高血压等疾病的死亡率增高。城市热岛强度越大,太阳辐射强度越大,这种光化学烟雾浓度就越大,危害性就越强。

(2)热岛加重了污染:由于热岛的存在,城市中盛行上升气流。城市空气中悬浮着大量的烟尘等微粒,因而城市上空便易形成以这些微粒为凝结核的云团。热岛导致的上升气流高度不高,所以形成的云也都是低云,烟尘等微粒直径都很小,所以易于成云却难产生降水。每当城市上空风速较小时,不产生降水的低云团的大气仿佛成了一个朦胧的"混浊岛",由于低云的"阻挡",低空的污染物难以升空,所以市区的近地层空气污染也相当严重。

阅读材料:八大公害事件

1. 马斯河谷事件

1930年12月1~5日发生于比利时马斯河谷工业区。炼焦、炼钢、玻璃、硫酸、化肥等工厂排出的有害气体在逆温条件下,在狭窄盆地近地层积累了大量的SO_2、SO_3等有害物质和粉尘,对人体发生毒害作用,一周之内有60多人死亡,以心脏病、肺病患者死亡率最高。

2. 多诺拉事件

1948年10月26~31日发生于美国宾夕法尼亚州匹兹堡市南边的一个工业小镇——多诺拉镇。该镇地处河谷,工厂很多,大部分地区受气旋和逆温控制,持续有雾,使大气污染物在近地层积累,其中SO_2浓度为0.5~2.0mg/L,并存在明显的尘粒。4天时间内发病者5 911人,占全镇总人数的43%:其中重症患者占11%,中度患者占17%,轻度患者占45%,死亡17人,为平时的8.5倍。

3. 洛杉矶光化学烟雾事件

洛杉矶是美国西部太平洋沿岸仅次于纽约、芝加哥的第三大城市。在20世纪40年代就有250多万辆车,到70年代,汽车增加到400万辆。市内高速公路纵横交错,约占全市面积的30%,每条公路每天通行汽车达17万辆次。当时每天1 000多吨碳氢化合物、500多吨NO_x和4 000多吨CO排入大气中,约占全部大气污染物的70%。洛杉矶地处北太平洋沿岸,市区西面临海,其他三面环山,仿佛处于一个大口袋中。全城建筑物堆挤在直径为50km^{2}的盆地上,气候终年不好,很少有风,一年当中就有200多天烟雾弥漫。这样,洛杉矶就具备了容易发生光化学烟雾的三个条件:盆地式地形、汽车尾气多、无风天多。

洛杉矶的光化学烟雾最早发生在1943年,当时城市上空出现浅蓝色刺激性烟雾,未能引起人们的注意。到 1955 年 9 月,由于大气污染和高温,2 天内 65 岁以上的老年人就死亡 400 多人,为平时的 3 倍多。许多居民感到眼痛、头痛,呼吸困难;家畜也患病,作物枯黄,果树受害,橡胶制品老化,材料和建筑损坏。调查研究发现,罪魁祸首是这种浅蓝色的烟雾,这种烟雾是汽车尾气中的碳氢化合物和氮氧化物与空气中的氧气在太阳光的照射下发生一系列反应,生成的复杂的混合物,统称光化学烟雾。

4. 伦敦烟雾事件

1952 年 12 月 5~8 日英国伦敦发生了烟雾事件。当时英国几乎全境都为烟雾覆盖,温度逆增,一连数日浓雾不散,使燃煤产生的烟雾不断积累,尘粒浓度高达 4.46mg/m^3,为平时的 10 倍;SO_2 浓度最高达 1.34mg/m^3,为平时的 6 倍;再加上 Fe_2O_3 粉尘的作用,生成相当量的 SO_3,凝结在烟尘或细小的水珠上形成硫酸酸雾,进入人的呼吸系统。市民胸闷气促,咳嗽喉痛,当天人口死亡率开始增加,4 天之内约 4 000 人丧生,事件后两个月内还有 8 000 人死亡。

5. 四日市哮喘事件

1961 年日本东部海岸的四日市发生了哮喘事件。四日市 1955 年以来发展了 100 多个中小企业,使这里成了占日本石油工业四分之一的“石油联合企业城”。石油冶炼和工作燃油(高硫重油)产生的废气严重污染了城市空气,整个城市终年黄烟弥漫。全市工厂粉尘、SO_2 排放量达 13 万 t,大气中 SO_2 浓度超出标准 5~6 倍。500m 厚的烟雾中飘浮着多种有毒气体和有毒的铅、钴、钛、钒等重金属粉尘。重金属微粒与 SO_2 形成这些有毒成分,肺部排除污染物的能力就大大减弱,因而便容易形成支气管炎、支气管哮喘以及肺气肿等许多呼吸道疾病,这些病统称为“四日气喘病”,又称“四日型喘息病”。1961 年四日市气喘病大发作期间,患者中慢性支气管炎占 25%,患哮喘性支气管炎的占 40%。

1964 年,该市连续三天烟雾不散,气喘病患者开始死亡。1967 年,更有一些气喘病患者不堪忍受痛苦而自杀。1970 年四日市气喘病患者超过 2 000 人,其中 10 多人在折磨中死亡。后来此病蔓延到全国,到 1972 年为止,四日市气喘病患者达 6 376 人。

6. 水俣病事件

1953~1956 年发生于日本熊本县水俣市。水俣市位于日本九州南部鹿儿岛,属熊本县管辖,有 5 万多居民。由于其西部就是产鱼的水俣湾,因此,渔业兴旺。1925 年,日本氮肥公司在此建厂,1932 年又扩建了合成醋酸厂,1949 年开始生产氯乙烯,1956 年氯乙烯产量超过 6 000t,企业逐步走向繁荣。这种繁荣的背后却酝酿着一场灾难。

20 世纪 50 年代初期,水俣湾地区的动物开始出现行为异常。有的鸟从栖息的树上掉下来,有些猫步态不稳、惊恐不安,有些更像是为了要扑灭身上的烈火一样跳入大海,造成了“疯猫跳海”的奇闻。不久渔民和他们的家庭成员,也先后出现了异常症状:手刺痛、手震颤、头痛、视力模糊甚至语言障碍等,一些患者出现中毒症状后不久由于剧烈痉挛、麻木,导致死亡。经调查,发病原因是汞中毒,汞的化合物破坏了居民的大脑和中枢神经系统。大部分居民都以水俣湾的鱼和水生贝壳类动物为食,而这些食物被汞的化合物所污染,汞化合物则是由水俣湾的化工厂排出的。

1959 年,熊本大学医学院从病者的尸体、鱼体和化工厂排污中都发现了有毒的甲基汞，确认甲基汞是水俣病的病因。原来，该公司在生产氯乙烯和醋酸乙烯时，采用了成本较低的水银催化工艺，把大量含有甲基汞的废水排入水俣湾，使鱼带毒，人或猫吃毒鱼而生病、死亡。为了恢复水俣湾的生态环境，日本政府花了14年时间，投入了485亿日元，把水俣湾的含汞底泥深挖4m，全部清除掉，同时，在水俣湾入口处设立隔离网，将海湾内被污染的鱼通通捕获进行焚化。1997年10月16日由于已经三年没有从打捞上来的鱼里化验出氯化甲基汞，水俣湾里3.5km长的隔离网才被人们拉起来撤掉。正是水俣病这场灾难，40年来水俣市的人口减少了1/3。

7. 痛痛病事件

横贯日本中部的富山平原有一条清河叫神通川，两岸人民世世代代喝这条河的水，并用河水灌溉两岸肥沃的土地，使这一带成为日本的主要粮食产地。后来，"三井金属矿业公司"在河的上游设立了"神通矿业所"，建成了炼锌厂，把大量的污水排放入神通川。1952年，河里的鱼大量死亡，两岸稻田出现大面积死秧减产现象。1955年以后，在河流两岸出现了一种怪病，得了这种病的人，一开始是腰、手、脚等各关节疼痛，几年之后，便出现全身神经和骨痛，不能行动，呼吸困难，最后骨骼软化萎缩，自然骨折，直至饮食不进，在衰弱中死去。由于病人经常"哎哟、哎哟"地呼叫呻吟，人们便称这种病为痛痛病或骨痛病。

直到1961年终于查明，神通川两岸的骨痛病与三井金属矿业公司神通炼锌厂的废水有关。该公司把炼锌用过的含镉废水不经处理便排放到神通川中，造成水质污染，两岸农民用这种水灌溉稻田，镉又污染了土壤，水稻在污染的土壤中生长，而使大米中的镉含量增加，农民吃了这种"镉米"，久而久之体内便积累了大量的镉，而患骨痛病。镉首先破坏人体骨骼内的钙质，进而使肾脏发病，内分泌失调，十年之后进入死亡期。据有关资料报导，到1973年3月患者超过280人，死亡34人，此外还有100多人出现可疑症状。

8. 米糠油事件

1968年日本九州、四国等地有几十万只鸡突然死亡，主要症状是张嘴喘气、头痛腹胀而死亡。经检验发现饲料有毒，但没有进一步追查。不久，在爱知县以西一带的居民中，出现了一种奇怪的病，一开始只是眼皮肿胀、手掌出汗、全身起皮疹，继之出现呕吐、恶心、肝功能下降、全身肌肉疼痛、咳嗽不止等症状，有的竟医治无效而死亡。这种病来势凶猛，患者数目很快达到1 400多人，并蔓延到数十个府县，且七八月份达到高峰，患者增加到5 000多人，其中16人死亡，实际受害人数达1.3万多人，整个日本陷入恐慌之中。日本卫生部门立即对尸体进行解剖分析，发现患者五脏和皮下脂肪中都含有多氯联苯。这是一种与滴滴涕类似的氯化烃，人畜吃下去就蓄积在体内，主要集中在脂肪层，不易排出体外，也没有有效的治疗方法。经调查发现，原来太平田市一家粮食加工公司的食用油厂生产米糠油时，为了降低成本，追逐利润，在脱臭过程中，使用了多氯联苯流体作热载体，又因生产管理不善，使多氯联苯泄漏混入米糠油中，随后销售各地，造成大量人员中毒或死亡。该厂生产米糠油的副产黑油又作为家禽饲料售出，也使大量家禽死亡。

参考文献

[1] 钱易, 唐孝炎. 环境保护与可持续发展. 北京: 高等教育出版社, 2000.
[2] 钱易, 唐孝炎. 环境保护与可持续发展(第二版). 北京: 高等教育出版社, 2010.
[3] 国家环境保护总局, 国家质量监督检验检疫总局. 地表水环境质量标准(GB 3838–2002). 北京: 中国环境科学出版社, 2002.
[4] 中华人民共和国环境保护部. 中国环境状况公报 2013. 2014.
[5] 中华人民共和国环境保护部. 中国环境状况公报 2012. 2013.
[6] 中华人民共和国环境保护部. 中国环境状况公报 2011. 2012.
[7] 中华人民共和国环境保护部. 中国环境状况公报 2010. 2011.
[8] 中华人民共和国环境保护部. 中国环境状况公报 2009. 2010.
[9] 中华人民共和国环境保护部. 中国环境状况公报 2008. 2009.
[10] 中华人民共和国环境保护部. 中国环境状况公报 2007. 2008.
[11] 国家环境保护总局. 中国环境状况公报 2006. 2007.
[12] 国家环境保护总局. 中国环境状况公报 2005. 2006.
[13] 国家环境保护总局. 中国环境状况公报 2004. 2006.
[14] 曲向荣. 环境保护与可持续发展. 北京: 清华大学出版社, 2010.
[15] 中华人民共和国环境保护部. 环境保护部开展华北平原排污企业地下水污染专项检查. 2013.
[16] 中华人民共和国中央人民政府. 九部门部署 2012 年全国整治违法排污企业专项行动. 2012.
[17] 陈冠英. 居室环境与人体健康. 北京: 化学工业出版社, 2011.
[18] 国家环境保护总局, 国家质量监督检验检疫总局. 环境空气质量标准(GB 3095–2012). 北京: 中国环境科学出版社, 2012.
[19] 中华人民共和国环境保护部,中华人民共和国国土资源部. 全国土壤污染状况调查公报. 2014.
[20] 全国人民代表大会常务委员会. 中华人民共和国固体废物污染环境防治法.北京:法律出版社, 2004.
[21] 联合国环境规划署. 控制危险废物越境转移及其处置巴塞尔公约. 1995.
[22] 中华人民共和国环境保护部,中华人民共和国国家发展和改革委员会. 国家危险废物名录(2008). 2008.
[23] 中华人民共和国环境保护部, 国家质量监督检验检疫总局. 中华人民共和国国家标准——声环境质量标准(GB3096–2008). 北京: 中国环境科学出版社, 2008.

第五章　全球环境问题

第一节　气候变化

气候是与人们每天的生活息息相关的一个重要的自然因素。实际上，气候是指包括温度、湿度和降水等在内的综合信息。因此，地球气候系统是一个涉及阳光、大气、陆地和海洋等内容十分丰富的系统。当人们为明天的工作或休闲计划而关心天气预报的时候，似乎都会觉得天气是大气的自然过程，人类活动对其影响甚微，然而，事实却并非如此[1]。

实际上，人类活动对全球的气候变化具有深刻和重要的影响。尤其是工业革命以后，人类大量地使用化石燃料（煤炭、石油和天然气），再加上其他的人为活动过程，导致全球气候变暖，温室效应加剧，由此将产生一系列的环境问题。研究表明，二氧化碳（CO_2）浓度每增加1倍，全球平均气温将上升3±1.5℃；气候变暖会影响陆地生态系统中动植物的生理和区域的生物多样性，使农业生产能力下降；干旱和炎热的天气会导致森林火灾的不断发生和沙漠化过程的加强；气候变暖还会使冰川融化，海平面上升，大量沿海城市、低地和海岛将被水淹没，洪水不断；气候变暖会加大疾病的发病率和死亡率。

1992年5月，在纽约联合国环境与发展大会上通过的《联合国气候变化框架公约》（United Nations Framework Convention on Climate Change）是世界上第一个为全面控制温室气体排放，以应对全球气候变暖给人类经济和社会带来不利影响的国际公约。1992年6月，在巴西里约热内卢召开的有世界各国政府首脑参加的联合国环境与发展会议，签署并通过了《联合国气候变化框架公约》。1994年3月21日，该公约正式生效，最终目标是将大气中温室气体的浓度稳定在防止气候系统受到危险的人为干扰的水平上。

1997年12月，在日本京都召开的联合国气候大会通过了人类第一部限制各国温室气体排放的国际法案，全称是《联合国气候变化框架公约的京都议定书》，简称《京都议定书》，其目标是将大气中的温室气体含量稳定在一个适当的水平，进而防止剧烈的气候改变对人类造成伤害，希望在气候变化导致严重后果发生之前，采取一致的行动，控制气候变化的发展趋势，对2012年前主要发达国家减排温室气体的种类、减排时间表和额度等作出了具体规定。《京都议定书》于2005年开始生效。根据这份议定书，从2008年到2012年间，主要工业发达国家的温室气体排放量要在1990年的基础上平均减少5.2%，其中欧盟将6种温室气体的排放量削减8%，美国削减7%，日本削减6%[2]。

2013年11月11日至23日，《联合国气候变化框架公约》第19次缔约方大会暨《京都议定书》第9次缔约方大会在波兰首都华沙举行。大会主要有三个成果：一是德班增强行动平台基本体现“共同但有区别的原则”；二是发达国家再次承认应出资支持发展中国家应对气候变化；三是就损失损害补偿机制问题达成初步协议，同意开启有关谈判。

一、地球系统的能量平衡

地球上的温度变化、大气运动、水滴与水蒸气和冰的相互转化过程，最根本的驱动力是来自太阳的能量。太阳能以电磁波的方式到达地球，到达地球的太阳辐射大约以500nm为中心的短波为主，并包括一部分高能的紫外光和能量较低的红外光[1]。

太阳光以30万km/s的速度自宇宙空间到达地球的路径几乎是真空的状态，因此没有能量的损失。但是，当阳光进入地球大气层时，大气中的化学物质对于太阳的短波辐射产生光吸收，其中最重要的光吸收物质是氧气分子。氧气主要吸收波长小于240nm的短波紫外线，氧气分子本身由于吸收了能量，被分解为两个氧原子。

另外，氧分子的同素异形体臭氧分子(O_3)也是太阳辐射的重要光吸收物质。臭氧的光吸收与氧气分子相比，发生在波长更长的波段。实际上，臭氧的光吸收有三个谱带，分别为200~300nm、300~360nm、400~850nm区。臭氧吸收紫外光后，自身分解为原子氧和氧分子。这一过程表示为：

$$O_3+h\nu(\lambda < 320\text{nm})\rightarrow O_2+O$$

当太阳辐射自外层空间到达大气层时，其中波长小于100nm的紫外光在地表上空约100km的高度几乎被N_2、O_2、N和O完全吸收，距地表100~50km高度范围内的O_2将太阳辐射中波长小于200nm的部分吸收。从50km向下自25~30km的高度内，O_3是最主要的光吸收物质，O_3吸收波长小于310nm的绝大部分紫外光。由于波长小于310nm的短波紫外光能破坏生物链，造成对人体健康和地表生物的损害。因此，O_3对地球生物圈具有重要的保护作用。

在吸收太阳辐射的同时，地球本身也向外层空间辐射热量。地球的热辐射以3~30μm的长波红外线为主。与太阳的短波辐射不同，当这样的长波辐射进入大气层时，最主要的光吸收物质为分子量更大、极性更强的分子。如果同时考虑分子在大气层的丰度，那么地球热辐射最重要的吸收物质为CO_2和H_2O。

由于红外射线的能量较低，不足以导致分子键能的断裂。因此，CO_2和H_2O对红外辐射的吸收没有化学反应的发生。光吸收的结果只是阻挡热量自地球向外逃逸，相当于地球和外层空间之间的一个绝热层，即“温室”的作用。因此，大气中的CO_2和H_2O等微量组分对地球长波辐射的吸收作用使近地面热得以保持，从而导致全球气温升高，因为这种作用与暖房玻璃的作用非常相似，被称为“温室效应”，这些微量组分就称为“温室气体”。其他重要的温室气体还包括甲烷(CH_4)、臭氧(O_3)、氧化亚氮(N_2O)，氟氯烃类(CFCs)等。

除了上述的光吸收过程外，太阳和地球辐射在大气层中还会受到颗粒物质及云层对其的反射和散射，大气层本身也会有热辐射过程发生。另外，以海洋为主体的地球水系统也会通过潜热和感热的方式参与热循环。所谓感热是指通过湍流自地表传输到大气的热量；而潜热是指水蒸气凝聚时释放出来的热量。一般而言，地球的温度基本上是恒定不变的。这意味着地球系统的能量基本上是处于一个平衡的状态。

应该指出，如果是短时或者区域甚至局地的情况，这种辐射平衡就可能不存在。地球

上纬度自 –30°到 30°的区域占地球表面积的 50%,但却接受太阳辐射的绝大部分,高纬度地区的太阳辐射相对就少得多,而两极由于冰雪覆盖更加剧了这种温度的梯度。海洋在全球温度分布中也起着一定的作用。因此,一般说来低纬度地区存在辐射增温过程,而高纬度地区则相反,存在辐射降温过程。

二、人类活动对气候变化的影响

从上面的地球能量平衡中可以看到,温室气体对地球红外辐射的吸收作用在地球–大气的能量平衡中具有非常重要的作用。实际上,假如地球没有现在的大气层,那么地球的表面温度将比现在低 33℃,在这样的条件下,人类和大多数动植物将面临生存的危机。因此,正是大气层的温室效应造成了对地球生物最适宜的环境温度,从而使得生命能够在地球上生存和繁衍。这种温室效应被称为天然温室效应。在天然温室效应中,H_2O 的贡献超过 60%,CO_2 也有重要的贡献。

全球气候变化成为一个受到普遍关注的全球环境问题,主要原因是由于人类在自身发展过程中对能源的过度使用和自然资源的过度开发,造成大气中温室气体的浓度以极快的速度增长,使得温室效应不断强化,从而引起全球气候的改变。

造成温室效应加强的原因很多[1,3]。

1. 二氧化碳(CO_2)

CO_2 是大气中丰度仅次于氧、氮和惰性气体的物质,由于它对地球红外辐射的吸收作用,CO_2 一直是全球气候变化研究的焦点。世界各地的研究结果表明,全球的 CO_2 浓度上升十分显著。

为了解 CO_2 浓度的历史情况,科学家对南极冰芯气泡中的 CO_2 进行了测量,从而得到过去千余年内的 CO_2 演变规律。CO_2 的浓度变化是工业革命以后大气组成变化的一个十分突出的特征,其根本原因在于人类生产和生活过程中化石燃料的大量使用。

另一方面,人类在追求经济发展的高速度的同时,也改变了地球表面的自然面貌。如对森林树木无节制地乱砍滥伐,导致全球森林覆盖率的急剧下降,尤其是热带雨林的衰退。这虽然有可能增加地球表面对阳光的反射,但是由于植被的减少,全球总的光合作用将减小,从而增加了 CO_2 在大气中的积累。同时,植被系统对水汽的调节作用也被减弱,这也是引起气候变化的重要因素。

2. 甲烷(CH_4)

CH_4 是大气中浓度最高的有机化合物,由于全球气候变化问题的日益突出,CH_4 在大气中的浓度变化也受到越来越密切的关注。各项研究显示,CH_4 对红外辐射的吸收带不在 CO_2 和 H_2O 的吸收范围之内,而且 CH_4 在大气中浓度增长的速度比 CO_2 快,单个 CH_4 分子的红外辐射吸收能力超过 CO_2。因此,CH_4 在温室效应的研究中具有十分重要的地位。

大气中 CH_4 的来源非常复杂。除了天然湿地等自然来源以外，超过 2/3 的大气 CH_4 来自与人为活动有关的源，包括化石燃料（天然气的主要成分为甲烷）燃烧、生物质燃烧、稻田、动物反刍和垃圾填埋等。

3. 氧化亚氮（N_2O）

据估计，各类源每年向大气中排放 N_2O 300~800 万 t（以氮计）。N_2O 是低层大气含量最高的含氮化合物。N_2O 主要来自于天然源，也就是土壤中的硝酸盐经细菌的脱氮作用而生成。N_2O 主要的人为来源是农业生产（如含氮化肥的使用）、工业过程（如己二酸和硝酸的生产），以及燃烧过程等。目前，对 N_2O 的天然源的研究还有很大的不确定性，但一般估计其大约为人为来源的 2 倍。但是，由于 N_2O 在大气中具有很长的化学寿命（大约 120 年），因此，N_2O 在温室效应中的作用同样引起人们的广泛关注。

4. 氟利昂及替代物

氟利昂是一类含氟、氯烃化合物的总称，其中最重要的物质是 CFC-11（$CFCl_3$）、CFC-12（CF_2Cl_2）。一般认为这类化合物没有天然来源，大气中的氟利昂全部来自它们的生产过程。这些物质被广泛地用于制冷剂、喷雾剂、溶剂清洗剂、起泡剂和烟丝膨胀剂等。氟利昂的大气寿命很长，而且对红外辐射有显著的吸收。因此，它们在温室效应中的作用不容忽视。

另外，由于科学研究证实氟利昂是破坏臭氧层的主要因素，目前全球正采取行动停止氟利昂的生产和使用，并逐步使用其替代物，如 HCFC-22（$CHCl_2F$）。大气监测表明，大气中氟利昂浓度的增长速度已经减缓，然而替代物的浓度正在不断上升。许多替代物破坏臭氧层的能力虽然明显减小，但却具有显著的全球增温能力。

5. 六氟化硫（SF_6）

六氟化硫（SF_6）化合物在大气中的寿命极长（一般超过千年），同时具有极强的红外辐射吸收能力。因此，在近年的温室气体研究中受到越来越密切的关注，其中的 SF_6 还被列入 1997 年京都国际气候变化会议上受控的 6 种温室气体之一。

SF_6 是主要用于大型电器设备中的绝缘流体物质。这些物质没有天然的来源，全部来源于人类的生产活动，而它们一旦进入大气就会在大气中积累起来，对地球的辐射平衡产生越来越严重的影响。

6. 臭氧（O_3）

存在于对流层和平流层的臭氧，虽然它们在空中的垂直分布高度不同，但都是重要的影响大气辐射过程的气体。臭氧浓度的变化对太阳辐射和地球辐射均有影响。一般认为，平流层臭氧浓度如果上升，平流层会由于臭氧的吸热增加而升温；另外，其主要的作用是阻挡更多的太阳辐射到达地表，对地表又起降温作用，而如果对流层的臭氧浓度增加，结果将导致温室效应的加强，是一个增温效果。

由于平流层和对流层的臭氧之间存在着相互影响，而且对流层臭氧浓度的变化与其前体物（如甲烷）也密切相关，造成间接的气候变化影响。因此，臭氧的气候效应还有待于进一步研究。

7. 颗粒物

大气中普遍存在的颗粒物在全球辐射平衡中起着重要的作用。大气中的颗粒物通过两种方式影响气候：一是颗粒物的光散射和光吸收作用产生所谓的直接效应；二是参加成云过程影响云量、云的反照率和云的大气寿命，造成间接效应。

平流层中有极少的颗粒物，然而大规模的火山爆发可以把大量的气溶胶，尤其是硫酸盐气溶胶送入平流层，从而使得更大量的太阳辐射被反射回太空，造成地表降温。在对流层中，颗粒物是一类结构和组成均很复杂的成分。颗粒物的大小决定了颗粒物对短波辐射和红外辐射的有效拦截能力。入射的太阳辐射被小粒子（直径在 0.1~2μm）有效地反射，而这样粒径的粒子对地球的红外辐射没有有效的作用。当然，由于大气中存在水汽和其他化学组分，细粒子有可能会长大，其光反射的性质也会随之发生变化。另外，化学成分对气溶胶的化学性质也有重要的影响。气溶胶中的炭黑因对太阳辐射具有强烈的吸收作用，故对地球大气系统产生增温的效果；而硫酸盐气溶胶的增加，由于其光反射作用，则会导致地面的降温。

与温室气体相比，对流层中气溶胶的大气寿命要短得多，一般在大气中仅停留几天的时间，其空间的分布范围在几百到上千千米。因此，对流层气溶胶产生的辐射影响具有区域性的特征，要了解气溶胶的辐射效应，还必须有更准确的气溶胶空间分布信息。至于气溶胶气候影响中的间接效应，则需要更深入的研究来得到可靠的结论。

三、全球气候变化可能造成的影响

全球气候变化可能导致的影响大致有以下几方面[1]。

（1）对人体健康的影响

气候变化会导致极热天气频率的增加，使得心血管和呼吸道疾病的死亡率增高，尤其是老人和儿童；传染病的频率因病原体的更广泛传播而增加。

（2）对水资源的影响

温度的上升导致水体挥发和降雨量的增加，从而可能加剧全球旱涝灾害的频率和程度，并增加洪灾的机会。

（3）对森林的影响

森林树种的变迁可能跟不上气候变化的速率；温度的上升还会增加森林病虫害和森林火灾的可能性。

（4）对沿海地区的影响

海平面的上升会对经济相对发达的沿海地区产生重大影响。据估计，在美国海平面上升 50cm 的经济损失为 300 亿 ~400 亿美元；同时，海平面的上升还会造成大片海滩的损失。

(5)对生物物种的影响

很多动植物的迁徙将可能跟不上气候变化的速率,温度的上升还会使全球一些特殊的生态系统(如常绿植被、冰川生态等)及候鸟、冷水鱼类的生存面临困境。

(6)对农业生产的影响

由于气候变化,某些地区的农业生产可能会因为温度上升,农作物产量增加而受益,但全球范围农作物的产量和品种的地理分布将发生变化;农业生产可能必须相应地改变土地使用方式及耕作方式。

上述影响,在一定程度上正在产生。尽管我们对全球气候变化的本质、趋势和程度的认识还有相当大的不确定性,但我们必须着眼于现在,加强科学研究,并在此基础上采取有效措施,控制全球气候的变化。

第二节 臭氧层破坏

一、臭氧层

平流层中最重要的化学组分就是臭氧,它保存了大气中90%的臭氧,将这一层高浓度的臭氧称为"臭氧层"。

平流层中臭氧的生成和消耗机制,在相当长的一段历史时期内,Chapman于1930年提出了纯氧体系的光化学反应机制。来自太阳的高能紫外辐射可使高空中的氧气分子分解为两个氧原子,其化学反应可以表示为

$$O_2+h\nu(\lambda < 240\text{nm})\rightarrow O+O$$

在这个反应过程中产生的氧原子具有很强的化学活性,能很快与大气中含量很高的O_2发生进一步的化学反应,生成臭氧分子:

$$O_2+O\rightarrow O_3$$

生成的臭氧分子在平流层也能吸收紫外辐射并发生光解:

$$2O_3+h\nu\rightarrow 3O_2$$

实际上,除了Chapman提出的臭氧去除反应外,臭氧更重要的去除途径是催化反应机制:

$$Y+O_3\rightarrow YO+O_2$$

$$YO+O\rightarrow Y+O_2$$

两式整理为

$$O_3+O\rightarrow 2O_2$$

其中Y主要是平流层中的三类物质,即奇氮(NO、NO_2)、奇氢(OH、HO_2)和奇氯(Cl、ClO)。在上述反应过程中,物质Y破坏了一个臭氧分子,但Y本身并没有被消耗,还可以继续破坏另一个臭氧分子。化学反应中起这样作用的物质被称为催化剂,上述反应称为催化反应。

地球在其漫长的过程中，大气通过臭氧的生成和消耗反应过程，臭氧和氧气之间达到动态的化学平衡，大气中形成了一个较为稳定的臭氧层，位于距地面 20~30km 的高空平流层。生成的臭氧对太阳的紫外辐射有很强的吸收作用，有效地阻挡了对地表生物有伤害作用的短波紫外线。因此实际上可以说，直到臭氧层形成之后，生命才有可能在地球上生存、延续和发展，臭氧层是地表生物的“保护伞”[1,4]。

二、臭氧层损耗

平流层臭氧对地球生命具有如此特殊重要的意义，但其在大气中只是极其微少和脆弱的一层气体。如果在摄氏零度的温度下，沿着垂直于地表的方向将大气中的臭氧全部压缩到一个标准大气压，那么臭氧层的总厚度只有 3mm 左右。人们逐渐认识到平流层大气中的臭氧正在遭受着越来越严重的破坏，自 1958 年以来，发现高空臭氧有减少趋势，到 20 世纪 70 年代以来，这种趋势更为明显。许多科学家很早就开展了对平流层中臭氧的来源与去除过程的研究。

1985 年，英国科学家 Farmen 等总结他们在南极哈雷湾观测站（Hally Bay）自 1975 年的观测结果，发现从 1975 年以来，那里每年早春（南极 10 月份）总臭氧浓度的减少超过 30%，如此惊人的臭氧减弱引起了全世界极大的轰动。臭氧层破坏的问题也从此开始受到不仅来自科学界，同时来自世界各国政府、企业和社会各界的广泛重视。进一步的测量表明，在过去 10~15 年，每到春天南极上空的平流层臭氧都会发生急剧的大规模的耗损，极地上空臭氧层的中心地带，近 95%的臭氧被破坏。从地面向上观测，高空的臭氧层已极其稀薄，与周围相比像是形成了一个“洞”，直径上千千米，“臭氧空洞”就是因此而得名的。

1987 年 10 月，南极上空的臭氧浓度降到了 1957~1978 年的一半，臭氧洞面积则扩大到足以覆盖整个欧洲大陆。1994 年 10 月 17 日观测到的臭氧洞曾一度蔓延到了南美洲最南端的上空。近几年臭氧洞的深度和面积等仍在继续扩展，1995 年观测到的臭氧洞发生期间是 77 天；到 1996 年南极平流层的臭氧几乎全部被破坏，臭氧洞发生期间增加到 80 天；1997 年至今，科学家进一步观测到臭氧洞发生的时间也在提前，连续两年南极臭氧洞从每年的初冬即开始；1998 年臭氧洞的持续时间超过了 100 天，是南极臭氧洞发现以来的最长记录，而且臭氧洞的面积比 1997 年增加约 15%，几乎可以相当于 3 个澳大利亚。这一切迹象表明，南极臭氧洞的损耗状况仍在恶化之中。

进一步的研究和观察还发现，臭氧层的损耗不只发生在南极，在北极上空和其他的中纬度地区也都出现了不同程度的臭氧层损耗现象。实际上，尽管没有在北极发现类似南极洞的臭氧损失，但科学家发现，北极地区在 1~2 月的时间，16~20km 高度的臭氧损耗约为正常浓度的 10%，60°N~70°N 范围的臭氧柱浓度的破坏为 5%~8%。因此，与南极的臭氧破坏相比，北极的臭氧损耗程度要轻得多，而且持续时间相对较短[1,4]。

三、臭氧层破坏的原因

南极臭氧洞一经发现，立即引起了科学界及整个国际社会的高度重视。最初对南极臭氧洞的出现有过三种不同的解释：一种认为，对流层中低臭氧浓度的空气传输到达平流层，稀释了平流层中臭氧的浓度；第二种解释认为，南极臭氧洞是由于宇宙射线导致高空生成氮氧物质的结果；此外提出，人工合成的一些含氯和含溴的物质是造成南极臭氧洞的元凶，最典型的是氟氯烃化合物，即氟利昂（CFCs）和含溴化合物哈龙（Halons）[1,4]。

越来越多的科学证据否定了前两种观点，证实氯和溴在平流层通过催化化学过程破坏臭氧是造成南极臭氧洞的根本原因。那么，氟利昂和哈龙是怎样进入平流层，又是如何引起臭氧层破坏的呢?就重量而言，人为释放的 CFCs 和 Halons 的分子都比空气分子重，但这些化合物在对流层几乎是化学惰性的，自由基对其的氧化作用也可以忽略。因此，它们在对流层十分稳定，不能通过一般的大气化学反应去除。经过一两年的时间，这些化合物会在全球范围内的对流层分布均匀，然后主要在热带地区上空被大气环流带入到平流层，风又将它们从低纬度地区向高纬度地区输送，从而在平流层内混合均匀。

在平流层内，强烈的紫外线照射使 CFCs 和 Halons 分子发生解离，释放出高活性原子态的氯和溴，氯原子和溴原子也是自由基。氯原子自由基和溴原子自由基就是破坏臭氧层的主要物质，它们对臭氧的破坏是以催化的方式进行的：

$$Cl+O_3 \rightarrow ClO+O_2$$

$$ClO+O \rightarrow Cl+O_2$$

据估算，一个氯原子自由基可以破坏 10^4~10^5 个臭氧分子，而由 Halons 释放的溴原子自由基对臭氧的破坏能力是氯原子的 30~60 倍。而且，氯原子自由基和溴原子自由基之间还存在协同作用，即二者同时存在时，破坏臭氧的能力要大于二者简单的加和。

实际上，上述的均相化学反应并不能解释南极臭氧洞形成的全部过程。深入的科学研究发现，臭氧洞的形成是有空气动力学过程参与的非均相催化反应过程。当 CFCs 和 Halons 进入平流层后，通常是以化学惰性的形态（$C1ONO_2$ 和 HCl）而存在，并无原子态的活性氯和溴的释放。但南极冬天的极低温度造成两种非常重要的过程：一是极地的空气受冷下沉，形成强烈的西向环流，称为“极地涡旋”，该涡旋的重要作用是使南极空气与大气的其余部分隔离，从而使涡旋内部的大气成为一个巨大的反应器；另外，尽管南极空气十分干燥，极低的温度使该地区仍有成云过程，云滴的主要成分是三水合硝酸（$HNO_3 \cdot 3H_2O$）和冰晶，称为极地平流层云。

南极的科学考察和实验室研究都证明，$C1ONO_2$ 和 HCl 在平流层云表面会发生以下化学反应：

$$ClONO_2+HCl \rightarrow Cl_2+HNO_3$$

$$ClONO_2+H_2O \rightarrow HOCl+HNO_3$$

生成的 HNO_3 被保留在云滴中，当云滴成长到一定的程度后将会沉降到对流层，与此同时也使 HNO_3 从平流层去除，其结果是氯（Cl_2）和次氯酸（HOCl）等组分的不断积累。

Cl_2 和 HOCl 是在紫外线照射下极易光解的分子，但在冬天南极的紫外光极少，Cl_2 和 HOCl 的光解机会很小。当春天来临时 Cl_2 和 HOCl 开始发生大量的光解，产生前述的均相催化过程所需的大量原子氯，以致造成严重的臭氧损耗。氯原子的催化过程可以解释所观测到的南极臭氧破坏的约 70%，氯原子和溴原子的协同机制可以解释大约 20%。当更多的太阳光到达南极后，南极地区的温度上升，气象条件发生变化，南极涡旋逐渐消失，南极地区臭氧浓度极低的空气传输到地球的其他高纬度和中纬度地区，造成全球范围的臭氧浓度下降。

北极也发生与南极同样的空气动力学和化学过程。研究发现，北极地区在每年的 1 月至 2 月生成北极涡旋，并发现有北极平流层云的存在。在涡旋内活性氯（ClO）占氯总量的 85%以上，同时测到与南极涡旋内浓度相当的活性溴（BrO）的浓度。但由于北极不存在类似南极的冰川，加上气象条件的差异，北极涡旋的温度远较南极高，而且北极平流层的云量也比南极少得多。因此，目前北极的臭氧层破坏还没有达到出现又一个臭氧洞的程度。

由上可见，南极臭氧洞的形成是包含大气化学、气象学变化的非均相的复杂过程，但其产生根源是地球表面人为活动释放的氟利昂和哈龙，曾经是一个谜团的臭氧洞得到了清晰定量的科学解释。令科学家和社会各界忧虑的是，CFCs 和 Halons 具有很长的大气寿命，一旦进入大气就很难去除，这意味着它们对臭氧层的破坏会持续一个漫长的过程，臭氧层正受到来自人类活动的巨大威胁。

为了评估各种臭氧层损耗物质对全球臭氧破坏的相对能力，可以采用“臭氧损耗潜势”的参数。臭氧损耗潜势（ODP）是指在某种物质的大气寿命期间内，该物质造成的全球臭氧损失相对于相同质量的 CFC-11 排放所造成的臭氧损失的比值。在大气化学模式计算中，某物质 X 的 ODP 值可以表示为

$$\text{ODP}=\frac{\text{单位位置 X 引起的全球臭氧减少}}{\text{单位质量的 CFC-11 引起的全球臭氧减少}}$$

臭氧损耗物质的大气浓度分布及参与的大气化学过程是影响其 ODP 值的主要因素，不同研究者对这些因素的处理方式不同，得到的臭氧损耗物质的 ODP 值存在一定的差异。

1989 年 9 月为进一步落实维也纳保护臭氧层公约，由联合国环境规划署（UNEP）主持，在加拿大蒙特利尔召开了控制含氯氟烃的各国全权代表会议上通过的有关控制耗减臭氧层物质的国际草约，即《关于消耗臭氧层物质的蒙特利尔议定书》。为了纪念该议定书的签署，1995 年 1 月 23 日，联合国大会通过决议，确定从 1995 年开始，每年的 9 月 16 日为“国际保护臭氧层日”。《关于消耗臭氧层物质的蒙特利尔议定书》规定了 15 种氯氟烷烃、3 种哈龙、40 种含氢氯氟烷烃、34 种含氢溴氟烷烃、四氯化碳、甲基氯仿（CH_3CCl_3）和甲基溴（CH_3Br）为控制使用的消耗臭氧层物质，也称受控物质。其中含氢氯氟烷烃（如 $HCFCl_2$）类物质是氯氟烷烃的一种过渡性替代品，因其含有氢，使得它在底层

大气易于分解，对 O_3 层的破坏能力低于氯氟烷烃，但长期和大量使用对 O_3 层危害也很大[5]。

四、臭氧层破坏的后果

来自太阳的紫外辐射根据波长分为 3 个区：波长为 315~400nm 的紫外光称为 UV–A 区，该区的紫外线不能被臭氧有效吸收，但是也不造成地表生物圈的损害；波长为 280~315nm 的紫外光称为 UV–B 区，该波段的紫外辐射对人类和地球其他生命造成危害最严重；波长为 200~280nm 的紫外光称为 UV–C 区，该区紫外线波长短、能量高，并能被平流层大气完全吸收。

臭氧层的破坏，会使其吸收紫外辐射的能力大大减弱，导致到达地球表面 UV–B 区强度明显增加，给人类健康和生态环境带来严重的危害。紫外辐射增加可能导致的后果有以下几方面[1,4]。

1. 对人体健康的影响

阳光紫外线 UV–B 的增加对人类健康有严重的危害作用。潜在的危害包括引发和加剧眼部疾病、皮肤癌和传染性疾病。对有些危害如皮肤癌已有定量的评价，但其他影响如传染病等目前仍存在很大的不确定性。

实验证明，紫外线会损伤角膜和眼晶体，如引起白内障、眼球晶体变形等。据分析，平流层臭氧减少 1%，全球白内障的发病率将增加 0.6%~0.8%，全世界由白内障而引起失明的人数将增加 10 000~15 000 人。

紫外线 UV–B 段的增加能明显地诱发人类常患的 3 种皮肤疾病。这 3 种皮肤疾病中，巴塞尔皮肤瘤和鳞状皮肤瘤是非恶性的；另外的一种恶性黑瘤是非常危险的皮肤病。科学研究也揭示了 UV–B 段紫外线与恶性黑瘤发病率的内在联系，这种危害对浅肤色的人群，特别是儿童尤其严重。

动物实验发现紫外线照射会减少人体对皮肤癌、传染病及其他抗原体的免疫反应，进而导致人体对重复的外界刺激丧失免疫反应。人体研究结果也表明暴露于 UV–B 中会抑制免疫反应，人体中这些对传染性疾病的免疫反应的重要性目前还不十分清楚。但在世界上一些传染病对人体健康影响较大的地区以及免疫功能不完善的人群中，增加的 UV–B 辐射对免疫反应的抑制影响相当大。

已有研究表明，长期暴露于强紫外线的辐射下会导致细胞内的 DNA 改变，人体免疫系统的机能减退，人体抵抗疾病的能力下降。这将使许多发展中国家本来就不好的健康状况更加恶化，大量疾病的发病率和严重程度都会增加，尤其是麻疹、水痘、疱疹等病毒性疾病，疟疾等通过皮肤传染的寄生虫病，肺结核和麻风病等细菌感染以及真菌感染等疾病。

2. 对陆生植物的影响

目前,臭氧层损耗对植物危害的机制尚不如其对人体健康影响的清楚,但在已经研究过的植物品种中,超过50%的植物受到来自UV-B辐射的影响,比如豆类、瓜类等作物,另外某些作物如土豆、番茄、甜菜等的质量将会下降。

植物的生理和进化过程都受到UV-B辐射的影响,甚至与当前阳光中UV-B辐射的量有关。植物也具有一些缓解和修补这些影响的机制,在一定程度上可适应UV-B辐射的变化。当植物长期接受UV-B辐射时,可能会造成植物形态的改变,植物各部位生物质的分配的改变,各发育阶段的时间及二级新陈代谢等的改变。对森林和草地,可能会改变物种的组成,进而影响不同生态系统的生物多样性分布。

3. 对水生生态系统的影响

世界上30%以上的动物蛋白质来自海洋,满足人类的各种需求。在许多国家,尤其是发展中国家,这一百分比往往还要高。

海洋浮游植物并非均匀分布在世界各大洋中,通常高纬度地区的密度较大,热带和亚热带地区的密度要低10~100倍。除可获取的营养物、温度、盐度和光外,在热带和亚热带地区普遍存在的阳光UV-B的含量过高的现象也在浮游植物的分布中起着重要作用。

研究人员已经测定了南极地区UV-B辐射及其穿透水体的量的增加,有足够证据证实天然浮游植物群落与臭氧的变化直接相关。对臭氧洞范围内和臭氧洞以外地区的浮游植物生产力进行比较的结果表明,浮游植物生产力下降与臭氧减少造成的UV-B辐射增加直接相关。一项研究表明冰川边缘地区的生产力下降了6%~12%。由于浮游生物是水生生态系统食物链的基础,浮游生物种类和数量的减少会影响鱼类和贝类生物的产量。另一项科学研究的结果表明,如果平流层臭氧减少25%,浮游生物的初级生产力将下降10%,这将导致水面附近的生物减少35%。

此外,研究发现UV-B辐射对鱼、虾、蟹、两栖动物和其他动物的早期发育阶段都有危害作用,最严重的影响是导致其繁殖力下降和幼体发育不全。即使在现有的水平下,UV-B已是限制因子。因而,当其照射量略有增加就会导致消费者生物的显著减少。

尽管已有确凿的证据证明UV-B辐射的增加对水生生态系统是有害的,但目前还只能对其潜在危害进行粗略的估计。

4. 对生物化学循环的影响

阳光紫外线的增加会影响陆地和水体的生物地球化学循环,从而改变地球–大气系统中一些重要物质在地球各圈层中的循环。例如,温室气体和对化学反应具有重要作用的其他微量气体的排放和去除过程,包括二氧化碳(CO_2)、一氧化碳(CO)、氧硫化碳(COS)及O_3等。这些潜在的变化将对生物圈和大气圈之间的相互作用产生影响。

对陆生生态系统,紫外线增加会改变植物的生成和分解,进而改变大气中重要气体的吸收和释放。例如,在强烈UV-B照射下,地表落叶层的降解过程被加速。植物的初级生产力随着 UV–B 辐射的增加而减少，但对不同物种和某些作物的不同栽培品种来说影响程度是不一样的。

UV–B 辐射对水生生态系统也有显著的作用。这些作用直接对水生生态系统中碳循环、氮循环和硫循环产生影响。UV–B 对水生生态系统中碳循环的影响主要体现于 UV–B 对初级生产力的抑制。几个地区的研究结果表明，现有 UV–B 辐射的减少可使初级生产力增加。南极臭氧洞的发生导致全球 UV–B 辐射增加后，水生生态系统的初级生产力受到损害。除对初级生产力的影响外，UV–B 还会抑制海洋表层浮游细菌的生长，从而对海洋生物地球化学循环产生重要的潜在影响。UV–B 促进水中的溶解有机质(DOM)的降解，同时形成溶解无机碳（DIC)、CO 以及可进一步矿化或被水中微生物利用的简单有机质等。UV–B 增加对水中的氮循环也有影响，它们不仅抑制硝化细菌的作用，而且可直接光降解像硝酸盐这样的简单无机物种。UV–B 对海洋中硫循环的影响可能会改变 COS 和二甲基硫(DMS)的海 – 气释放，这两种气体可分别在平流层和对流层中被降解为硫酸盐气溶胶。

5. 对材料的影响

UV–B 的增加会加速建筑、喷涂、包装及电线电缆等所用材料的降解作用，尤其是高分子材料的降解和老化变质，特别是在高温和阳光充足的热带地区，这种破坏作用更为严重。由这一破坏作用造成的损失估计全球每年达到数十亿美元。

UV–B 无论是对人工聚合物，还是天然聚合物以及其他材料都会产生不良影响，加速它们的光降解，从而限制了它们的使用寿命。研究结果已证实 UV–B 辐射对材料的变色和机械完整性的损失有直接的影响。

在聚合物的组成中增加现有光稳定剂的用量可能缓解上述影响，但需要满足下面三个条件：①在阳光的照射光谱发生了变化，即 UV–B 辐射增加后，该光稳定剂仍然有效；②该光稳定剂自身不会随着 UV–B 辐射的增加被分解掉；③经济可行。目前，利用光稳定性更好的塑料或其他材料替代现有材料是一个正在研究中的问题。然而，这些方法无疑将增加产品的成本。而对于许多正处在用塑料替代传统材料阶段的发展中国家来说，解决这一问题更为重要和迫切。

6. 对对流层大气组成及空气质量的影响

平流层臭氧的变化对对流层的影响是一个十分复杂的科学问题。一般认为平流层臭氧减少的一个直接结果是使到达低层大气的 UV–B 增加。由于 UV–B 的高能量，这一变化将导致对流层的大气化学更加活跃。

首先，在污染地区(如工业区和人口稠密的城市)，UV–B 的增加会促进对流层臭氧和其他相关的氧化剂如过氧化氢(H_2O_2)等的生成，使得一些城市地区的臭氧超标率大大增加。而与这些氧化剂的直接接触会对人体健康、陆生植物和室外材料等产生各种不良影响。在那些较偏远的地区，氮氧化物(NO_x)的浓度较低，臭氧的增加较少，甚至还可能出现臭氧减少的情况。但不论是污染较严重的地区还是清洁地区，H_2O_2 和羟基自由基等氧化剂的浓度都会增加。其中 H_2O_2 浓度的变化可能会对酸沉降的地理分布产生影响，使城市的污染向郊区蔓延,清洁地区的面积越来越少。

其次，对流层中一些控制着大气化学反应活性的重要微量气体的光解速率将提高，其直接的结果是导致大气中重要自由基浓度的增加。羟基自由基浓度的增加意味着整个大气氧化能力的增强。由于羟基自由基浓度的增加会使甲烷和 CFCs 替代物浓度成比例下降,从而对这些温室气体的气候效应产生影响。

此外,对流层反应活性的增加还会导致颗粒物生成的变化。例如,云的凝结核,由来自人为源和天然源的硫(如氧硫化碳和二甲基硫)的氧化和凝聚形成。

第三节 生物多样性锐减

生物多样性保护和生物资源的持续利用已经受到国际社会的极大关注。1992 年 6 月在巴西里约热内卢召开的联合国环境与发展大会通过了《生物多样性公约》。该公约是一项保护地球生物资源的国际性公约,旨在保护濒临灭绝的植物和动物,最大限度地保护地球上多种多样的生物资源,以造福当代和子孙后代。中国和其他 135 个国家和地区在条约上签字。保护生物多样性已成为全球的联合行动,公约于 1993 年 12 月 29 日正式生效。1994 年,中国发布了《中国生物多样性保护行动计划》,确定了中国生物多样性优先保护的生态系统地点和优先保护的物种名录,明确了 7 个领域的目标,提出了 26 项优先行动方案和 18 个需立即实施的优先项目[6]。

通过签订《生物多样性公约》,全球对生物多样性保护和生物资源的持续利用已经基本上达成了共识。这些共识的基本点可以归纳为:

1)人类的一些活动正在导致生物多样性的严重丢失;

2)生物多样性及其组成成分具有多方面的内在价值,如生态、遗传、社会、经济、科学、教育、文化、娱乐和美学价值;

3)生物多样性对保持生物圈的生命支持系统十分重要;

4)保护和持久使用生物多样性对于满足全世界日益增长人口的粮食、健康和其他需求至关重要;

5)确认生物多样性保护是全人类共同关心的事项。

那么,什么是生物多样性?中国和全球的生物多样性现状如何?如何保护生物多样性呢? 这些就成为大家共同关心的问题[7]。

一、生物多样性

生物多样性是指地球上所有生物(动物、植物和微生物)及其所构成的综合体。生物多样性通常包括 3 个层次:生态系统多样性、物种多样性和遗传多样性[1]。

1. 生态系统多样性

生态系统多样性是指生物群落和生境类型的多样性。地球上有海洋、陆地、山川、河流、森林、草原、城市、乡村和农田，在这些不同的环境中，生活着多种多样的生物。实际上，在每一种生存环境中的环境和生物所构成的综合体就是一个生态系统。中国生态系统多样性十分丰富，主要有森林生态系统、草原生态系统、荒漠生态系统、农田生态系统、湿地生态系统和海洋生态系统等。

生态系统的主要功能是物质交换和能量流动，它是维持系统内生物生存与演替的前提条件。保护生态系统多样性就是维持了系统中能量和物质流动的合理过程，保证了物种的正常发育和生存，从而保持了物种在自然条件下的生存能力和种内的遗传变异度。因此，生态系统的多样性是物种多样性和遗传多样性的前提和基础。

2. 物种多样性

物种多样性是指动物、植物、微生物物种的丰富性。物种是组成生物界的基本单位，是自然系统中处于相对稳定的基本组成成分。一个物种是由许许多多种群组成，不同的种群显示了不同的遗传类型和丰富的遗传变异。对于某个地区而言，物种数多，则多样性高，物种数少，则多样性低。自然生态系统中的物种多样性在很大程度上可以反映出生态系统的现状和发展趋势。通常，健康的生态系统往往物种多样性较高，退化的生态系统则物种多样性降低。物种多样性所构成的经济物种是农、林、牧、副、渔各业所经营的主要对象。它为人类生活提供必要的粮食、医药，特别是随着高新技术的发展，许多生物的医用价值将不断被开发和利用。

3. 遗传多样性

遗传多样性是指存在于生物个体内、单个物种以及物种之间的基因多样性。物种的遗传组成决定着它的性状特征，其性状特征的多样性是遗传多样性的外在表现。通常所谓的“一母生九子，九子各异”，指的是同种个体间外部性状的不同，所反映的是内部基因多样性。任何一个特定的个体和物种都保持有大量的遗传类型，可以被看做单独基因库。

基因多样性包括分子水平、细胞水平、器官水平和个体水平上的遗传多样性。其表现形式是在分子、细胞和个体 3 个水平上的性状差异，即遗传变异度。遗传变异度是基因多样性的外在表现。基因多样性是物种对不同环境适应与品种分化的基础。遗传变异越丰富，物种对环境的适应能力越强，分化的品种、亚种也越多。基因多样性是改良生物品质的源泉，具有十分重要的现实意义。

遗传多样性是农、林、牧、副、渔各行业中的种植业和养殖业选育优良品种的物质基础。中国是一个古老的农业大国，栽培作物的基因多样性异常丰富。中国栽培的农作物有 600 余种，其中有 237 种起源于中国。水稻在全国约有 50 000 个品种，小麦约有 30 000 个品种，大豆约有 20 000 个品种。常见蔬菜有 80 余种，共有 20 000 个品种；常见果树有 30 余种，约有 10 000 个以上的品种。

二、生物资源

1. 生物资源及其特性

生物资源是指对人类有直接、间接和潜在用途的生物多样性组分，包括生物的遗传资源、物种资源、生态系统的服务功能资源等。

生物资源属于可更新资源，在一定的环境条件下，具有一定的可更新速率。作为可更新资源，似乎是无限的，永远存在的。然而，在时间、空间范围和环境条件一定的情况下，可更新速率是有限的。因此，生物资源也是有限的。如果过度开发，开发速率超过可更新速率，那么可更新资源就会转变成不可更新资源，造成资源枯竭。

生物资源，尤其是生态系统的服务功能资源，是一种公共资源，具有很强的自然属性，不具有市场贸易属性和交换的经济价值。因此，长期以来，被人们认为是公共的、免费的资源。在人口数量增长、科技发达、对生态环境破坏日益严重的情况下，生物资源的经济价值和对社会经济的约束力日益明显。人们对生物资源的观念开始转变，开始以可持续发展的观念进行生物资源的管理，并在这一过程中，出现生态经济学[1]。

2. 生物资源的价值

人们已经意识到生物多样性及其组成成分的内在价值，包括在生态、社会、经济、科学、教育、文化、娱乐和美学等领域的价值，而且生物多样性对于人类社会经济的发展具有历史的、现实的和未来的价值。下面简要介绍两方面的价值[1]。

(1)生物多样性是人类赖以生存的生命支持系统

地球上的生物多样性以及由此而形成的生物资源构成了人类赖以生存的生命支持系统。人类社会从远古发展至今，无论是狩猎、游牧、农耕，还是集约化经营都建立在生物多样性基础之上。随着社会的进步和经济的发展，人类不仅不能摆脱对生物多样性的依赖，而且在食物、医药等方面更加依赖于生物资源的高层次开发。

在工业化之前，世界人口只有 8.5 亿，而今已经达 67 亿。人口数量增加也依赖于生物多样性资源的开发。例如，在农业上，遗传多样性的价值特别明显，为了稳产、高产，人们培养出大量的作物、蔬菜和果类的优良品种以及家畜、家禽的优良品种。这种增加栽培作物生物多样性的技术，不断地满足着人口数量增大对粮食的需求。生物资源在发展中国家经济中的比重远大于发达国家，生物多样性资源(如传统的中草药、抗生素和近年来的转基因产品等)对人类健康至关重要。世界卫生组织也特别鼓励利用传统药物，发展中国家 80%以上人口(30 亿)的基本健康依赖于传统药物，所使用的中草药涉及 5 100 多个物种。世界上 3 000 多种抗生素都来自于微生物，而且这个数字还在扩大。可以预料，一些疑难病症如艾滋病、癌症的治疗，都寄希望于生物产品。

1973 年人类首次成功地利用基因工程技术，通过基因操作将外源基因转入目标生物体内，提高了目标生物的竞争能力和对环境的适应能力，抑制了有害基因的表达。国内外基因工程的药品和食品已经开始进入市场，显示了诱人的前景。基因多样性的价值受到世界各国的重视。

(2)生态系统提供了极其重要的"生态服务"功能

生态系统的"生态服务"功能指的是生物在生长过程中，以及生态系统在发展变化过程中为人类提供的一种持续、稳定、高效的服务功能。例如，维护自然界的氧－碳平衡，提供氧气，净化环境，提供清洁的空气和饮用水，为人类提供优美的生态环境和休闲娱乐场所，可以涵养水源，防止水土流失，可以降解有毒有害污染物质等。

生态系统的生态服务功能的资源特性长期以来被人们所忽视。然而，生态服务功能的经济价值并不低于生态系统的直接经济价值。随着人类对生态系统破坏范围和强度的增加，生态服务功能本身受到了严重损伤，人们强烈地感受到生态服务功能的存在。当人们恢复生态服务功能，需要投入人力、物力、财力时，才感到生态服务功能是一种资源。

三、生物多样性资源经济价值及其评价

生物多样性具有巨大的社会经济价值，生物多样性经济价值的评估能够为公众提供一个共同的生物多样性的经济价值观及评价尺度。生物多样性的评估是当今世界生态经济学的热点和难点之一，是资源经济学、环境经济学、生态经济学的交叉前沿，涉及基因、物种及生态系统的经济评估，是对传统经济学的挑战。

《中国生物多样性国情研究报告》(1998) 报道了中国陆地生物多样性经济价值的初步评估结果。生物多样性的经济价值主要包括直接使用价值、间接使用价值和潜在使用价值，其社会经济价值巨大。生物多样性的间接使用经济价值远远大于直接经济价值[8]。

1)直接使用价值，包括两个方面：一是直接实物价值，其指实物即生物资源产品或简单加工品所获得的市场价值，包括林业、农业、畜牧业、渔业、医药业、工业(生物原料)产品及加工的市场价值以及人们生计中消耗生物资源的价值，计算出这类直接实物的年净价值为 1.02×10^{12} 元。直接使用价值的另一种形式为非实物价值，主要包括生物多样性在旅游观赏、科学文化和畜力使役等方面的服务价值。这类价值往往缺乏直接的市场定价，而常以替代花费的大小来衡量。计算结果表明，生物多样性非实物价值(直接服务的年价值)为 0.78×10^{12} 元。因此中国生物多样性年直接使用价值总和为 1.80×10^{12} 元。

2)间接使用价值，主要从陆地生态系统的服务功能着手，研究了中国陆地生态系统在有机质的生产、CO_2 固定、O_2 的释放、营养物质的固定与循环、重要污染物降解以及在涵养水源、保护土壤中的生态功能作用，然后再运用市场价值法、替代市场法、防护费用法、恢复费用法等方法评估其经济价值，最后算得中国生物多样性现代年间接使用价值(生态功能价值)为 37.31×10^{12} 元。

3)潜在使用价值，此类价值包括潜在选择价值和潜在保留价值。前者采用保险支付意愿法对中国重要动植物类群和物种进行了专家咨询式保险支付价值评估，得到总值 0.09×10^{12} 元；后者在前者的基础上，采用系数法，对尚未鉴定物种的潜在保留价值进行估计，得出 0.13×10^{12} 元。两者之和约为 0.22×10^{12} 元。

四、生物多样性锐减

（一）全球生物多样性丰度

1. 全球生物圈的物种丰度

经过鉴定，用双命名法命名、记录的生物物种大约有170万种，其中6%的物种生活在寒带或极地地区，59%在温带，在热带生活的物种占35%（表5-1）[1]。然而，至今对全世界的物种，特别是热带物种还不完全了解，如果把尚未了解的物种也估计在内，那么全球的物种丰度至少增加86%，全球物种估计值在500万~1 000万种。

表5-1　三个气候带的物种数量估计

气候带	已鉴定物种数/万种	总物种数量估计值	
		最低/万种	最高/万种
寒带	10	10	10
温带	100	120	130
热带	60	370	860
合计	170	500	1000

热带雨林物种最丰富，昆虫数量最大。无脊椎动物数量是已描述物种的最大成分，昆虫中数量最大、最多的是鞘翅目昆虫（表5-2）[1]。近期的热带森林考察证明，在潮湿的热带森林中尚未鉴定的昆虫和其他无脊椎动物数量十分惊人。

表5-2　各类生物种数量的估计量

种类	已鉴定物种数	物种总数（估计值）
非维管束植物	150 000	200 000
维管束植物	250 000	280 000
无脊椎动物	1 300 000	4 400 000
鱼类	21 000	23 000
两栖类	3 125	3 500
爬行类	5 115	6 000
鸟类	8 715	9 000
哺乳类	4 770	4 300
合计	1 742 000	4 926 000

目前，已有的物种保护方案都集中在大型脊椎动物和特殊的有价值的植物上，而昆虫往往被忽视。然而昆虫及无脊椎动物的物种丰度以及其自己的功能表明它们在生态学上是重要的，其原因是：①昆虫是热带小型肉食性动物的主要食物；②昆虫是种子的捕食者，因而它影响了森林中的物种组成；③昆虫是花粉传递者，常与特异植物有特殊关系；④昆虫对热带生态系统结构与功能有明显的影响。

2. 中国生物多样性丰度

中国国土辽阔，地貌类型丰富，海域宽广，自然条件复杂多样，加之有较古老的地质历史（早在中生代末，大部分地区已抬升为陆地），孕育了极其丰富的植物、动物和微生物物种，极其繁复多彩的生态组合，是全球12个"巨大多样性国家"之一。中国的生物资源无论种类还是数量在世界上都占有相当重要的地位。中国是地球上种子植物区系起源中心之一，承袭了北方第三纪、古地中海和古南大陆的区系成分；动物则汇合了古北界和东洋界的大部分种类。《中国生物多样性国情研究报告》统计结果表明，在植物种类数目上，中国约有30 000种，仅次于马来西亚（约45 000种）和巴西（40 000种），居世界第三位。2013年《中国环境状况公告》表明，中国拥有高等植物34 792种，其中苔藓植物2 572种、蕨类2 273种、裸子植物244种、被子植物29 703种。中国约有脊椎动物7 516种，其中哺乳类562种、鸟类1 269种、爬行类403种、两栖类346种、鱼类4 936种。中国拥有众多有"活化石"之称的珍稀动植物，如大熊猫、白鳍豚、文昌鱼、鹦鹉螺、水杉、银杏、银杉和攀枝花苏铁等。列入国家重点保护野生动物名录的珍稀濒危野生动物共420种，大熊猫、朱鹮、金丝猴、华南虎、扬子鳄等数百种动物为中国所特有[8]。

中国有7 000年以上的农业开垦历史，中国农民开发利用和培育繁育了大量栽培植物和家养动物，其丰富程度在全世界是独一无二的。这些栽培植物和家养动物不仅许多起源于中国，而且中国至今还保有它们的大量野生原型及近缘种。中国共有家养动物品种和类群1 900多个。在中国境内已知的经济树种就有1 000种以上。水稻的地方品种达50 000个，大豆达20 000个。中国的栽培和野生果树种类总数无疑居世界第一位，其中许多主要起源于中国或中国是其分布中心。除种类繁多的苹果、梨、李属外，原产中国的还有柿、猕猴桃，包括甜橙在内的多种柑橘类果树，以及荔枝、龙眼、枇杷、杨梅等。中国有药用植物11 000多种，牧草4 200多种，原产中国的重要观赏花卉2 200多种。各种有经济价值植物的野生原型和近缘种，大多尚无精确统计[8]。

据《中国生物多样性国情研究报告》初步统计表明，中国陆地生态系统类型有森林212类，竹林36类，灌丛113类，草甸77类，沼泽37类，草原55类，荒漠52类，高山冻原、垫状和流石滩植被17类，总共599类。淡水和海洋生态系统类型暂时尚无统计资料[8]。

（二）全球生物多样性锐减

1. 生态系统多样性锐减

生态系统多样性锐减主要是各类生态系统的数量减少、面积缩小和健康状况的下降。在我国主要生态系统表现为森林生态系统、草原生态系统、荒漠生态系统、西藏高原高寒区生态系统、湿地生态系统、内陆水域生态系统、海岸生态系统、海洋生态系统、农业区生态系统和城市生态系统等。各种生态系统均受到不同程度的威胁。

（1）栖息地的改变和生物多样性的丢失[1]

生物生态系统多样性的主要威胁是野生动植物栖息地的改变和丢失，这一过程与人类社会的发展密切相关。在整个人类的历史进程中,栖息地的改变经历了不同的速率和不同的空间尺度。在中国、中东、欧洲和中美洲,栖息地的改变大约经历了1万年,改变过程较慢。在北美洲,栖息地的改变较为迅速,从东到西横跨整个大陆的广大地区,栖息地的改变只经历400余年。严格地说,热带栖息地的改变主要发生在20世纪后半叶。目前,热带森林、温带森林和大平原以及沿海湿地正在大规模地转变成农业用地、私人住宅、大型商场和城市。

栖息地的改变与丢失意味着生态系统多样性、物种多样性和遗传多样性的同时丢失。例如,热带雨林生活着上百万种尚未记录的热带无脊椎动物物种,由于这些生物类群中的大多数具有很强的地方性,随着热带雨林的砍伐和转化为农业用地,很多物种可能随之灭绝。又例如,大熊猫从中更新世到晚更新世的长达70万年的时间内曾广泛分布于我国珠江流域、华中长江流域及华北黄河流域。由于人类的农业开发、森林砍伐和狩猎等活动的规模和强度的不断加大,大熊猫的栖息地现在只局限在几个分散、孤立的区域。栖息地的碎裂化直接影响到大熊猫的生存。据中国林业部与世界野生动物基金会在1985~1988年的联合调查,大熊猫的栖息地不断缩小,与20世纪70年代相比,大熊猫分布区由45个县减少到34个县,栖息地的面积减少了1.1万km^2,且分布不连续。栖息地的分离、破碎,将大熊猫分割成24个亚群体,造成近亲繁殖,致使遗传狭窄,种群面临直接威胁。

(2)中国生态系统受到的威胁

下面简述我国森林生态系统、荒漠生态系统和湿地生态系统多样性锐减的状况[1]。

1)森林生态系统受到的威胁。中国现有原生性森林已不多,主要集中在东北和西南的天然林区。针叶林面积约占一半,阔叶林占47%,针阔混交林占3%。据2013年《中国环境状况公告》统计[9],根据第八次全国森林资源清查(2009~2013年)结果,全国森林面积2.08亿hm^2,森林覆盖率21.63%,活立木总蓄积164.33亿m^3,森林蓄积151.37亿m^3。森林面积列世界第5位,森林蓄积列世界第6位,人工林面积居世界首位。与第七次全国森林资源清查(2004~2008年)相比,森林面积增加1 223万hm^2,森林覆盖率增长1.27个百分点,活立木总蓄积和森林蓄积分别净增15.20亿m^3和14.16亿m^3。近年来,我国的森林覆盖率呈增长趋势,但主要是人工林在增长,而作为生物多样性资源宝库的天然林仍在减少,并且残存的天然林也处于退化状态。中国公布的第一批珍稀濒危植物有388种,绝大多数属于森林野生种,它们的分布区在萎缩,种群数量在下降。

森林生态系统受到威胁的主要原因是森林采伐量一直大于生长量,而且呈增长和居高不下的趋势。森林过度砍伐对生物多样性的威胁:一是减少了森林群落类型;二是由于森林生境的破坏引起动植物种类的消失和被迫迁移。人工林产业的发展是以破坏蕴藏着丰富多样性资源的天然林为代价,大规模地营造品种单一的人工林。随着人工林面积的增加,森林病虫害(松材线虫病、美国白蛾等)将进入高发期。

战争造成森林和生物多样性资源的大量消亡。1840~1949年,战争和对中国林木资源的掠夺使中国的天然林锐减。当时中国近80%的原始森林被破坏和消失。抗日战争时期,森林资源遭受严重破坏,仅东北森林就损失642亿m^3,占全国损失森林蓄积量的10%以上。

2)荒漠生态系统受到的威胁。中国西北的荒漠生态系统的类型多样,并不像人们想象得那么单调。据初步统计,沙质荒漠有 8 个生态系统,砾质 – 沙质荒漠有 13 个,石质 – 碎石质荒漠有 10 个,黏土荒漠(盐漠)有 7 个,此外在荒漠河岸及其他隐域生境还有 9 个生态系统。在广大的荒漠地区生活着许多特有的动植物物种和特有的生物资源。尽管在一般人心目中,荒漠地广人稀,受人为活动影响较小,然而那里的许多环境已经受到破坏,生物多样性在急剧缩小。例如,由于破坏性的采掘,使珍贵药材甘草、麻黄、锁阳遭到破坏,野生资源急剧减少。由于过度捕猎和栖息地的改变,原产准噶尔盆地的高鼻羚羊从 20 世纪 50 年代起就再也见不到了。新疆虎是亚洲虎的一个独特亚种,仅分布在塔里木河下游的罗布泊一带,由于猎杀和栖息地的改变,早在 20 世纪初就已经灭绝了。

3)湿地生态系统受到的威胁。湿地集土地资源、生物资源、水资源、矿产资源和旅游资源于一体。在长期的人类活动影响下,湿地被不断地围垦、污染和淤积,面积日益缩小,物种减少,已经遭到不同程度的破坏。农业围垦和城市开发是中国湿地破坏的主要原因。珠江三角洲、长江中下游平原的湿地,自古以来被开垦种植水稻,三江平原湿地是目前农垦对象。据初步统计,近 40 余年来,中国沿海地区累计围垦滩涂面积达 100 万 hm^2,相当于沿海湿地的 50%。围海造地工程使中国沿海湿地每年以 2 万 hm^2 的速度在减少。另据统计,1950~1980 年,中国天然湖泊数量从 2 800 个减少到 2 350 个,湖泊总面积减少了 11%。有的城市周围的湖泊由于严重的污染和富营养化,实际上或者几乎丧失了生态系统的正常功能。

2. 物种多样性锐减

自从大约 38 亿年前地球上出现生命以来,就不断地有物种的产生和灭绝。物种的灭绝有自然灭绝和人为灭绝两种过程。物种的自然灭绝是一个按地质年代计算的缓慢过程,而物种的人为灭绝是伴随着人类的大规模开发产生的,自古有之,只不过当今人类活动的干扰大大加快了物种灭绝的速度和规模。有记录的人为灭绝的物种多集中于个体较大的有经济价值的物种,本来这些物种是潜在的可更新资源,但由于人类过度猎杀、捕获,导致了许多物种的灭绝和资源丧失。世界各国已经注意到,生物多样性的大量丢失和有限生物资源的破坏已经和正在直接或间接地抑制经济的发展和社会的进步。

物种多样性的丢失涉及物种灭绝和物种消失两个概念。物种灭绝是指某一个物种在整个地球上丢失;物种消失是一个物种在其大部分分布区内丢失,但在个别分布区内仍有存活。物种消失可以恢复,但物种灭绝是不能恢复的,造成全球生物多样性的下降。

(1)物种灭绝的自然过程

化石记录充满着已灭绝生物的证据。地质记载可以很好地证实:恐龙曾经在地球上出现过,但是经过一定时间后消失了。在爬行类动物中,已识别的 12 个目中,现在尚存的只有 3 个目,其他的 9 个目只是化石种类了。

生物物种自然灭绝的原因可能是:①生物之间的竞争、疾病、捕食等长期变化;②随机的灾难性环境事件。地球大约经历了 46 亿年的发展过程,在过去的地质年代中,曾发生过许多灾难性事件,以物种丢失速率为特征,已经认定,约有 9 次灾难性的物种大灭绝事件。例如，大陆的沉降、漂移、冰河期、大洪水等使生活在地球上的人类和生物遭受毁灭性打击。在2.5亿年前，出现了一次规模和强度最大的物种灭绝，估计当时海洋中95%的物种都灭绝了。在6 500万年前的白垩纪末期，很多爬行类动物，如恐龙、翼手龙等灭绝了。与此同时，约有76%的植物物种和无脊椎动物物种也灭绝了。

(2)物种灭绝的人为过程

物种的人为灭绝自古有之。大约在更新世后期，世界各地同时发生了大型动物灭绝事件。这些大规模的灭绝事件，多数与大规模殖民化相关联。这些土地原先是没有人居住的，野生动物自由的生活。殖民化后，人口数量的增加，过度狩猎，超过了野生动物的繁殖速率，野生动物经不起人类突然的捕杀和栖息地的变化，导致许多大型动物的灭绝。由在南加利福尼亚发现的化石研究表明，在北美被殖民化后的不长一段时间里，发生了包含57种大型哺乳动物和几种大型鸟类的灭绝：其中包括10种野马，4种骆驼家族里的骆驼，2种野牛，1种原生奶牛，4种象以及羚羊、大型的地面树懒、美洲虎、美洲狮和体重可达25kg重的以腐肉为食的猛禽等。如今，这些大型动物尚存的唯一代表是严重濒危的加利福尼亚神鹰。

再如，大约1 000年前，在波利尼西亚人统治新西兰的200年间，新西兰出现物种灭绝浪潮，它卷走了30种大型的鸟类，包括3m高、250kg重的大恐鸟，不会飞的鹅，不会飞的大鹈鹕和一种鹰；同时还有一些大个体的蜥蜴和青蛙、毛海豹等。

上述例子表明：①可更新的生物资源由于人类的不可持续利用，转化为不可更新资源，结果是以物种资源的灭绝而告终。②物种的人为灭绝并不是现代才有的现象，自古有之。假如史前的土著人能给那些可食的经济物种一些适宜的生存机会的话，情况会是另一种局面。

在近几个世纪，由于工业技术的广泛应用，人类对自然开发规模和强度增加，人为物种灭绝的速率和受灭绝威胁的物种数量大大增加。已知在过去的4个世纪中，人类活动已经引起全球700多个物种的灭绝，其中包括大约100种哺乳动物和160种鸟类。

此外，还有相当数量的植物种类和动物种类正面临着即将到来的灭绝，其数量之大是令人悲伤和遗憾的。中国国家重点保护野生动物名录中受保护的濒危野生动物已经400多种，植物红皮书中记载的濒危植物高达1 019种。实际上还有许多保护名录之外的生物物种很可能在未被人们认识之前就已经灭绝了。

由于人为活动，直接或间接地引起很多物种濒临灭绝的边缘。引起物种灭绝或濒危的最重要的人为影响有：①栖息地的破坏和变化；②过度狩猎和砍伐；③捕食者、竞争者和疾病的引入所产生的效应。这些压力导致产生了一些小而分散的种群，这些种群易遭受近亲繁殖和种群数量不稳定的有害影响，导致种群数量减少，最终消失或灭绝。

第四节 海洋污染

海洋环境所面临的最重大的问题是海洋污染。目前局部海域的石油污染、赤潮、海面漂浮垃圾等现象非常严重,并有扩展到全球海洋的趋势,其中较引人注目的是海洋石油污染,其来自几个方面。

1)陆地上的各种内燃机和车辆。它们排放的含油废气经由大气最终沉降入海,估计全世界仅汽车排出的废气每年就将 180 万 t 石油带入海中。

2)港口、码头石油和石油产品的泄漏。沿海城市的工厂,尤其是炼油厂,也将大量石油带入海中。近年来,储油设施有所发展,目前有的国家已建成高 60m、直径 82m、储油能力达 7 万 t 的海底油库。一旦发生事故,将给海洋带来灾难性的污染。

3)海上石油勘探、开采。全球石油最终储量约 2 954 亿 t,其中约有 1/3 在海底。世界上有 70 多个国家在海上进行石油勘探,其中约 23 个国家开采海上油田。海上的钻井、试油、井喷、事故性漏油都会造成污染。

4)海上石油运输。现在世界每年石油产量约 30 亿 t,其中约 5 亿 t 来自海底油田,约 10 亿 t 从产地到消费地是通过海上运输,并且运输量以每年 4%的速度增长。目前,世界上共有油轮 4 000 多艘,其中 20 万 t 级以上的超级油轮约 700 艘。油轮在营运期间会排放出废油和舱底油污水、油泥、燃油舱的压舱水、油船的货油舱压舱水及洗舱水,输油管及连接部位也会漏油。据估计,每年因人类活动进入海洋的石油约达 1 000 万 t。

在黑海,由于有 5 万多艘海轮航行,每年因事故在海上泄漏的石油达到 11 万 t,一些海域甚至漂浮着成片的油污,并形成油膜,对黑海环境造成很大的威胁。由于注入黑海的淡水较少,有专家警告,如再不采取措施控制污染,几十年后这里将可能变成死海。

海洋石油污染中危害最重的是溢油污染。溢油量有时可达几十万吨,大量的石油瞬间溢散入海洋,危害严重。溢油主要来自船舶作业和船舶事故以及石油平台、储油和输油设施的偶发性事故。油船事故溢油每年约 40 万 t,占入海石油总量的 10%~15%。其中约 75%的事故发生于港口船舶正常作业,如装卸油。但这类事故溢油量较小,其中 92%以上小于 7t,每年的总溢出量不到 2 万 t。而油轮碰撞与搁浅事故所造成的溢油,其中约有 1/4 都在 700t 以上。

目前,海洋石油污染最多的来源是油船海难事件。船舶,主要是油轮在航行途中因触礁、碰撞、搁浅和失火等意外情况而遇难,所载石油全部或一部分流入海洋。在一般情况下,一旦油船沉入海中,油舱或油槽里的油料便通过甲板上的漏洞或裂缝源源不断地流出。第二次世界大战末期,美国海岸警备队查明有 61 艘油船,总载油量 84 万 t 沉没在美国大西洋和太平洋沿岸,并不断冒出油来。另外,船舶沉没后,即使当时船舶油槽中的油品没有泄漏,但在甲板被海水腐蚀穿孔之后仍然会泄漏出来。如 1940 年 4 月,一艘德国巡洋舰在挪威奥斯陆峡湾沉没,到 1969 年才开始漏出油来。

1978 年 3 月 16 日,“Amoco Cadiz”油轮由于操纵装置失灵,在距布列塔尼半岛 3 英里处的 Portsall 暗礁上搁浅。当时该船正由阿拉伯海湾开往法国,载有 1 619 048 桶原油泄漏入海,形成了长 80 英里、宽 18 英里的浮油带,污染了约 200 英里的布列塔尼(半岛)海岸线,还污染了法国布里多尼地区 76 个社区的海滩。溢油发生后的前两个周,成千上万的软体动物、海胆和其他海床生物体被推到岸上。大多数动物是在溢油发生后的两个月内死亡的，大约 9 000t 牡蛎死亡，回收的 20 000 只死鸟中大多数为潜水鸟。当地渔民捕捞上来的鱼虾都有溃疡面和瘤，有些鱼油味很浓。尽管棘皮类动物和甲壳类种群几乎全部消失，但许多其他物种在一年内得以恢复。“Amoco Cadiz”溢油事故是法国第一起造成河口水域污染的溢油事故，也是历史上人们研究最多的一起事故，而且许多研究项目至今仍在进行当中。

2010 年 4 月 20 日，英国石油公司在墨西哥湾租用的一个名为“深水地平线”（Deepwater Horizon）的钻井平台突然在美国路易斯安那州威尼斯东南约 82km 的海域处爆炸。爆炸持续了 36 个小时，之后整个钻井平台沉入了海底，很快时间内，不断有原油浮现在海面上，墨西哥湾上先是出现了一条条的油黄色飘带，此后拍摄的航空图片又能看到一个长宽各达 183km、67km 的大型污染区，而且该污染区还不断伸向墨西哥湾的岸边，被污染的海域面积也随之扩大。两天之后，这座石油钻井平台沉入墨西哥湾，对墨西哥湾沿岸脆弱的生态环境造成巨大威胁。据路易斯安那州野生动物和渔业部称，浮油威胁到约 445 种鱼类、134 种鸟类和 45 种哺乳动物以及 32 种爬行和两栖动物。其中身为路易斯安那州州鸟的褐鹈鹕的安危最受关注，这种优美的大鸟在海岸附近的岛屿上产卵，可能会捕食体内含有石油的小鱼。

2010 年 7 月 16 日，位于辽宁省大连市保税区的中石油国际储运有限公司原油库输油管道发生爆炸，引发大火并造成大量原油泄漏，部分泄漏原油流入附近海域造成污染。在爆炸起火现场部分泄漏原油随消防水经雨排系统通过泄洪沟排海口进入港池，海面上燃烧的原油烧毁了港池内设置的四道围油栏后扩散至港池外部海域，造成海洋污染。事故对周边 7 个海水浴场、2 个海水养殖区和 3 个海洋保护区环境造成不同程度污染，未对渤海及其公海造成影响。

海洋石油污染给海洋带来一系列有害影响。

1）对环境的污染：据实测，每滴石油在水面上能够形成 0.25m^2 的油膜，每吨石油可能覆盖 $5\times10^6m^2$ 的水面。油膜使大气与水面隔绝，减少进入海水的氧的数量，从而降低海洋的自净能力，影响海面对电磁辐射的吸收、传递和反射；两极地区海域冰面上的油膜，能增加对太阳能的吸收而加速冰层的融化，使海平面上升，并影响全球气候；海面及海水中的石油烃能溶解部分卤代烃等污染物，降低界面间的物质迁移转化率；破坏海滨风景区和海滨浴场。

2）对生物的危害：①油膜使透入海水的太阳辐射减弱，使海洋藻类光合作用急剧降低，其结果一方面使海洋产氧量减少，另一方面藻类生长阻滞也影响其他海洋生物的生长与繁殖，对整个海洋生态系统产生影响；②污染海兽的皮毛和海鸟的羽毛，溶解其中的油脂，使它们丧失保温、游泳或飞行的能力；③海面浮油浓集了分散于海水中的氯烃，如 DDT、狄氏剂、毒杀芬等农药和聚氯联苯等，浮油可从海水中把这些毒物浓集到表层，对浮游生物、甲壳类动物和晚上浮上海面的鱼苗产生有害影响，或直接触杀，或影响其生理、繁殖与行为；④使受污染海域个别生物种的丰度和分布发生变化，从而改变生物群落的种类组成；⑤高浓度石油会降低微型藻类的固氮能力，阻碍其生长甚至导致其死亡；

⑥沉降于潮间带和浅海海底的石油，使一些动物幼虫、海藻孢子失去适宜的固着基质或降低固着能力；⑦海面浮油使食物链被包括致癌物质在内的毒物污染，据分析，污染海域鱼、虾及海参体内苯并芘（致癌物）浓度明显增高。

由氮、磷等营养物聚集在浅海或半封闭的海域中，可促使浮游生物过量繁殖，发生赤潮现象。赤潮的危害主要表现在：赤潮生物可分泌黏液，黏附在鱼类等海洋动物的鱼鳃上，妨碍其呼吸，导致鱼类窒息死亡；赤潮生物可分泌毒素，使生物中毒或通过食物链引起人类中毒；赤潮生物死亡后，其残骸被需氧微生物分解，消耗水中溶解氧，造成缺氧环境，厌氧气体的形成，引起鱼、虾、贝类死亡；赤潮生物吸收阳光，遮盖海面，使水下生物得不到阳光而影响其生存和繁殖；引起海洋生态系统结构变化，造成食物链局部中断，破坏海洋的正常生产过程。海水中的重金属、石油、有毒有机物不仅危害海洋生物，还能通过食物链危害人体健康，破坏海洋旅游资源[1,3]。

第五节　持久性有机污染物

20 世纪 30 年代以来，化学品被人类社会大量开发和广泛使用。目前，全世界市场现有化学品达 100 000 种，每年约有 1 500 种新化学品投入市场。化学品的大量生产和广泛使用为现代社会带来了广泛福利，却同时也引起了日益广泛的化学品环境问题。20 世纪 60~70 年代开始，科学家们在包括极地在内的全球环境介质中普遍监测到了滴滴涕（DDT）、多氯联苯（PCBs）等具有环境持久性、生物累积性和远距离迁移性的有毒有机化学品污染，并陆续发现了此类化学品对野生动物和人体健康造成的潜在毒害影响。1962 年，蕾切尔·卡逊（Rachel Karson）出版了影响世界环境保护运动的《寂静的春天》（*Silent Spring*）一书[10]，主要描述和揭示了由 DDT 等有机氯农药所引发的生态危机。随后，越来越多的科学证实表明，主要由人类开发合成以及工业活动过程产生的众多此类被称为“持久性有机污染物”或“POPs”的有毒化学物质污染已遍及地球的各个角落，正日益严峻地威胁着人类的生命和健康安全以及全球生态环境，逐渐成为世界各国普遍关注的重大全球性环境问题之一。2001 年 5 月，国际社会在瑞典斯德哥尔摩共同签署了《关于持久性有机污染物的斯德哥尔摩公约》，启动了针对此类有毒化学物质的全球统一控制行动，成为继气候变化公约、臭氧层保护公约之后，又一项具有规定减排义务及严格国际法律约束力的重要全球环境公约。

一、持久性有机污染物的概念及特性

持久性有机污染物（persistent organic pollutants，POPs），是指具有环境持久性、生物累积性、远距离环境迁移性，并可对人体健康和生态环境产生危害影响的一类有机污染物[1,11,12]。

POPs 具有如下四方面特性：

1）环境持久性，指因分子结构稳定，在环境中难以自然降解，半衰期较长，一般在水体中半衰期大于 2 个月,或在土壤中半衰期大于 6 个月,或在沉积物中的半衰期大于 6 个月。

2)生物累积性,指因其具有有机污染(通常特有脂溶性),可经环境介质进入并蓄积于生命有机体内,并可通过食物链的传递和富集,从而可在处于较高营养级的生物体或人体内累积到较高浓度。

3)远距离环境迁移性,指因其具有半挥发性及环境持久性,可以通过大气、河流、海洋等环境介质或迁徙动物,从排放源局地远距离扩散、迁移到其他地区。一般其在大气中的半衰期大于 2 天或其蒸气压小于 1 000Pa。

4)环境和健康不利影响性,指对生态系统及人体健康可能产生的各种不利影响,包括人体健康毒性或生态毒性。鉴于 POPs 的持久性和生物累积性,环境中较低浓度的 POPs 可以经过长期的暴露接触,逐渐对人体和生物体构成健康及生命危害。

二、持久性有机污染物的种类及来源

按照产生的过程或来源,POPs 可分为有意生产和无意生产这两类。前者是指人类社会有益开发、生产的具有某种应用价值的人工合成化学品,如 DDT、PCBs 等农业、工业用途化学品;后者是指在化工生产或废物焚烧等人类经济活动过程无意产生和排放、没有任何经济价值的副产物或污染物,如二噁英。

表 5-3 给出了斯德哥尔摩公约首批确认的 12 种 POPs 及现已初步确认的 11 种候补 POPs 类化学品,共 23 种。预计未来将有越来越多的 POPs 被确认并加入到公约受控清单中[1]。

表 5-3 斯德哥尔摩公约现已确定的 POPs 清单

类别	公约首批确认受控的 POPs(2001)		公约初步确认候补增列的 POPs(截至 2008)	
	中文名称	英文名称	中文名称	英文名称
农药	滴滴涕	DDT	林丹(γ 体六六六)	γ-Hexachloro-cyclohexane (γ-HCH)
	艾氏剂	Aldrin	开蓬(十氯酮)	Chlordecone
	氯丹	Chlordane	α 体六六六	α-Hexachloro-cyclohexane (α-HCH)
	狄氏剂	Dieldrin	β 体六六六	β-Hexachloro-cyclohexane (β-HCH)
	异狄氏剂	Endrin	硫丹	Endosulfan
	七氯	Heptachlor		
	灭蚁灵	Mirex		
	毒杀芬	Toxaphene		
	六氯代苯	Hexachlorobenzene (HCB)		

续表

类别	公约首批确认受控的 POPs(2001)		公约初步确认候补增列的 POPs(截至 2008)	
	中文名称	英文名称	中文名称	英文名称
工业化学品	多氯联苯	Polychlorinated biphenyls (PCBs)		
	六氯苯	Hexachlorobenzene (HCB)	六溴联苯	Hexabromo Biphenyl
			五溴代二苯醚	Pentabromodiphenyl Ether (PeBDE)
			全氟辛烷磺酸类化合物	Perfluorooctane Sulphonate (PFOS)
			短链氯化石蜡	Short-chain Chlorinated Paraffins
			八溴二苯醚(商用混合物)	Commercial Octabromodiphenyl Ether
			五氯苯	Pentachlorobenzene
无意产生的副产物或污染物	多氯代二苯并对二英	Polychlorinated dibenzo-p-dioxin (PCDDs)	五氯苯	Pentachlorobenzene
	多氯代二苯并-呋喃	Polychlorinated dibenzofurans (PCDFs)		
	六氯苯	HCB		
	多氯联苯	PCBs		

目前确认的 POPs 主要是人工制造有意生产的,可分为农业化学品(杀虫剂)和工业化学品。前者包括 DDT 等多种有机氯杀虫剂,后者包括 PCBs 等多种在电力、建材、涂料、电子、机械和纺织等众多工业领域应用的人工合成化学品,其中多种可能存在于现代社会的各种日用消费品中。这些在现代社会中通常大量生产和广泛使用的 POPs 类工业化学品,可以通过化学品及其应用产品的贸易而广泛传输,并可能在其生产、流通、使用和废弃的产品生命周期过程中,尤其是使用和废弃环节,释放入环境。因此,在人类社会中,各种有意生产 POPs 类对人体及生态环境所构成的危害风险是显而易见的。人类社会必须对上述 POPs 类有害化学品的开发、生产和使用行为实施严格约束,包括采取禁止、淘汰或限制措施,以消除在化学品的福利性开发和应用过程中可能造成的环境与健康的不利影响。

无意产生 POPs 的来源十分广泛，来自各种包含有机成分的燃烧过程以及化工生产过程。二噁英是无意产生的 POPs 的典型代表,其主要来源包括:①废物焚烧,包括城市生活垃圾、危险废物、污水处理、污泥废物的焚烧处理过程;②钢铁工业,主要包括铁矿石烧结和钢铁冶炼过程;③有色金属再生加工工业,主要包括铜、锌、铝等有色金属的再生加工中的热处理过程;④造纸工业,是指使用元素氯实施漂白纸浆的生产过程;⑤化学工业,如氯酚、氯醌、氯碱及其他多种有机氯化工生产过程。

三、持久性有机污染物的污染及危害

POPs的持久性、累积性和远距离迁移特性,局部的POPs污染排放可能扩散到全球,并威胁到世界各地的野生动物及人体健康,这使POPs成为当今世界普遍关注的全球性环境问题。

由于POPs的半挥发性,其在温度较高的地区或时期会挥发进入大气当中,然后会随着气温的降低而冷凝沉降到地表,这使得POPs在气温较高的低纬度地区的挥发量大于沉降量,在气温较低的高纬度地区则沉降量大于挥发量。因此,低纬度地区排放的POPs会随着大气流动流向并沉降于中高纬度地区,并最终在气温很低的地区累积,这一过程被称为“全球蒸馏效应”(global distillation),这也是人们在极地地区或北半球高山地区往往监测到较高浓度POPs的原因。POPs的这种从低纬度地区的排放,并伴随中纬度地区气温的冷、暖季节变化而挥发和沉降,通过全球蒸馏效应逐渐累积到极地地区的现象,也被称为“蚱蜢跳”现象。继20世纪60年代开始普遍监测到DDT和PCBs等POPs之后,科学家们在北极生态系统内陆续监测到了全氟辛烷磺酸类化合物、多溴代二苯醚、短链氯化石蜡和硫丹等多种人工合成的POPs类化学品的污染。生活在北极地区的加拿大因纽特人及格陵兰岛居民,其体内脂肪和母乳中通常可以检测到较高浓度的POPs。

通常低浓度长期存在于环境中的POPs对生物体的毒害作用是潜在的、慢性的和多方面的。现有科学研究表明,POPs可能对野生动物和人体产生免疫机能障碍、内分泌干扰、生殖及发育不良、致癌和神经行为失常等毒害作用。研究表明,POPs可以抑制免疫系统机能,包括抑制巨噬细胞等具有自然免疫杀伤细胞的增殖及活性,导致机体因免疫力降低而容易感染传染疾病,这被认为是导致在地中海和波罗的海海域海豚、海豹等野生动物出现大量相继死亡现象的原因。目前,绝大多数POPs都被证实具有内分泌干扰作用,在自然界中不断出现的野生动物的“雌性化”、性别发育过程延缓及繁殖能力降低的现象,以及近半个世纪以来人类男性精子数量下降和女性乳腺癌发病率上升,都被认为与POPs的污染有关。POPs对生殖及发育的毒害影响,广泛见于鸟类产蛋力下降、蛋壳变薄、胚胎发育滞缓或畸形等研究报道。多种POPs被认为是可疑的致癌物质,其中,PCBs被证实可促进癌症的发生,二噁英则是公认的强致癌物质。

阅读材料:物种多样性丢失实例

1. 渡渡鸟

渡渡鸟是第一个有记载的、由于人类的过度捕杀而造成的动物灭绝的实例。渡渡鸟属于鸽形目鸽形科,像火鸡一样,体形较大,性迟钝,不会飞。渡渡鸟原产于印度洋马达加斯加东部的毛里求斯岛上。1507年葡萄牙人发现这个小岛,1598年小岛又被荷兰人所统治。殖民者把捕猎渡渡鸟当作一种游戏,采集它们的蛋;为了开垦农场,先用火烧渡渡鸟的栖息地,然后放出野猫、野猪和猴子等动物捕食渡渡鸟,结果造成渡渡鸟数量的迅速减少。1681年，渡渡鸟灭绝。

2. 大海雀鸟

大海雀鸟在北大西洋分布很广。纽芬兰东部的Funk岛是大海雀鸟的最大繁殖栖息地。数百年来，大海雀鸟被纽芬兰岛上的土著居民和欧洲渔民作为鲜肉、蛋、油的来源。18世纪中期，当人们发现大海雀的羽毛可以用于填充床垫而变成一种价值很高的商品时，便开始系统而又无情地捕杀。18世纪末，对大海雀鸟的屠杀极其严重，人们几乎整个夏天都在猎杀海鸟，以求获得羽毛。人类的贪婪给大海雀鸟带来的是种族的迅速灭绝。

3. 北美旅鸽

旅鸽从整个美洲大陆的灭绝是一个非常典型的例子。300年前，旅鸽可能是世界陆地上个体数量最多的鸟，有30亿~50亿只，占北美鸟个体总数的1/4。旅鸽大群的迁徙时，密度之大足以遮天蔽日，长达数小时。1810年美国自然主义者亚历山大·威尔逊观察到，迁徙的旅鸽群长144km、宽0.6km，估计有20亿只。旅鸽的繁殖地区在美国东北部和加拿大东南部的橡树、山毛榉、栗树的森林中。由于旅鸽数量惊人，肉质味美、高密度的聚群迁徙、越冬繁殖等特性，使得它们容易被大量捕杀，所以就成为商业猎手的猎获对象。据估计，1861年密歇根州即打死了约10亿只旅鸽。这种高强度捕杀以及所伴随的繁殖栖息地的破坏，两者共同夹击，导致旅鸽数量急剧下降。在1894年，观察到最后筑巢的旅鸽。1914年辛辛那提公园，最后一只旅鸽孤独地死去。就这样，在几十年的时间里，世界上数量最大的鸟种灭绝了。

4. 新疆虎

新疆虎是西亚虎的一个分支，个头仅次于西伯利亚虎(350kg)和孟加拉虎(260kg)，属第三大虎，体长一般在1.6~2.5m，尾长约0.8m，一般重200~250kg，主要分布在中国新疆中部，由库尔勒沿孔雀河至罗布泊一带。人类最后一次发现新疆虎是在1916年，在这以后的数十年间，科学工作者曾多次寻找过它们的踪迹，但始终再也没发现过。可以说新疆虎主要是在人类破坏自然环境之后结束它们最终的生命历程的，主要是自然环境恶化的结果。

5. 台湾云豹

台湾云豹，属于台湾特有亚种的猫科动物，也是台湾岛上最大型的野生动物之一。云豹全身淡灰褐色，身体两侧约有6个云状的暗色斑纹，这也是它之所以叫云豹的原因。而身体两侧的深色的云纹正是很好的伪装，因此，它们在丛林里生活，很不容易被人发现。1972年，由于人类的过度捕杀与栖息地被破坏，台湾云豹再未见踪迹。2013年4月，台湾学者宣布，台湾云豹已经灭绝。

6. 中国犀牛

中国犀牛是人们对生活在我国的亚洲犀牛(印度犀、苏门犀、爪哇犀)的统称，它们在中国生存了几千年，曾经广泛分布于大半个中国，自从远古时期便和人们一起生活在一起。中国犀牛一般体长在2.1~2.8m，高1.1~1.5m，重1t。中国犀牛是一种最原始的犀牛，雄性鼻子前端的角又粗又短，而且十分坚硬，所以人们又称之为“大独角犀牛”。由于人类的活动和过度开发，使得它们的栖息地逐年减少；再加上它们头部的犀角的经济和药用价值极高,使它们从远古时代便受到人类的大肆猎杀,且被捕杀数量离近代越近越多,就这样它们终于在20世纪初在中国几乎踪迹全无，并于1949年新中国成立后在中国彻底消失。

7. 南非斑驴

斑驴,又叫半身斑马,普通斑马的亚种,是非洲南部的一种动物。斑驴一般体长2.7m,尾巴近1m,重约410kg,四蹄健硕,奔走速度很快,每小时可达70km,有“草原骑士”之称。斑驴由于肉鲜美且出肉量高,因此一直是非洲人主要猎食的对象,但原始的狩猎方法并没有给斑驴群体以致命打击。直到19世纪,欧洲移民大量涌入非洲,他们采用套索、火器等装备进行疯狂的猎捕,还大肆劫掠、贮藏、盗运斑驴的皮。当时欧洲人看到如此美丽的动物都倍感兴趣,一时间斑驴标本价格昂贵,这更促使了这些贪婪的欧洲人对斑驴大开杀戒。到了19世纪中期,非洲南部已经很少再能见到斑驴了,19世纪后期斑驴灭绝。

8. 澳洲袋狼

袋狼是一种起源于澳大利亚塔斯马尼亚岛和巴布亚新几内亚的肉食性有袋动物,体形如犬,成年袋狼身长可达1.5~1.8m,奔跑起来像狼,和袋鼠一样有个育儿袋。在2 000年至200年前的某个时候,袋狼逐渐在澳州大陆消失了身影,只在塔斯马尼亚岛偶尔还能发现它们的踪迹。19世纪初,当地农夫以袋狼捕食他们饲养的羊为由开始捕杀,直接导致袋狼灭绝。20世纪初,人们开始保护袋狼,到1986年,这一物种被正式宣布灭绝了。袋狼是一种在大自然中已经进化了5 000多万年的物种,对科学研究具有重要意义。

参考文献

[1] 钱易,唐孝炎.环境保护与可持续发展(第二版).北京:高等教育出版社,2010.
[2] 陈刚.京都议定书与国际气候合作.北京:新华出版社,2008.
[3] 马光,等.环境与可持续发展导论.北京:科学出版社,2006.
[4] 郭远珍,彭密军.臭氧与生态环境.北京:化学工业出版社,2013.
[5] 环境保护部环境保护对外合作中心.中国履行《关于消耗臭氧层物质的蒙特利尔议定书》.北京:中国环境科学出版社,2012.
[6] 中华人民共和国环境保护部.中国生物多样性保护战略与行动计划.北京:中国环境科学出版社,2011.
[7] 中华人民共和国环境保护部.中国履行《生物多样性公约》第五次国家报告.北京:中国环境科学出版社,2014.
[8] 中国生物多样性国情研究报告编写组.中国生物多样性国情研究报告.北京:中国环境科学出版社,1998.
[9] 中华人民共和国环境保护部.中国环境状况公报2013.2014.
[10] Rachel Carson.寂静的春天.吕瑞兰,李长生译.上海:上海译文出版社,2011.
[11] 环境保护部宣传教育中心,环境保护部环境保护对外合作中心,中国环境管理干部学院.持久性有机污染物及其防治.北京:中国环境科学出版社,2014.
[12] 环境保护部国际合作司.控制和减少持久性有机污染物——《斯德哥尔摩公约》谈判履约十二年(1998~2010).北京:中国环境科学出版社,2010.

第六章　可持续发展的由来与基本理论

工业革命以来,特别是20世纪中叶开始显现的资源、生态与环境问题,使地球和人类遭受了极大的伤害及威胁,人们开始进行了严肃的思考。大批有识之士在长达数十年的研究、矛盾甚至争论后,终于觉悟到问题出在错误的经济发展模式上,可持续发展的全新概念被提到了人类发展的过程中来。

第一节　可持续发展的由来

发展是人类社会不断进步的永恒主题。人类在经历了对自然顶礼膜拜、唯唯诺诺的漫长历史阶段之后,通过工业革命,铸就了驾驭和征服自然的现代科学技术之剑,从而一跃成为大自然的主宰。可就在人类为科学技术和经济发展的累累硕果沾沾自喜之时,却不知不觉地步入了自身挖掘的陷阱。种种始料不及的环境问题击破了单纯追求经济增长的美好神话,固有的思想观念和思维方式受到了强大的冲击,传统的发展模式面临着严峻的挑战。历史把人类推到了必须从工业文明走向现代新文明的发展阶段。可持续发展思想在环境与发展理念的不断更新中逐步形成。

一、古代朴素的可持续性思想

可持续性(sustainability)的概念渊源已久。早在公元前3世纪,杰出的先秦思想家荀况在《王制》中说:“草木荣华滋硕之时,则斧斤不入山林,不夭其生,不绝其长也;鼋鼍鱼鳖鳅孕别之时,罔罟毒药不入泽,不夭其生,不绝其长也;春耕、夏耘、秋收、冬藏,四者不失时,故五谷不绝,而百姓有余食也;污池渊沼川泽,谨其时禁,故鱼鳖尤多,而百姓有余用也;斩伐养长不失其时,故山林不童,而百姓有余材也。”这是自然资源永续利用思想的反映。春秋时在齐国为相的管仲,从发展经济、富国强兵的目标出发,十分注意保护山林川泽及其生物资源,反对过度采伐。他说:“为人君而不能谨守其山林菹泽草莱,不可以立为天下王。”1975年,在湖北云梦睡虎地11号秦墓中发掘出上千支竹简,其中的《田律》清晰地体现了可持续性发展的思想。因此,“与天地相参”可以说是中国古代生态意识的目标和思想,也是可持续性的反映[1]。

西方一些经济学家如马尔萨斯、李嘉图和穆勒等的著作中也比较早认识到人类消费的物质限制,即人类的经济活动范围存在的生态边界。

二、现代可持续发展思想的产生和发展

现代可持续发展思想的提出源于人们对环境问题的逐步认识和热切关注，其产生背景是人类赖以生存和发展的环境和资源遭到越来越严重的破坏，人类已不同程度地尝到了环境破坏的后果，因此，在探索环境与发展的过程中逐渐形成了可持续发展思想。在这一过程中以下几件事的发生具有历史意义[1,2]。

1.《寂静的春天》——对传统行为和观念的早期反思

20 世纪 50 年代末，随着环境污染的日趋加重，特别是西方国家公害事件的不断发生，环境问题频频困扰着人类。美国海洋生物学家蕾切尔·卡逊在潜心研究美国使用杀虫剂所产生的显现和潜在的种种环境危害之后，于 1962 年出版了环境保护科普著作《寂静的春天》[3]。作者通过对污染物 DDT 等的富集、迁移、转化的描写，阐明了人类同大气、海洋、河流、土壤、动植物之间的密切关系，初步揭示了污染对生态系统的影响。她告诉人们："地球上生命的历史一直是生物与其周围环境相互作用的历史……只有人类出现后，生命才具有了改造其周围大自然的异常能力。在人类对环境的所有袭击中，最最令人震惊的，是空气、土地、河流以及大海受到各种致命化学物质的污染。这种污染是难以清除的，因为它们不仅进入了生命赖以生存的世界，而且进入了生物组织内。"她还向世人呼吁，我们长期以来行驶的道路，容易被人误认为是一条可以高速前进的平坦、舒适的超级公路，但实际上，这条路的终点却潜伏着灾难，而另外的道路则为我们提供了保护地球的最后唯一的机会。这"另外的道路"究竟是什么样的，卡逊没能确切告诉我们，但作为环境保护的先行者，卡逊的思想在世界范围内，较早地引发了人类对自身的传统行为和观念进行比较系统和深入的反思。

《寂静的春天》的问世，敲响了人类将由于破坏环境而必遭大自然惩罚的警世之钟，蕾切尔·卡逊的思想开始引发了人们对传统行为和观念的批判与反思。

20 世纪中期，人们为了获取更多的粮食，研制了多种基本的化学药物，用于杀死昆虫、野草等，其中，以 DDT 为代表的有机氯化物被广泛使用在生产和生活中。在农业生产中，DDT 作为一种高效农药，能够杀死大量的农业害虫，使农作物产量在短期内大幅度提高，由此 DDT 在世界范围得到广泛应用。DDT 等化学药品是双刃剑。正当人们津津乐道 DDT 神奇功效的时候，其负面作用对自然生态系统可能带来的灾难性后果也悄悄向人们走来。被大量撒向农田和园林的有毒化学药品累积于土壤和河流之中，毒素在生物链的作用下不断传递、迁移、转化和富集，悄然无息地伤害着动植物和人群。

《寂静的春天》启蒙人类环境意识以及为现代环境保护思想和观点做出的开创性贡献，主要体现在以下几个方面[2]。

1)在生态观方面，强调自然生态系统是一个普遍联系的有机整体。在自然界没有任何孤立存在的东西，正是依赖于生物数量间巧妙的平衡，自然界才能生生不息源远流长。人类只是由于一时自身的需求就蔑视大自然的威力，对某一种生物予以灭绝，这就是人

类狂妄自大而表现出的愚钝。如果人们不意识到这一点,巧妙的自然平衡将遭到威胁,生态平衡也将遭到破坏。

2)在技术观方面,呼吁人类在使用科学技术干涉自然系统时必须慎而又慎。在工业化过程中,科学的发展、技术的进步使得人类可以肆意征服自然,这一做法恰恰有可能破坏人类赖以生存的物质基础。

3)在道德方面,提出尊重自然是人类社会最基本的道德准则,自然界是人类生存的基本条件,人本身也是自然界不可分割的一部分,而当人们在对自然界骄傲地宣战时,却恰恰遗憾地忽视掉这一点。卡逊认为,当人类对自然界大肆索取而不加节制的时候,人类只能悲哀地沦为自身欲望的奴隶。她至诚企盼人类务必与自然和谐相处,尊重自然,尊重生命,为了自然生灵,也为了人类自身的生存与发展。

2.《增长的极限》——引起全球思考的“严肃忧虑”

1968年,来自世界各国的几十位科学家、教育家和经济学家等学者聚会罗马,成立了一个非正式的国际协会——罗马俱乐部(Club of Rome)。它的工作目标是关注、探讨与研究人类面临的共同问题,使国际社会对人类面临的社会、经济、环境等诸多问题有更深入的理解,并在现有全部知识的基础上推动采取能扭转不利局面的新态度、新政策和新制度。

受罗马俱乐部的委托,以麻省理工学院德内拉·梅多斯(Donella Meadows)为首的研究小组,针对长期流行于西方的高增长理论进行了深刻的反思,并于1972年提交了俱乐部成立后的第一份研究报告——《增长的极限》(*Limits to Growth*)[4]。报告深刻阐明了环境的重要性以及资源与人口之间的基本联系。报告对长期流行于西方的高增长理论和越来越明显的环境等问题进行了深刻反思,着力从人口增长、粮食生产、资源消耗、工业发展和环境污染几个方面阐述人类产业革命以来,传统经济增长模式给地球和人类自身带来的危害,有力地证明了这一模式不但使人类与自然处于尖锐的矛盾之中,并将长期受到自然的报复,全球的经济增长也将会因为粮食短缺和环境破坏等于未来某个时段内达到极限。也就是说,地球的支撑力将会达到极限,经济增长将发生不可控制的衰退。因此,要避免因超越地球资源极限而导致世界崩溃的最好方法是限制增长,即“零增长”。

《增长的极限》一发表,就在国际社会特别是在学术界引起了强烈的反响。该报告在促使人们密切关注人口、资源和环境问题的同时,因其反增长情绪而遭受到尖锐的批评和责难。因此,引发了一场激烈的、旷日持久的学术之争。一般认为,由于种种因素的局限,《增长的极限》的结论和观点存在十分明显的缺陷。但是,报告所表现出的对人类前途的“严肃的忧虑”以及唤起人类自身觉醒的意识,其积极意义却是毋庸置疑的。它所阐述的“合理、持久的均衡发展”,为孕育可持续发展的思想萌芽提供了土壤。

3. 联合国人类环境会议——人类对环境问题的正式挑战

1972年,联合国人类环境会议在斯德哥尔摩召开,来自世界113个国家和地区的代表汇聚一堂,共同讨论环境对人类的影响问题。这是人类第一次将环境问题纳入世界各国政府和国际政治的事务议程。大会通过的《人类环境宣言》宣布了37个共同观点和26项共同原则。它向全球呼吁:现在已经到达历史上这样一个时刻,我们在决定世界各地的行动时,必须更加审慎地考虑它们对环境产生的后果。由于无知或不关心,我们可能给生活和幸福所依靠的地球环境造成巨大的无法挽回的损失。因此,保护和改善人类环境是关系到全世界各国人民的幸福和经济发展的重要问题,是全世界各国人民的迫切希望和各国政府的责任,也是人类的紧迫目标。各国政府和人民必须为全体人民和自身后代的利益作出共同的努力。

作为探讨保护全球环境战略的第一次国际会议,联合国人类环境大会的意义在于唤起了各国政府对环境问题,特别是对环境污染的觉醒和关注。尽管大会对整个环境问题的认识比较粗浅,对解决环境问题的途径尚未确定,尤其是没能找出问题的根源和责任,但是,它正式吹响了人类共同向环境问题挑战的进军号。各国政府和公众的环境意识,无论是在广度上还是在深度上都向前迈进了一步。

4.《我们共同的未来》——可持续发展的国际性宣言

进入20世纪80年代,凸显在人类面前的前所未有的人口、资源与环境的挑战,使人们越来越认识到处理好发展与环境关系的重要性。联合国本着对全球进行变革,研究自然的、社会的、生态的、经济的以及在利用自然资源过程中的基本关系,确保全球发展的基本宗旨,于1983年3月成立了以挪威首相布伦特兰(G. H. Brundland)夫人任主席的世界环境与发展委员会(WHED)。联合国要求其负责制定长期的环境对策,研究能使国际社会更有效地解决环境问题的途径和方法。该委员会经过了3年多的深入研究和充分论证,于1987年向联合国大会提交了研究报告《我们共同的未来》。

《我们共同的未来》分为"共同的问题"、"共同的挑战"、"共同的努力"三大部分。报告将注意力集中于人口、粮食、物种、遗传、资源、能源、工业和人类居住等方面,在系统探讨了人类面临的一系列重大的经济、社会和环境问题之后,提出了"可持续发展"的概念。报告深刻指出,在过去,我们关心的是经济发展对生态环境带来的影响,而现在,我们正迫切地感到生态的压力对经济发展所带来的重大影响。因此,我们需要有一条新的发展道路,这条道路不是一条仅能在若干年内、在若干地方支持人类进步的道路,而是一直到遥远的未来都能支持全球人类进步的道路,这实际上就是卡逊在《寂静的春天》里没能提供答案的、所谓的"另外的道路",即"可持续发展道路"。布伦特兰鲜明、创新的观点,把人类从单纯考虑环境保护引导到把环境保护与人类发展切实结合起来,实现了人类有关环境与发展思想的飞跃[5]。

该报告首次正式提出了可持续发展的定义:既满足当代人的需求,又不对后代人满足其自身需求能力构成危害的发展。它包括三个重要的概念:一是"需求"的概念,尤其是强调世界上贫困人口的基本需求,应将这类需求放在特别优先的地位考虑;二是"限制"的概念,这是指技术状况和社会组织对环境满足眼前和将来需要的能力所施加的限制;三是"平等"的概念,即各代之间的平等以及当代不同地区、不同人群之间的平等。该报告使环境与发展思想产生了具有划时代意义的飞跃,其目标在于:提出经济社会发展的长期环境策略，推动各国在人口、资源、环境和发展方面广泛的合作，研究国际社会有效解决环境问题的途径和方法，协助人们对长远的环境问题建立共同认识并为之付出必要的努力，制订长远的行动计划，确立世界社会目标[1,2,5]。

5. 联合国环境与发展大会——环境与发展的里程碑

从1972年联合国人类环境会议召开到1992年的20年间，尤其是20世纪80年代以来，国际社会关注的热点已由单纯注重环境问题逐步转移到环境与发展二者的关系上来，而这一主题必须有国际社会的广泛参与。在这一背景下，联合国环境与发展大会（UNCED）于1992年6月在巴西里约热内卢召开。共有183个国家的代表团和70个国际组织的代表出席了会议，102位国家元首或政府首脑到会讲话，称为“地球首脑会议”。会议通过了《里约环境与发展宣言》（又名《地球宪章》）和《21世纪议程》两个纲领性文件。

《里约环境与发展宣言》是开展全球环境与发展领域合作的框架性文件，是为了保护地球永恒的活力和整体性，建立一种新的、公平的全球伙伴关系的“关于国家和公众行为基本准则”的宣言，它提出了实现可持续发展的27条基本原则。《21世纪议程》则是全球范围内可持续发展的行动计划，它在建立21世纪世界各国在人类活动对环境产生影响的各个方面的行动规则，为保障人类共同的未来提供一个全球性措施的战略框架。此外，各国政府代表还签署了联合国《气候变化框架公约》、《关于森林问题的原则声明》、《生物多样性公约》等国际文件及有关国际公约。可持续发展得到世界最广泛和最高级别的政治承诺[1,2]。

以这次大会为标志，人类对环境与发展的认识提高到了一个崭新的阶段。大会为人类高举可持续发展旗帜、走可持续发展之路发出了总动员，使人类迈出了跨向新的文明时代的关键性的一步，为人类的环境与发展矗立了一座重要的里程碑。

第二节　可持续发展的内涵与基本原则

一、可持续发展的定义

1987年4月，世界环境与发展委员会（WHED）向联合国大会提交的研究报告《我们共同的未来》中将可持续发展定义为“既满足当代人的需求，又不对后代人满足其自身需求的能力构成危害的发展”。这个定义实际包含了三个重要的概念：其一是“需求”，尤其是指世界上贫困人口的基本需求，应将这类需求放在特别优先的地位来考虑；其二是“限制”，这是指技术状况和社会组织对环境满足眼前和将来需要的能力所施加的限制；其三是“平等”，即各代之间的平等以及当代不同地区、不同人群之间的平等[5,6]。

1991年，世界自然保护同盟、联合国环境规划署和世界野生生物基金会在《保护地球——可持续生存战略》一书中提出这样的定义：“在生存不超出维持生态系统承载能力的情况下，改善人类的生活质量。"[7]

1992年，联合国环境与发展大会(UNCED)的《里约环境与发展宣言》中对可持续发展进一步阐述为："人类应享有与自然和谐的方式过健康而富有成果的生活权利，并公平地满足今世后代在发展和环境方面的需要，求取发展的权利必须实现。"

另有许多学者也纷纷提出了可持续发展的定义，如英国经济学家皮尔斯和沃福德在1993年所著的《世界无末日——经济学·环境与可持续发展》一书中提出了以经济学语言表达的可持续发展定义："当发展能够保证当代人的福利增加时，也不应使后代人的福利减少。"[8]

我国学者叶文虎、栾胜基等为可持续发展给出的定义是："可持续发展是不断提高人群生活质量和环境承载能力的，满足当代人需求又不损害子孙后代满足其需求的，满足一个地区或一个国家的人群需求又不损害别的地区或国家的人群满足其需求的发展。"[9]

二、可持续发展的内涵

在人类可持续发展的系统中，经济可持续性是基础，环境可持续性是条件，社会可持续性才是目的。人类共同追求的应当是以人的发展为中心的经济—环境—社会复合生态系统持续、稳定、健康的发展。所以，可持续发展需要从经济、环境和社会三个角度加以解释才能完整地表述其内涵[1,6]。

(1)可持续发展应当包括"经济的可持续性"

这是指要求经济体能够连续地提供产品和劳务，使内债和外债控制在可以管理的范围以内，并且要避免对工业和农业生产带来不利的极端的结构性失衡。

(2)可持续发展应当包括"环境的可持续性"

这意味着要求保持稳定的资源基础，避免过度地对资源系统加以利用，维护环境吸收能力和健康的生态系统，并且使不可再生资源的开发程度控制在使投资能产生足够的替代作用的范围之内。

(3)可持续发展应当包括"社会的可持续性"

这是指通过分配和机遇的平等、建立医疗和教育保障体系、实现性别的平等、推进政治上的公平性和公众参与性这类机制来保证"社会的可持续发展"。

更根本地，可持续发展要求平衡人与自然和人与人两大关系。人与自然必须是平衡的、协调的。恩格斯指出："我们不要过分陶醉于我们人类对自然界的胜利，对于每一次这样的胜利，自然界都对我们进行报复。"他告诫我们要遵循自然规律，否则就会受到自然规律的惩罚，并且提醒"我们每走一步都要记住：我们统治自然界，绝不像征服者统治异族人那样，绝不像站在自然界之外的人似的——相反地，我们连同我们的肉、血和头脑都是属于自然界和存在于自然界之中的；我们对自然界的全部统治力量，就在于我们比其他一切生物强，能够认识和正确运用自然规律"。

可持续发展还强调协调人与人之间的关系。马克思、恩格斯指出：劳动使人们以一定的方式结成一定的社会关系，社会是人与自然关系的中介，把人与人、人与自然联系起来,社会的发展水平和社会制度直接影响人与自然的关系。只有协调好人与人之间的关系,才能从根本上解决人与自然的矛盾,实现自然、社会和人的和谐发展。由此可见,可持续发展的内容可以归结为三条:人类对自然的索取,必须与人类向自然的回馈相平衡;当代人的发展,不能以牺牲后代人的发展机会为代价;本区域的发展,不能以牺牲其他区域或全球的发展为代价。

总之,可持续发展是一种新的发展思想和战略,目标是保证社会具有长期的持续性发展的能力,确保环境、生态的安全和稳定的资源基础,避免社会经济大起大落的波动。可持续发展涉及人类社会的各个方面,要求社会进行全方位的变革。

三、可持续发展的基本原则

遵照“人类不可能任意地改造自然环境和无限地利用地球资源;人类的生存发展必然受到地球自然规律的制约”等基本原理,可持续发展的基本原则包括[1,6]:

1. 公平性原则

公平是指机会选择的平等性。可持续发展强调:人类需求和欲望的满足是发展的主要目标,因而应努力消除人类需求方面存在的诸多不公平性因素。可持续发展所追求的公平性原则包含以下两个方面的含义:

1)追求同代人之间的横向公平性,要求满足全球全体人民的基本需求,并给予全体人民平等性的机会以满足他们实现较好生活的愿望。贫富悬殊、两极分化的世界难以实现真正的“可持续发展”,所以要给世界各国以公平的发展权。

2)代际间的公平,即各代人之间的纵向公平性。要认识到人类赖以生存与发展的自然资源是有限的,本代人不能因为自己的需求和发展而损害人类世世代代需求的自然资源和自然环境,要给后代人利用自然资源以满足其需求的权利。

2. 可持续性原则

可持续性是指生态系统受到某种干扰时能保持其生产力的能力。资源的永续利用和生态系统的持续利用是人类可持续发展的首要条件,这就要求人类的社会经济发展不应损害支持地球生命的自然系统,不能超越资源与环境的承载能力。

社会对环境资源的消耗包括两个方面:耗用资源及排放污染物。为保持发展的可持续性,对可再生资源的使用强度应限制在其最大持续收获量之内;对不可再生资源的使用速度不应超过寻求作为替代品的资源的速度;对环境排放的废物量不应超出环境的自净能力。

3. 共同性原则

不同国家、地区由于地域、文化等方面的差异及现阶段发展水平的制约,执行可持续发展的政策与实施步骤并不统一,但实现可持续发展这个总目标及应遵循的公平性及持续性两个原则是相同的，最终目的都是为了促进人类之间及人类与自然之间的和谐发展。

因此，共同性原则有两个方面的含义：一是发展目标的共同性，这个目标就是保持地球生态系统的安全，并以最合理的利用方式为整个人类谋福利；二是行动的共同性，因为生态环境方面的许多问题实际上是没有国界的，必须开展全球合作，而全球经济发展不平衡也是全世界的事。

参考文献

[1] 曲向荣. 环境保护与可持续发展. 北京: 清华大学出版社，2010.
[2] 钱易，唐孝炎. 环境保护与可持续发展. 北京: 高等教育出版社，2000.
[3] Rachel Carson. 寂静的春天. 吕瑞兰，李长生译. 上海: 上海译文出版社，2011.
[4] Donella Meadows, Jorgen Randers, Dennis Meadows. 增长的极限. 李涛，王智勇译. 北京: 机械工业出版社，2013.
[5] 世界环境与发展委员会. 我们共同的未来. 王之佳，柯金良译. 长春: 吉林人民出版社，1997.
[6] 钱易，唐孝炎. 环境保护与可持续发展(第二版). 北京: 高等教育出版社，2010.
[7] 世界自然保护同盟，联合国环境规划署，世界野生生物基金会. 保护地球——可持续生存战略. 国家环境保护局外事办公室译. 北京: 中国环境科学出版社，1992.
[8] Pearce D W, Warford J J. 世界无末日：经济学·环境与可持续发展. 张世秋等译. 北京:中国财政经济出版社，1996.
[9] 叶文虎，栾胜基. 论可持续发展的衡量与指标体系. 世界环境，1996，1(1): 7-10.

第七章　可持续发展的评价指标体系

可持续发展战略已在包括中国在内的许多国家实施，为了反映在不同时间和空间的可持续发展变化过程，需要采取合适的方法对可持续发展进行测度。联合国1992年环境与发展会议通过的《21世纪议程》明确规定："各国在国家一级以及各国际组织和非政府组织在国际一级应探讨制定可持续发展指标的概念，并确定可持续发展的指标体系。"目前，已有不少国际组织和科研机构提出了多种衡量可持续发展的指标和指标体系，为建立更为合理、完善的指标体系奠定了良好的基础。

第一节　可持续发展指标体系的理论基础

一、可持续发展体系的概念

1. 指标与可持续发展指标

指标是对事物信息的一种描述，它有助于将信息转化为更易理解的形式，并以简明的方式来描述相对复杂的状况[1]。例如，用人均GDP来表征区域经济发展的水平，用基尼系数来表征整个社会收入分配的均等程度。指标通常与目标发生关系，因此可作为评估事物发展状态与目标之间距离的一种有效工具。

可持续发展指标，就是指用来描述或者评价人类社会可持续发展状态的指标。显然，对可持续发展理解的不同，就会产生不同的可持续发展指标，包括指标选择的依据、运用的方法与指标的权重[1,2]。

2. 可持续发展指标体系

由于可持续发展系统包含经济、社会与环境等组成部分，较难以单一组分的某个方面的指标来描述可持续发展的整体状态，因此，需要构建指标体系评价区域的可持续发展。可持续发展指标体系由一系列描述整个社会不同层面的指标组成，不同指标之间的关系是可持续发展指标体系关注的重点。通常指标体系的层次结构从上到下依次为目标层、准则层与指标层[1,2]。

二、可持续发展指标体系构建的基本原则

可持续发展指标体系用于度量、评价区域经济、社会与环境复合系统发展状态。由于整个系统结构复杂、要素众多，各子系统之间既有相互作用，又有相互间的输入和输出，应在众多的指标中选择一套系统的、具有代表性、内涵丰富且便于度量的指标作为评价指标体系。在确定可持续发展指标体系时，必须遵循一定的原则[1,2]：

(1)科学性原则

指标体系必须严格按照可持续发展的科学内涵来构建，特别强调经济、社会与环境之间的协调，应能客观真实地反映可持续发展的本质，反映人口、资源、环境与社会经济发展的数量与质量水平等。

(2)完备性原则

可持续发展是一个复杂的系统，构建可持续发展评价指标必须全面真实地反映经济、社会、环境等各个方面的基本特征。完备性原则要求在设计指标体系的过程中，特别需要全面系统地考虑各个子系统及它们之间的相互作用关系，据此选择指标而不能有所遗漏。

(3)主成分性原则

由于描述可持续发展系统的指标范围很大，要将所有可能的方面都包括进来既无必要也无可能。因此，主成分性原则要求，在确定指标体系时需要根据不同要素对系统作用的大小予以不同的侧重，把握住那些表征可持续发展的主导因素。

(4)可操作性原则

可操作性原则要求指标体系不能过于庞杂，指标应易于获得且来源准确，资料的分析整理相对简单易行，以便于评估者的实际操作。由于可持续发展状态评价不具有绝对意义，在实际操作过程中主要运用可持续发展指标体系进行时间上或者空间上的比较，因此，要求指标的统计口径、含义、适用范围在不同时段、区域保持一致。

三、可持续发展指标体系的分类

目前，关于可持续发展指标体系衡量方法，主要分为单一指标评价方法与多指标加权评价方法两种类型[1,2]。

1. 单一指标评价方法

单一指标评价方法，是指选用某一个单一的评价指标来对可持续发展进行状态评估。由于可持续发展系统包括经济、社会与环境等各个方面，各个系统的特征及其组成千差万别，因此单一指标评价方法首先需要明确选用的指标，然后将可持续发展的各个系统都运用该指标进行表征，最后通过加和给出整个系统的可持续发展状态指标。

目前单一指标评价方法，分别选用经济价值、面积、能值、质量等指标予以评价。例

如,经济价值评价方法,主要是在传统的经济核算体系或相关总量的基础上,以货币化为度量手段整合经济、社会与环境等各个系统,尤其是环境系统的经济价值化,主要包括绿色 GDP、国家财富、真实储蓄率等方法。此外,还有基于面积指标的生态足迹评价方法与基于能值指标的能值评价方法等。在单一指标评价方法中,其他指标与单一指标的转换关系,将在很大程度上影响评价的结果。

2. 多指标加权评价方法

多指标加权评价方法,是指根据对可持续发展的理解来确定指标体系的层级结构与具体指标,然后将各个指标加以归一化处理,通过各种方法确定权重并对各个指标加以整合处理,最后给出区域的可持续发展状态。

目前,多指标加权评价方法较多将可持续发展系统分解为经济、社会与环境等三个子系统,然后根据需要选择相应的指标来表征各个子系统。与单一指标评价方法比较,多指标加权评价方法不需要将不同指标转换成某个单一指标,但是指标体系的选取与指标的权重将在很大程度上决定着评价的结果。

第二节　可持续发展的单一指标评价方法

一、绿色 GDP、国家财富、真实储蓄率

1. 绿色 GDP

国内生产总值(GDP)是指一定时期内一个国家或者区域生产的全部产品与劳务的价值。由于经济发展带来的资源损耗、环境污染和生态破坏等结果,未能纳入传统的 GDP 指标中,因此,为更好地评价一个国家或者区域发展所带来的经济与环境的整体成果,需要对 GDP 指标进行修正。在现行 GDP 的基础上扣除自然资源损耗价值与环境污染损失价值后剩余的国内生产总值,就是绿色 GDP[2,3]。通常来说,绿色 GDP 可以用下面的公式表示:

绿色 GDP= 现行 GDP- 环境与资源成本 - 环境资源保护成本

一般来说,由于资源损耗、环境污染与生态破坏的存在,绿色 GDP 小于现行 GDP。显然,如果经济发展的资源环境成本较大,将在很大程度上减少整个社会“表面上”的发展成果。这是因为,较高的资源环境成本不仅损害整个社会的福利水平,而且还将影响到可持续发展能力。

早在 20 世纪 70 年代,美国著名经济学家诺德豪斯和托宾就建议修改国民经济核算体系,建议选用经济福利指标(measure economic welfare)来评价经济发展水平[4]。经过多年的研究,1993 年联合国建立并推荐“综合环境与经济核算体系”(system of integrated environmental and economic accounting,SEEA),在 SEEA 中首次明确提出了绿色 GDP 概

念，并规范了自然资源和环境的统计标准以及评价方法[2]。

关于环境资源价值量的核算主要包括三个组成部分：

1)环境损害成本：又称为环境退化成本，是指由于污染物排放而引起的环境功能退化产生的价值损失。

2)环境治理成本：是指为了减少经济活动中产生的污染物，对生产与生活中产生的污染物进行处理而发生的成本。

3)生态退化成本：是指由于经济活动引起的生态功能退化的价值损失。

为更加全面地评价人类社会发展的福利成果，也可以从更宽泛的角度界定绿色GDP[2,3]：

绿色 GDP= 现行 GDP- 自然环境部分的虚数 - 人文部分的虚数

其中，自然环境部分虚数主要包括环境污染造成的损失、生态质量退化造成的损失等；人文部分虚数则主要包括疾病、财富分配不公、失业率上升和高发的犯罪率等造成的损失。

虽然绿色 GDP 不仅能够描述经济发展的数量，也能表达经济发展的质量，但是由于当前关于环境与资源价值的评估技术尚不完善且不易取得共识，导致绿色 GDP 的实际应用存在一定的技术障碍。目前，关于绿色 GDP 的核算较多处于学术研究阶段，美国、挪威、芬兰、法国从 20 世纪 70 年代以来陆续开展了绿色 GDP 的核算研究工作。但迄今为止，仍没有一套公认的绿色 GDP 核算方法。

对于我国而言，GDP 不单纯是一个技术性指标，它与政绩考核模式紧密联系。由于片面追求 GDP 势必对环境与生态产生严重破坏，因此探索绿色 GDP 的评价方法，还具有可持续发展的制度保障意义。

中国社会科学院环境与发展研究中心在其 2007 年出版的《中国环境与发展评论》一书中，给出了我国 1995 年绿色 GDP 的核算结果，经济运行的全部环境成本(自然资源的耗减、生态破坏、污染损失)约占当年 GDP 的 3.7%，占净国内生产总值的 4.2%[3]。

2004 年 3 月，我国国家环境保护总局和国家统计局正式启动绿色 GDP 核算这一项目，历时两年推出《中国绿色国民经济核算研究报告 2004》。这是中国第一份有关环境污染经济核算的国家报告，也是第一份基于全国 31 个省份和 41 个部门的环境污染核算报告。核算结果表明，2004 年，全国环境退化成本(即因环境污染造成的经济损失)为 5 118 亿元，占 GDP 的 3.05%。其中，水污染的环境成本为 2 862.8 亿元，占总成本的 55.9%；大气污染的环境成本为 2 198.0 亿元，占总成本的 42.9%；污染事故造成的直接经济损失 50.9 亿元，占总成本的 1.1%[5]。

2013 年 1 月，环境保护部环境规划院低调而简单地对外发布了《中国环境经济核算研究报告 2010》。核算结果表明，2010 年，生态环境退化成本达到 15 389.5 亿元，占当年 GDP 的 3.5%。其中，环境退化成本 11 032.8 亿元，占 GDP 比重 2.51%，比上年增加 1 322.6 亿元，增长了 13.7%；生态破坏损失(森林、湿地、草地和矿产开发)4 417 亿元，占 GDP 比重 1.01%[6]。

全国连续 7 年的绿色 GDP 核算表明，尽管我国“十一五”期间污染减排取得了积极进展，但我国还处于经济发展环境成本上升阶段。7 年间的环境退化成本从 2004 年的

5 118.2 亿元提高到 2010 年的 11 032.8 亿元,增长了 115.6%;虚拟治理成本(指目前排放到环境中的污染物按照现行的治理技术和水平全部治理所需要的支出)从 2004 年的 2 874.4 亿元提高到 2010 年的 5 589.3 亿元,增长了 94.5%。这意味着随着经济的不断增长,中国的环境问题在不断恶化[6]。绿色 GDP 让我们看到了 GDP 的环境代价。

2. 国家财富

财富是指能够带来更多价值的价值物。从可持续发展角度来看,单一的物质财富不能表达财富的全部内涵。1995 年世界银行公布了一套全新的国家财富概念和测度方法。1997 年世界银行环境局在《扩展衡量财富的手段——环境可持续发展的指标》(*Expanding the Measure of Wealth:Indicators of Environmentally Sustainable Development*)中对世界各国的国家财富进行了计算[7]。

根据定义,国家财富由人造资本、自然资本、人力资本和社会资本四部分组成。其中,人造资本是人类生产活动所创造和积累的物质财富,包括房屋、基础设施(如供水系统、公路、铁路、输油管道等)、机器设备等;自然资本是大自然赋予人类的自然生成的财富,具有明显的自然生长过程,包括土地、空气、森林、水、地下矿产等;人力资本指一个国家的民众所具备的知识、经验和技能;社会资本是促进整个社会以有效方式运用上述资源的社会体制和文化基础,是联系人造资本、自然资本和人力资本三种要素的纽带。

作为衡量可持续发展的指标,国家财富突出强调发展的可持续性,尤其强调人类社会未来发展(包括后代人)的能力。显然,人类的生产活动不仅需要传统的人造资本,还需要人力资本、自然资本与社会资本。经济过程产出能力的高低、自然禀赋的优劣、社会成员拥有知识的多少、社会运行状况的好坏,都会对可持续发展起到促进或抑制的作用。由于国家财富需要对三种资本进行加工和处理(由于存在技术性障碍,通常不考虑社会资本的量化处理),这也意味着三种资本之间可以存在替代关系,因此国家财富指标在某种程度上体现了弱可持续性的思想,也就是将可持续发展理解为国家财富总量的非负增长。在实际操作过程中,如何有效地对人力资本与自然资本进行货币化度量,是决定国家财富指标应用效果的关键环节。

3. 真实储蓄率

真实储蓄(genuine saving)的思想来自可持续收入,它表示一定时间内某个地区创造的可以被真正用于未来发展的资本价值。真实储蓄以 GDP 为计算起点,不仅需要扣除资源环境与生态破坏的价值,而且还需要扣除人造资本的折旧以及个人与公共的消费支出,这样剩余的部分表现为真实积累的资本,这些资本可以用于未来社会的发展。真实储蓄的表达式为[2]

真实储蓄 =GDP- 人造资本折旧 - 生态环境退化损失 - 个人消费与公共消费

真实储蓄率是真实储蓄占 GDP 的百分比。根据定义,真实储蓄率可以动态地表达一个国家或地区的可持续发展能力。例如,某个国家主要通过自然资源出口(如出售石油、煤、木材或其他原料)来增加收入,并将这些收入主要用于消费而不是投资,这样就可能会出现“负真实储蓄”状态。这意味着整个国家的财富净值在减少，显然，这种发展态势将削弱其可持续发展的能力并可能剥夺子孙后代的发展机会。如果一个国家长期处于“负真实储蓄”状态，那么它能够产生的持续福利水平将会不断下降。但是，由于环境资源价值货币化存在的方法学问题，因此不能简单地将“正真实储蓄”数值理解为可持续发展状态。

二、生态足迹评价方法

生态足迹是考察人类社会经济活动对自然资本的需求和自然生态系统的供给之间关系的一项指标。生态足迹（ecological footprint）也称为生态占用，由加拿大生态经济学家William E. Rees 于 20 世纪 90 年代初提出，形象的描述为：“一只负载着人类与人类所创造的城市、工程……的巨脚踏在地球上留下的脚印。”[8,9]生态足迹是指能够持续地提供资源或消纳废物的具有生物生产力的地域空间，更进一步是要维持一个人、一个城市、地区、国家或者全球的生存所需要的或者能够消纳人类所排放废物的具有生态生产力的地域面积。

1. 生态生产性土地

所谓生态生产性土地，就是指具有生态生产能力的土地或水体。生态生产性土地是生态足迹分析方法的度量基础。生态系统中的生物从周围环境中吸收生命过程所需的物质和能量转化为新的物质并储存能量，实现物质的转化和能量的积累。不同的生态系统，具有不同的生态生产力。生态生产力越大，说明单位面积能够提供的生态资源越多。

2. 生态足迹计算方法

生态足迹表征了一定的时间和空间范围内人类的社会经济活动对自然环境的需求。在这些特定时空范围内的经济活动所消耗的自然资源需要生态系统来提供，所排放的废弃物也需要生态系统来消纳，生态足迹将这种需求以生态生产性土地的面积来度量。

在计算过程中，首先识别并度量出经济活动所消耗的自然资源和所排放的废弃物，进一步折算成相对应的生态生产性土地的面积。在生态足迹核算中，主要考虑 6 类生态生产性土地：耕地、林地、草地、水域、建筑用地、化石能源用地。为了使得计算结果具有可比性，从自然资源向生态生产性土地折算时，一般采用全球通用的折算系数。所以，生态足迹的单位一般为全球公顷（global hm^2）。

3. 生态承载力

生态承载力（ecological capacity）是指在不损害有关生态系统的生产力和功能完整的前提下，人类社会可以持续使用的最大资源数量与排放的废物数量，在生态足迹的框架下，通常将某个地区的生态承载力，以该地区能够提供的所有生态生产性土地的面积总和来表征，其度量单位与生态足迹相同，即全球公顷。

4. 生态赤字与生态盈余

根据地区的生态承载力与生态足迹,可以得到生态赤字或者生态盈余。当一个地区的生态承载力小于生态足迹时,则出现生态赤字,其大小等于生态承载力减去生态足迹得到的差值;当生态承载力大于生态足迹时,则产生生态盈余,其大小等于生态承载力减去生态足迹得到的余数。

生态赤字表明该地区的人类负荷超过了其自然生态承载的能力,为了满足消费的需求,需要从区域外输入产品或资源,或者降低本地区的生物资本储蓄。这说明该地区的发展模式处于相对不可持续状态,其不可持续的程度用生态赤字来衡量。相反,生态盈余则表明地区的生态承载能力足以支撑其人类负荷,该地区的消费模式具有相对可持续性,可持续程度用生态盈余来衡量。

三、其他评价方法

此外,还有从能量角度评价可持续发展的能值分析法和从物质角度评价的物质流核算方法。

能值由美国生态学家 Odum 于 20 世纪 80 年代创立。能值是资源、产品或劳务形成过程中直接或间接投入的有效能的数量,它把生态或生态经济系统中流动和储存的不同种类的能量转换为同一标准的能值(太阳能焦耳),以此来表征资源、产品和服务的价值。人类社会可持续发展系统的能值分析是以能值为共同基准的,综合分析评价经济、社会与自然环境系统的能物流、货币流、人口流、信息流等,得出一系列反映系统结构和功能特征与生态—经济效益的能值指标,进而评价系统的运行特征和发展的可持续性[2]。

物质流核算方法(material flow accounting)是由德国的 Wuppertal 研究所于 20 世纪 90 年代提出,在欧盟委员会的大力推动下发展起来的。物质流核算体系以物质的质量为单位,通过分析经济社会系统的直接和间接物质投入、物质排放和存量状况,建立区域经济社会系统的物质流动账户,进而评价经济社会活动的物质投入产出和物质利用效率,主要的指标包括总物质需求(TMR)、物质利用效率(GDP/TMR)、隐性物质流(DHF)和净物质存量(NAS)等[2]。

第三节　可持续发展的多指标加权评价方法

一、人类发展指数(HDI)

人类发展指数(human development index,HDI),是联合国开发计划署在《1990 年人类发展报告》中提出的用以衡量联合国各成员国经济社会整体发展水平的指标[10]。HDI 体系认为,发展的真正目的是为了扩大人类在各种领域里的选择权,包括经济、政治和文化领域;寻求收入增加是人们所做的多种选择中的一个,但不是唯一的一个。HDI 强调经济增长只是发展的手段,其目的是为了创造一个能使人民享受长期、健康和创造性生活的环境。

HDI 体系认为,发展的具体结果应该有三个方面——健康长寿、教育获得与生活水平,分别用预期寿命指数、教育指数与 GDP 指数来表示,其指标体系框架见图 7-1。

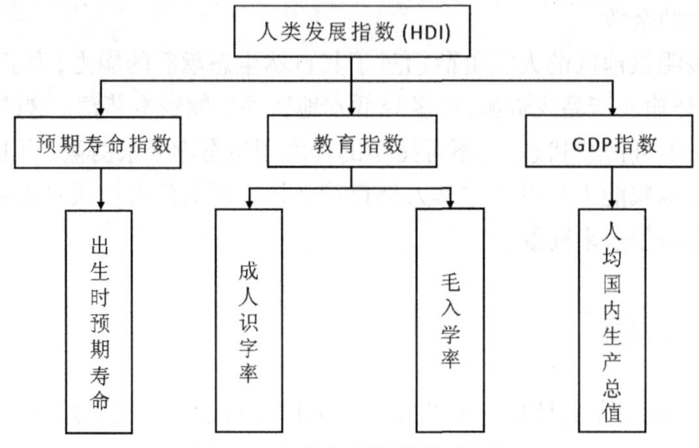

图 7-1 人类发展指数体系框架

1)预期寿命指数:用于测度一个国家在出生时预期寿命方面所取得的相对成就。

2)教育指数:衡量的是一个国家在成人识字及小学、中学、大学综合毛入学率两方面所取得的相对成就。在计算过程中,先计算成人识字指数和综合毛入学率指数,然后取 2/3 的成人识字指数值和 1/3 的综合毛入学率指数值求和,即为教育指数的数值。

3)GDP 指数:用按美元购买力平价的人均国内生产总值计算。由于取得状况良好的人类发展并不需要无限多的投入,因此对人均收入予以调整,并相应地采用了对数形式。

在每个指数的计算过程中,为将每一维度的业绩表现为 0 和 1 之间的一个数值,采用下面的公式进行计算:

$$维度系数 = \frac{实际值 - 极小值}{极大值 - 极小值}$$

最后,对上述三个维度的指数进行算术平均,即可得到某个国家或者地区的 HDI 数值,见下式:

$$HDI=\frac{1}{3}预期寿命指数 + \frac{1}{3}教育指数 + \frac{1}{3}GDP 指数$$

总体来说,HDI 指数越高,说明该国家或者地区的经济和社会整体发展程度越高。自 1990 年以来,联合国开发计划署每年发表《人类发展报告》,计算世界各国的 HDI 指数并予以排序。根据联合国开发计划署发表的《2014 年人类发展报告——促进人类持续进步:降低脆弱性,增强抗逆力》,中国人类发展水平的综合指数在 187 个国家中名列第 91 位,相比 2012 年上升了 2 位,处于高等人类发展水平后部分[11],见表 7-1。

表 7-1　2013 年联合国人类发展指数及其构成[11]

排名	国家	HDI	出生预期寿命 / 岁	平均受教育年限 / 年	人均国民总收入 /2011 年购买力平价美元
极高人类发展水平					
1	挪威	0.944	81.5	12.6	63 909
2	澳大利亚	0.933	82.5	12.8	41 524
3	瑞士	0.917	82.6	12.1	53 762
4	荷兰	0.915	81.0	11.9	42 397
5	美国	0.914	78.9	12.9	52 308
6	德国	0.911	80.7	12.9	43 049
7	新西兰	0.910	81.1	12.5	32 569
8	加拿大	0.902	81.5	12.3	41 887
9	新加坡	0.901	82.3	10.2	72 371
10	丹麦	0.900	79.4	12.1	42 880
15	韩国	0.891	81.5	11.8	30 345
16	日本	0.890	83.6	11.5	36 747
20	法国	0.884	81.8	11.1	36 629
高人类发展水平					
50	乌拉圭	0.790	77.2	8.5	18 108
51	黑山	0.789	74.8	10.5	14 170
57	俄罗斯	0.778	68.0	11.7	22 617
62	马来西亚	0.773	75.0	9.5	21 824
69	土耳其	0.759	75.3	7.6	18 391
71	墨西哥	0.756	77.5	8.5	15 854
79	巴西	0.744	73.9	7.2	14 275
91	中国	0.719	75.3	7.5	11 477
中等人类发展水平					
103	马尔代夫	0.698	77.9	5.8	10 074
110	埃及	0.682	71.2	6.4	10 400
117	菲律宾	0.660	68.7	8.9	6 381
118	南非	0.658	56.9	9.9	11 788
120	伊拉克	0.642	69.4	5.6	14 007
135	印度	0.586	66.4	4.4	5 150
低人类发展水平					
145	尼泊尔	0.540	68.4	3.2	2 194
146	巴基斯坦	0.537	66.6	4.7	4 652
183	塞拉利昂	0.374	45.6	2.9	1 815
184	乍得	0.372	51.2	1.5	1 622
185	中非	0.341	50.2	3.5	588
186	刚果民主共和国	0.338	50.0	3.1	444
187	尼日尔	0.337	58.4	1.4	873

二、常规多指标加权评价方法

常规多指标体系是现有评价经济社会可持续发展状态的一种常用方法。这种方法基本思想在于，考虑到经济、社会与环境系统相当复杂，很难用某个单一或者较少指标来对区域的整体状态进行描述，因此需要全面、系统地分析可持续发展系统的各个组成要素，在此基础上评价整个系统的发展状况。

在具体操作过程中，首先将整个可持续发展系统分解为人口、资源、环境、社会、科技、管理等若干个子系统，选择表征不同子系统的具体指标，进而构成评价可持续发展的整个指标体系；然后对各个指标进行归一化处理，并结合各个指标的权重进行数值计算；最后将其加和得到可持续发展的评价数值。

比较 HDI 相对较少的指标数量，常规多指标加权评价方法选择的指标数量众多。因此，指标体系的构建显得尤为重要，尤其需要理清不同模块之间以及模块内部各个指标之间的关系，尽量避免不同指标的信息重叠问题。同时，由于不同指标在可持续发展指标体系中的作用不同，其对可持续发展影响的力度也不同，因此这种方法需要对各个指标进行权重赋值。现在确定权重的方法有专家打分法、熵权系数法、灰色关联法等。显然，如何科学合理地选择权重将在很大程度上影响可持续发展状态的评估结果。

中国科学院按照人口、资源、环境、经济、技术、管理相协调的基本原理，把可持续发展指标体系分成三个层次。第一层次包括以下 5 项指标：生存支持指标、发展支持指标、环境支持指标、社会支持指标、智力支持指标；第二层次是对上述 5 个指标进行二级分类，即每项指标各包括若干二级指标；第三层次是指每个二级指标又选择若干可以操作的具体指标。从而形成了一个具有 5 项一级指标、15 项二级指标及 50 项三级指标的可持续发展指标体系，如图 7-2[12]。

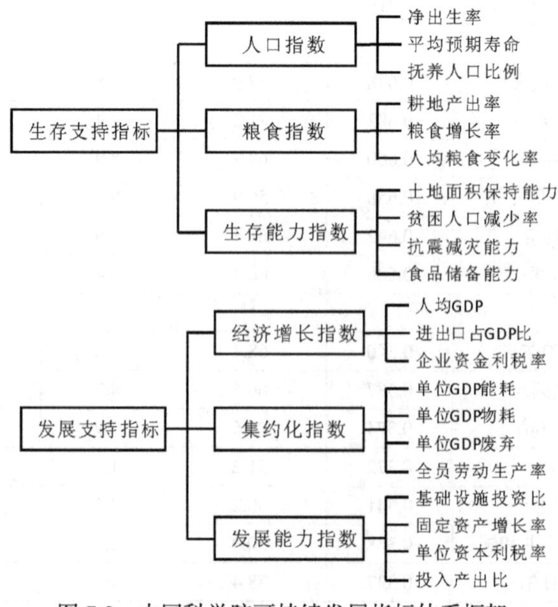

图 7-2　中国科学院可持续发展指标体系框架

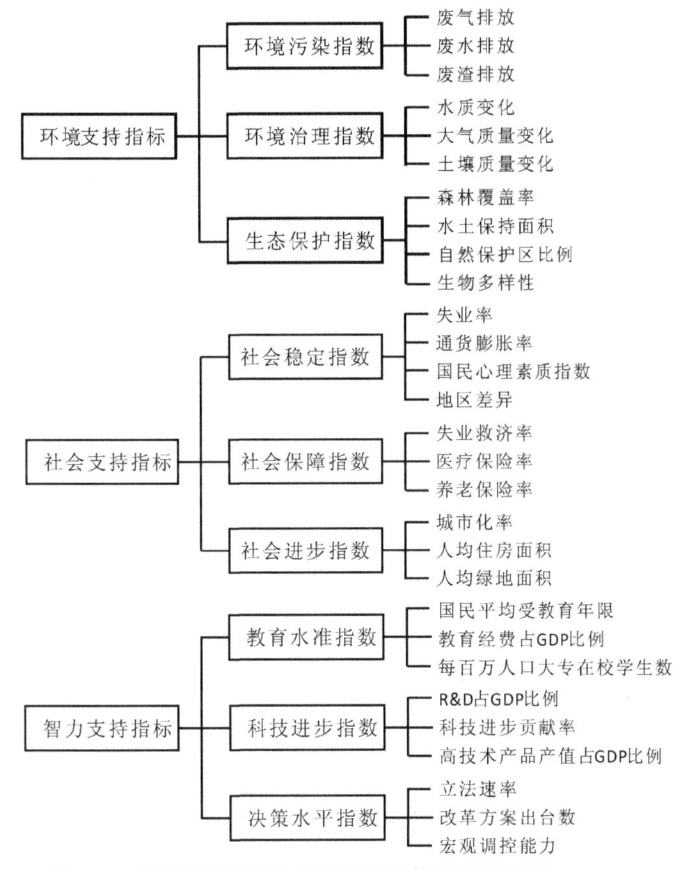

图 7-2　中国科学院可持续发展指标体系框架(续)

参考文献

[1] 中国 21 世纪议程管理中心, 中国科学院地理科学与资源研究所.可持续发展指标体系的理论与实践.北京: 社会科学文献出版社,2004.

[2] 钱易, 唐孝炎. 环境保护与可持续发展(第二版). 北京: 高等教育出版社,2010.

[3] 中国社会科学院环境与发展研究中心.中国环境与发展评论. 北京: 社会科学文献出版社,2007.

[4] Nordhaus W D, Tobin J. Is Growth Obsolete.Studies in Income and Wealth, 1973, (38): 509–532.

[5] 国家环境保护总局, 国家统计局. 中国绿色国民经济核算研究报告 2004(公众版). 2004.

[6] 环境保护部环境规划院. 中国环境经济核算研究报告 2010. 2013.

[7] 世界银行环境局, 丁迪克逊. 扩展衡量财富的手段——环境可持续发展的指标. 张坤民等译. 北京: 中国环境科学出版社,1998.

[8] William E R. Ecological footprints and appropriated carrying capacity:what urban economics leaves out.Environmental Urban. 1992,4:121–130.

[9] Wackernagel M, William E R. Our ecological footprint: Reducing human impact on the earth. Gabriola Island: New Society Publishers. 1996,61–83.

[10] 联合国开发计划署. 1990 年人文发展报告. 1990.

[11] 联合国开发计划署. 2014 年人类发展报告——促进人类持续进步: 降低脆弱性,增强抗逆力. 2014.

[12] 牛文元, 毛志峰. 可持续发展理论的系统解析.武汉: 湖北科学技术出版社,1998.

第八章　环境污染防治

第一节　水污染防治

一、水污染防治的目标、任务与原则

近几年来，水污染问题成为当前面临的重要环境问题，它不仅严重威胁着人类的生命健康，阻碍着经济建设发展，还制约着可持续发展战略的实施。因此，必须重视并积极进行水污染防治，保护人类赖以生存的环境[1]。

1. 水污染防治的主要目标

保护各类饮用水源地的水质，使供给居民的饮用水安全可靠；

恢复各类水体的使用功能，如自然保护区、珍稀濒危水生动植物保护区、水产养殖区、公共浴泳区、水上娱乐体育活动区、工业用水取水区及盐场等，为经济建设提供水资源；

改善地表水体的水质。

2. 水污染防治的主要任务

进行区域、流域或城镇的水污染防治规划，在调查分析现有水环境质量及水资源利用需求的基础上，明确水污染防治的具体任务，制定应采取的防治措施；

加强对污染源的控制，包括工业污染源、城市居民区污染源、畜禽养殖业污染源以及农田径流等，采取有效措施减少污染源排放的污染物量；

对各类废水进行妥善的收集和处理，建立完善的排水系统及污(废)水处理系统，使污(废)水排入水体前达到排放标准；

加强对水资源的保护，通过法律、行政、技术等一系列措施，使水环境免受污染。

3. 水污染防治原则

进行水污染防治的根本原则是将“防”、“治”、“管”三者结合起来。“防”是指对污染源的控制，通过有效控制使污染源排放的污染物减少到最小量。对工业污染源，最有效的控制方法是推行清洁生产。对生活污染源，可以通过推广使用节水器具，提高民众节约意识，降低用水量等措施来减少生活污水排放量。对农业污染源，提倡农田的科学施肥和农药的合理使用，可以大大减少农田中残留的化肥和农药，进而减少农田径流中所含氮、磷

和农药的量。“治”是水污染防治中不可缺少的一环。通过各种预防措施，污染源虽然可以得到一定程度的控制，但要确保排入水体前达到国家或地方规定的排放标准，还必须对污(废)水进行妥善的处理，采取各种水污染控制方法和环境工程措施，治理水污染。“管”是指对污染源、水体及处理设施等的管理。“管”在水污染防治中也占据十分重要的地位。科学的管理包括对污染源的经常监测和管理，对污水处理厂的监测和管理，以及对水环境质量的监测和管理。

二、中国水污染防治的政策措施

自20世纪80年代以来，中国经历了一个经济快速发展的过程，同时也经历了一个对水的需求量不断增大、水污染不断加重的过程。由于大量污水的排放，我国的许多河川、湖泊等水域都受到了严重的污染。水污染防治已经成为我国最紧迫的环境问题之一。为了切实控制水污染，并同时解决水资源短缺的矛盾，中国迫切需要水资源水环境管理的综合策略。这就是：控制水的需求，强调节水优先；加强源头控制，切实防治污染；多渠道开发水源，特别重视开发非传统水资源。我国水污染防控的基本政策措施如下：

1)提高环境准入“门槛”，淘汰落后生产能力，加大重点工业污染源治理力度。禁止有毒有害物质向环境排放，严格钢铁、化工、石化、造纸、酿造、印染等行业的准入条件，控制高耗能、高污染行业的过快增长。对环境污染严重的区域、环境违法突出的地区、不能完成污染物排放总量控制等环保任务的地区，一律实行“区域限批”。目前我国的工业生产正处在一个关键的发展阶段，应在产业规划和工业发展中贯穿可持续发展的指导思想，调整产业结构，完成结构的优化，使之与环境保护相协调，按照国家产业政策的要求，严格控制和加快淘汰或改造高消耗、高污染的企业，加大造纸、酒精、味精、柠檬酸等12个高耗能、高污染行业落实生产能力的淘汰力度。环境保护部发布第一批“高污染、高环境风险”产品名录，共涉及6个行业的141种“双高”产品，国家将严格限制“双高”产品。“高污染”产品是指在生产过程中污染严重、难以治理的产品；“高环境风险”产品是指在生产、运储过程中易发生污染事故、危害环境和人体健康的产品。

清洁生产包括合理选择原料和进行产品的生态设计、改革生产工艺和更新生产设备、提高水的循环使用和重复使用率，以及加强生产管理，减少和杜绝“跑冒滴漏”。在工业企业内部加强技术改造，推行清洁生产，是防治工业水污染的最重要的对策和措施，这不仅可以从根本上消除水污染，提高资源利用率，取得显著的环境效益，而且还可以带来巨大的经济效益和社会效益。在行业中应提倡向先进水平看齐，切实完成削减污染物排放总量的目标，使工业污染物的排放量在工业生产值增长的同时不断降低，只有工业污染排放量实现了负增长，我国的水污染防治才可能得到保障。

2)加强饮用水水源保护，加快城镇污水处理设施建设，科学开发利用水资源。应健全饮用水水源安全预警制度，制定突发污染事故的应急预案，完善饮用水水源地监测和管理体系，每年对集中式饮用水水源地至少进行一次水质全分析监测，形成常规监测与应急监测相结合的监测网络，提高饮用水水源地污染事故预警及防控能力。《中华人民共和国水污染防治法》规定，国家建立饮用水水源保护区制度，并将其划分为一级和二级保护区，必要时可在饮用水水源保护区外围划定一定的区域作为准保护区，对饮用水水源保护区实行严格管理。防治法规定：禁止在饮用水水源保护区内设置排污口，禁止在饮用水水源一级保护区内新建、改建、扩建与供水设施和保护水源无关的建设项目，已建成的要责令拆除或者关闭。

对于城市废水的防治，有效的措施是加强废水处理厂的建设，并采取有效措施确保城市废水厂的正常运行。在建设城市污水处理厂的同时，应合理地规划并建造城市排水系统，新建城市或城区应建设分流制排水系统，对于旧城市或旧城区已有的合流制排水系统，应加以必要的改造，既要防止不经妥善处理的废水直接排放造成水环境的污染，也要防止增加废水处理厂的负荷和运行困难。同时应十分注意将水污染防治与城市废水资源化相结合，在消除水污染的同时进行废水再生利用，以缓解城市水资源短缺的局面，这对于我国北方缺水城市具有重要意义。

水环境是一个复杂的大系统，水污染防治必须着眼于整个流域或区域。流域作为一个相对完整的资源管理单元和人类活动的集中区域，不仅是人类需求和水生态系统生存的载体，也是资源供求、人与自然、发展与水环境保护的矛盾冲突集中体，水环境问题是一个涉及土地利用、上下游相互关系、多种水体类型、多种污染类型的综合性问题，所以基于流域尺度进行水环境管理势在必行。我国目前实行重点流域管理，重点流域包括：海河流域、淮河流域、辽河流域、太湖流域、滇池流域、巢湖流域、三峡库区及其上游、南水北调东线、黄河流域、松花江流域、珠江流域等 11 个流域，并制定了各自专门的水污染防治规划。这 11 个重点流域的流域面积约占全国的 39%；人口约占全国的 63%；GDP 约占全国的 66%；水资源量约占全国的 48%；废水量约占全国的 76%；可以预见，上述重点流域水污染得到有效控制，全国的水环境质量将会得到明显改善。

三、废水处理的基本方法

（一）废水处理技术的分类

废水处理是利用各种技术措施将各种形态的污染物从废水中分离出来，或将其分解、转化为无害和稳定的物质，从而使废水得以净化的过程。废水中的污染物质是多种多样的，所以往往不可能用一种处理单元就能够把所有的污染物质去除干净。一般一种废水往往需要通过由集中方法和几个处理单元组成的处理系统处理后，才能够达到排放要求。采用哪些方法或哪几种方法联合使用，需根据废水的水质和水量、排放标准、处理方法的特点、处理成本和回收经济价值等，通过调查、分析、比较后确定，必要时要进行小试、中试等试验研究。

1. 按废水处理的程度分类

废水处理的主要原则，首先是从清洁生产的角度出发，改革生产工艺和设备，减少污染物，防止废水外排，进行综合利用和回收，必须外排的废水其处理方法随水质和要求而异。按照废水处理程度的不同，废水处理可以分为一级处理、二级处理和三级处理(也称深度处理、高级处理)(表 8–1)。

表 8-1　废水的分级处理

处理级别	污染物质	处理方法
一级处理	悬浮或胶态固体、悬浮油类、酸、碱	格栅、沉淀、上浮、过滤等
二级处理	可生化降解的有机物	生物化学处理
三级处理	难生化降解的有机物、溶解态的无机物、病毒、病菌、磷、氮等	吸附、超滤、反渗透等

一级处理主要是预处理，多采用物理方法或简单的化学方法(如初步中和酸碱度)，主要分离水中的悬浮固体物、胶状物、浮油或重油等。一级处理的处理程度低，一般达不到规定的排放要求，尚须进行二级处理。

二级处理主要是大幅度去除可生物降解的有机溶解物和部分胶状物的污染，通常采用活性污泥法、生物膜法等生物处理方法。废水经过二级处理之后，一般可达到排放标准，但可能会残存有微生物以及不能降解的有机物和氮、磷等无机盐类。

三级处理又称深度处理、高级处理，它是将二级处理后的废水，再用物理化学技术做进一步的处理，以便去除可溶性的无机物和不能分解的有机物，去除各种病毒、病菌、磷、氮和其他物质，最后达到地面水、工业用水或接近生活用水的水质标准。

2. 按废水中污染物的化学性质是否改变分类

按废水中污染物的化学性质是否改变可以分为分离处理、转化处理和稀释处理三大类。分离处理是通过各种力的作用，使污染物从水中分离出来。一般来说，在分离过程中并不改变污染物的化学性质。转化处理是指通过化学的或者生物化学的作用，将污染物转化为无害的物质，或转化为可分离的物质，然后再进行分离处理，在这一过程中污染物的化学性质发生了改变。稀释处理既不把污染物分离出来，也不改变污染物的化学性质，而是通过稀释混合，降低污染物的浓度，从而使其达到无害的目的。

3. 按处理过程中发生的变化分类

根据所采用的技术措施的作用原理和去除对象，废水处理方法可以分为物理处理法、化学处理法、物理化学处理法和生物处理法四大类。以上这些方法各有其适应范围，必须取长补短，相互补充，往往很难用一种方法就能达到良好的治理效果。

(二)废水的物理处理法

废水的物理处理法是利用物理作用来进行废水处理的方法，主要用于分离去除废水中不溶性的悬浮污染物。在处理过程中废水的化学性质不发生改变，主要工艺有筛滤截留、重力分离(自然沉淀和上浮)、离心分离等，使用的处理设备和构筑物有格栅和筛网、沉砂池和沉淀池、气浮装置、离心机、旋流分离器等[2]。

1. 格栅和筛网

格栅是截留废水中粗大污物的处理设施，由一组（或多组）平行金属棒或栅条组成，栅条间形成缝隙。格栅设置在废水处理系统的前端，安装在废水渠道、泵房及水井的进口处，以截留废水中粗大的悬浮物及其他杂质，以防堵塞水泵、管道和处理设备。格栅的截留效率取决于缝隙宽度。格栅截留的物质称为栅渣，如草木、塑料制品、纤维及其他生活垃圾等，栅渣的含水率约为80%，容重约为960kg/m³，有机成分高达85%，极易腐败，污染环境，易招引蚊蝇，应及时进行脱水和妥善处理。栅渣的处置方法包括填埋、焚烧以及堆肥等，也可将栅渣粉碎后再返回废水中，作为可沉固体进入初沉池。

筛网是由穿孔滤板或金属网构成的过滤设备，用于去除较细的悬浮物，一般废水先经过格栅截留大尺寸杂物后再用筛网过滤，收集的筛余物运至处置区填埋或与城市垃圾一起处理，当有回收利用价值时，可送至粉碎机或破碎机磨碎后再用。筛网按网眼尺寸可分为粗筛网（≥1mm）、中筛网（0.05~1mm）和微筛网（≤0.05mm）。

2. 沉淀法

沉淀法的基本原理是利用重力作用使废水中重于水的固体物质下沉，从而达到与废水分离的目的。这种工艺在废水处理中应用广泛，主要应用于：在沉砂池去除无机砂粒；在初次沉淀池去除重于水的悬浮物；在二次沉淀池去除生物处理出水中的生物污泥；在混凝工艺之后去除混凝形成的絮凝体；在污泥浓缩池中分离污泥中的水分，浓缩污泥。

沉淀池与沉砂池的本质区别在于它们分离去除的对象不同：沉砂池用于去除废水中的砂粒，而沉淀池用于去除废水中的污泥。城市废水处理工艺系统中，沉砂池在前，沉淀池在后；小型污水处理厂沉淀池采用钢结构，大型污水处理厂一般采用钢筋混凝土结构。

沉淀池在结构上可分为进水区、沉淀区、缓冲区、出水区和污泥区5个部分。进水区的作用是进行配水，流入区使水流均匀地流过沉淀池，避免短流和减少紊流对沉淀产生的不利影响；沉淀区也称澄清区，即沉淀池的工作区，是可沉颗粒与废水分离的区域；缓冲区介于沉淀区与污泥区之间，缓冲区的作用是避免水流带走沉在池底的污泥；出水区的作用是进行集水，流入区和流出区使水流均匀地分布在各个过流断面，为提高容积利用系数和固体颗粒的沉降效果提供尽可能稳定的水力条件；污泥区是污泥储存、浓缩和排放的区域。

按水流方向划分，沉淀池可以分为平流式、辐流式、竖流式、斜板式4种，它们各具特点，可适用于不同的场合。水通过进水槽和孔口流入池内，在池子澄清区的半高处均匀地分布在整个宽度上。水在澄清区内缓缓流动，水中悬浮物逐渐沉向池底。沉淀池末端设有溢流堰和出水槽，澄清水溢过堰口，通过出水槽排出池外。如水中有浮渣，堰口前需设挡板及浮渣收集设备。在沉淀池前端设有污泥斗，池底污泥在刮泥机的缓慢推动下刮入污泥斗内，污泥斗内设有排泥管，开启排泥阀时，泥渣便由排泥管排出池外。

3. 离心分离

使含有悬浮固体或浮化油的污水在设备中高速旋转，由于悬浮固体和污水的质量不同,受到的离心力也不同,质量大的悬浮固体被抛到污水外侧,这样就可使悬浮固体和污水分别通过各自出口排出设备之外,从而使污水得以净化。根据离心力的产生方式,离心分离设备可分为旋流分离器和离心机两种类型。

(三)废水的化学处理法

废水的化学处理是利用化学反应的原理及方法来分离回收废水中的污染物,或是改变它们的性质,使其无害化的一种处理方法。化学法处理的对象主要是废水中可溶解的无机物和难以生物降解的有机物或胶体物质,主要工艺有中和、混凝、化学沉淀、氧化还原等[2]。

1. 中和法

中和法是利用化学酸碱中和的原理消除废水中过量的酸和碱,使其 pH 值达到中性或接近中性的过程。处理含酸废水时通常以碱或碱性氧化物为中和剂,而处理碱性废水时则以酸或酸性氧化物作中和剂。对于中和处理,首先应当考虑以废治废的原则。例如,将酸性废水与碱性废水相互中和,或者利用废碱渣(电石渣、碳酸钙碱渣等)中和酸性废水。在没有这些条件时,才采用药剂(中和剂)中和处理法。

中和处理方法因废水的酸碱性不同而不同。对酸性废水,主要有酸性废水和碱性废水相互中和、药剂中和、过滤中和三种方法;而对碱性废水,主要有碱性废水和酸性废水相互中和、药剂中和、烟道气中和三种。在废水中和时,要将废水的 pH 值调整到某一特定值(范围),这种处理操作称为 pH 值调节。如将 pH 值由中性或酸性调至碱性,称为碱化;如将 pH 值由中性或碱性调至酸性,称为酸化。

2. 混凝法

混凝是在废水中预先投加化学药剂来破坏胶体的稳定性,使废水中的胶体和细小悬浮物聚焦成可分离性的絮凝体,再加以分离除去的过程。常用的混凝剂、助凝剂有硫酸铝、氯化铝、铝酸钠、聚合氯化铝、聚合硫酸铝等。

3. 化学沉淀法

化学沉淀法是向水中投加某些化学药剂,使之与水中溶解性物质发生化学反应,生成难溶化合物,再进行固液分离,从而去除废水中污染物的方法。利用此法可在废水处理中去除重金属(如 Hg、Zn、Cd、Cr、Pb、Cu 等)和某些非金属离子态污染物,对于危害性极大的重金属废水,虽然有许多处理方法,但是化学沉淀法仍然是最为重要的一种。根据使用的沉淀剂的不同和生成的难溶盐的种类,化学沉淀法可分为氢氧化物沉淀法、硫化物沉淀法和钡盐沉淀法等。

4. 氧化还原法

利用某些溶解于废水中的有毒有害物质在氧化还原反应中能被氧化或被还原的性质,把它们转化成无毒无害或微毒的新物质,或者转化成容易从水中分离排除的形态(气体或固体)，从而达到处理的目的，这种方法称为氧化还原法。

废水的氧化还原法可根据有毒有害物质在氧化还原反应过程中是被氧化还是被还原的不同，分为氧化法和还原法两大类。化学氧化法就是向废水中投加氧化剂，将废水中的有毒有害物质氧化成无毒或毒性小的新物质，或者氧化成容易从水中分离和排除的形态（固态或气态），从而达到处理的目的。废水中的有机物及还原性无机离子(CN^-、S_2^-、Fe^{2+}、Mn^{2+})都可通过氧化法消除其危害。常用的氧化剂有氯类和氧类两种：前者包括气态氯、液氯、次氯酸钠、次氯酸钙(漂白粉)、二氧化氯等；后者中有氧、臭氧、过氧化氢、高锰酸钾等。还原法就是向废水中投加还原剂，将废水中的有毒有害物质还原成无毒或毒性小的新物质的方法。目前，还原法主要用于去除废水中的 Cr^{6+}、Hg^{2+} 等重金属离子。常用的还原剂有硫酸亚铁、氯化亚铁、铁屑、锌粉、二氧化硫、硼氢化钠等。

(四)废水的物理化学处理法

废水的物理化学处理是利用物理化学反应的作用分离、回收废水中无机的或有机的(包括难以生物降解的)溶解态或胶态的污染物，回收有用组分，并使废水得到深度净化。因此，物理化学法适合于处理杂质浓度很高的废水或是浓度很低的废水，其主要方法有吸附、离子交换、萃取等[2]。

1. 吸附法

吸附法是利用多孔性的固体物质，利用固、液相界面上的物质传递，使水中一种或多种物质被吸附在固体表面，从而使之从废水中分离去除的方法。具有吸附能力的多孔固体物质称为吸附剂，根据吸附剂表面吸附力的不同，可以分为物理吸附、化学吸附和离子交换性吸附，在废水处理中所发生的吸附过程往往是几种吸附作用的综合表现。废水常用的吸附剂有活性炭、沸石等。

2. 离子交换法

离子交换法是指在固体颗粒和液体的界面上发生的离子交换过程。离子交换水处理法即利用离子交换剂对物质的选择性交换能力去除水和废水中的杂质和有害物质的方法。离子交换的实质是不溶性离子化合物(离子交换剂)上可交换离子与溶液中的其他同性离子之间的交换反应，是一种特殊的吸附过程，也称可逆性化学吸附，广泛应用于处理含铬、汞、锌、镍、铜以及电镀含氰废水，回收废水中的有价值的物质，净化有毒物质。

3. 气浮法

用于分离相对密度与水接近或比水小，靠自重难以沉淀的细微颗粒污染物，其基本原理是在废水中通入空气，产生大量的细小气泡，并使其附着于细微颗粒污染物上，形成相对密度小于水的浮体，上浮至水面，从而达到使细微颗粒与废水分离的目的。

气浮法按气泡产生的不同方式，分为鼓气气浮、加压气浮和电解气浮。产生气泡的方法一般分两种：一是溶气法，将气体压入盛有废水的溶气罐中，在水-气充分接触下，使气在水中溶解并达到饱和,故又称加压溶气气浮;二是散气法,主要采用多孔的扩散板曝气和叶轮搅拌产生气泡,试验表明,气泡的直径越小,能除去的污染物颗粒就越细,净化效率也越高。故废水处理中,多采用溶气法。

4. 萃取

萃取是指将与水互不相溶且密度小于水的特定有机溶剂(萃取剂)和被处理水接触,在物理(溶解)或化学(络合、螯合式离子缔合)的作用下,使原溶解于水中的某种组分由水相转移至有机相的过程。被萃取组分在有机相中的溶解度大于水相是萃取法的必要条件。萃取法主要用于含高浓度重金属离子与某些高浓度有机物(如含酚或染料等)的废水,回收其中有用资源。

5. 膜分离

可使溶液中某些成分不能透过,而其他成分能透过的膜,称为半透膜。膜分离是利用特殊的半透膜的选择性透过作用,将废水中的颗粒、分子或离子与水分离的方法,包括微过滤、超过滤和反渗透等。

(五)废水的生物处理法

自然界中,栖息着巨量的微生物,这些微生物具有氧化分解有机物并将其转化成稳定无机物的能力。废水中的生物处理法就是利用微生物氧化分解有机物的这一功能,并采取一定的人工措施,创造有利于微生物生长、繁殖的环境,使微生物大量增殖,以提高其氧化分解有机物效率的一种废水处理方法。根据采用的微生物的呼吸特性,生物处理可分为好氧生物处理和厌氧生物处理两大类;根据微生物的生长状态,废水生物处理法又可以分为悬浮生长型(如活性污泥法)和附着生长型(如生物膜法)[2]。

1. 好氧处理

好氧处理是利用好氧微生物在有氧环境下, 把污水中的有机物分解为简单的无机物。其处理方法有活性污泥法、生物膜法(生物滤池、生物转盘和生物接触氧化)。好氧生物处理法处理效率高、使用广泛,是废水生物处理中的主要方法。

2. 厌氧处理

利用厌氧菌在无氧条件下,将有机污染物降解为甲烷、二氧化碳等,多用于有机污泥、高浓度有机工业废水等的处理,如啤酒废水、屠宰场废水等的处理,也可用于低浓度城市污水的处理。污泥厌氧构筑物多采用消化池,最近几十年来,开发出一系列新型高效的厌氧处理构筑物,如厌氧滤池(AF)、升流式厌氧污泥床(UASB)、厌氧流化床(AFB)等。

3. 天然生物处理法

天然生物处理法即利用在天然条件下生长、繁殖的微生物处理废水的技术。它的主要特征是工艺简单,建设与运行费用都较低,但净化功能易受到自然条件的制约,主要处理技术有稳定塘和土地处理法等。

第二节　大气污染防治

一、中国大气污染的综合防治措施

大气污染一般是由多种污染源所造成的,其污染程度受该地区的地形、气象、植被面积、能源构成、工业结构和布局、交通管理和人口密集等自然因素和社会因素所影响。因此,大气污染防治具有区域性、整体性和综合性的特点。在制定大气污染防治对策时,要充分考虑地区的环境特征,从地区的生态系统出发,对影响大气质量的多种因素进行系统的综合分析,找出最佳的对策和方案。

大气污染综合防治应坚持"以防为主,防治结合"原则,立足于环境问题的区域性、系统性和整体性,把一个城市或地区的大气环境看作是一个整体,统一规划能源消费、工业发展、交通运输和城市建设之间的关系,并综合运用各种可行的防治污染措施,充分运用大气环境的自净能力。大气污染是环境污染的一个重要方面,只有纳入区域环境综合防治规划中统筹考虑,才可能真正解决问题。大气污染综合防治是一项十分复杂的工程,涉及范围广泛。为了使城市或工矿区某种或几种大气污染物降低到环境允许浓度或目标值,必须从实际出发,对各种能减轻大气环境污染方案的技术可行性、经济合理性、方案可实践性等进行优化筛选和评价,并根据城市或区域特点、经济能力和管理水平等因素,确定实现整个区域大气环境质量控制目标的最佳实施方案。只有从整体大气环境状况出发,进行综合防治才能有效地控制大气污染。大气污染的综合防治应该注重以下几个方面[3]。

(1)全面规划、合理布局、制定大气污染综合防治规划

城市和工业的地区性污染,近年来已成为普遍的环境问题。通过实践人们逐渐认识到,只靠单项治理不能很有效地、更经济地解决地区性的大气污染问题,只有从整个地区的社会经济和大气污染状况出发,在进行区域经济和社会发展规划时,合理布局城市与工业功能区划,优化能源结构和交通运输发展,做好环境规划,才能有效地控制大气污染。

环境规划是体现环境污染以预防为主、综合防治的最重要和最高层次的手段,也是经济可持续发展规划的重要组成部分。做好城市和工业区的环境规划设计工作,正确选择厂址,考虑区域综合性治理措施,是控制污染的一个重要途径。

(2)严格环境管理

从各国大气污染控制的实践来看,国家及地方的立法管理对大气环境的改善起着至关重要的作用。完善的环境管理体制是由环境立法、环境监测机构、环境法的执行机构构成的。目前我国已经建立了由大气污染防治法、环境空气质量控制标准、大气污染物排放标准、大气污染控制技术标准及大气污染警报标准等基本完整的法律及标准体系。我国

制定了《中华人民共和国大气污染防治法》[4]，并对该法进行了连续的修订，从制定大气污染防治法到连续的修改，说明了法律手段在防治大气污染中的重要作用。防治法中对大气污染防治的监督管理体制、主要的法律制度、防治燃烧产生的大气污染、防治机动车船排放污染以及防治废气、尘和恶臭污染的主要措施、法律责任等均做了较为明确、具体的规定，其重要的制度有：大气污染物排放总量控制和许可证制度、污染物排放超标违法制度、排污收费制度等。

(3)推行清洁生产，实施可持续发展的能源战略

清洁生产倡导采用无污染或少污染的清洁能源、清洁的生产工艺，通过生产的全过程控制从根本上削减污染。我国的能源结构面临着经济发展和环境保护两方面的挑战，必须实施可持续的能源战略，包括：综合能源规划与管理，改善能源供应结构和布局，提高清洁能源和优质能源比例，提高能源利用效率，节约能源，推广污染少的煤炭开采技术和清洁煤技术，积极开发利用新能源和可再生能源。

中国是世界上最大的煤炭生产国和消费国，传统的煤炭开发利用方式导致严重的煤烟型污染，它已成为中国大气污染的主要类型。由于这种以煤为主的能源格局在相当一段时期内难以改变，发展洁净煤技术是现实的选择。洁净煤技术是指在煤炭开发利用的全过程中，旨在减少污染排放与提高利用效率的加工、燃烧、转化及污染控制等新技术，主要包括煤炭洗选、加工(型煤、水煤浆)、转化(煤炭气化、液化)、先进发电技术(常压循环流化床、加压流化床、整体煤气化联合循环)、烟气净化(除尘、脱硫、脱氮)等方面的内容。目前，洁净煤技术作为可持续发展战略的一项重要内容，受到了我国政府的高度重视，其发展已被列入《中国21世纪议程》，中国洁净煤技术主要涉及煤炭、电力、化工、建材、冶金5个主要行业。

(4)采取大气污染净化技术，严格控制污染源排放

对各类大气污染源采取有效的污染控制技术和装置，进行污染治理，是控制环境空气质量的基础，是实施大气污染综合防治的前提。我国大气污染的主要来源有能源生产和消费排放的废气、机动车尾气排放及工业废气排放等，其中机动车污染与机动车保有量、燃料利用率、燃料性能及交通状况等诸多因素密切相关，随着机动车保有量的迅速增加和城市化进程的加快，中国一些大城市的大气污染类型正在由煤烟型污染向混合型或机动车污染型转化，机动车尾气排放已经成为主要城市的重要污染源。为了保证既满足居民的需要，又控制机动车的保有量，进行合理的城市规划，按照“公交优先”的策略，提供以公共汽车为主的公共交通系统，有计划地改善燃油品质，实施更加严格的机动车尾气排放标准，加强用车的监督管理，均可以减轻日益增加的汽车对空气质量的影响。

二、大气污染控制技术

依据大气污染物类别不同，其治理技术也不同，可分为两类治理技术，即颗粒污染物的治理技术和气态污染物的治理技术[5]。

1. 颗粒污染物的治理技术

大气中固体颗粒污染物与燃料燃烧关系密切，由燃料或其他物质燃烧或以电能加热等过程产生的烟尘都以固态或固液共存的形式存在于气体中。减少这些工业生产排出的颗粒状污染物的排放方法有两大类：一类是改变燃料的构成，以减少颗粒物的生成；另一类是在固体颗粒物排放到大气之前，采用控制设备防尘，以降低对大气的污染。

从废气中将颗粒物分离出来加以捕集、回收的过程称为除尘，实现上述过程的设备称为除尘装置，控制烟尘和粉尘的主要手段是采用除尘装置。目前通常使用的除尘装置有很多，按照其基本的工作原理，除尘方式大致可分为机械式除尘、湿式洗涤除尘、静电除尘和过滤除尘等。

(1)机械式除尘

它是利用重力、惯性、离心力等机械力将颗粒物从气流中分离出来，达到净化的目的。根据三种作用力的不同，机械除尘器分为重力沉降、惯性分离、离心分离。重力沉降是在颗粒污染物本身具有的重力作用下，施加以适宜的条件，较大的尘粒能够产生明显的沉降作用，最终沉降在沉积面上而得以去除。惯性分离是突然改变颗粒污染物载气的运动速度或方向，其中的尘粒在惯性力的作用下，与载气产生分离运动，并沉降在沉积面上而得以去除。离心分离是使含有颗粒污染物的气体在一定的设备内做圆周运动，产生离心力，尘粒在离心力的作用下，产生与气体的分离运动，以设备内壁面为沉积面而被分离。

(2)湿式洗涤除尘

通过液滴或液膜洗涤含尘气体，使粒子黏附和凝集，进行尘粒的分离，常用的设备有重力喷雾洗涤除尘器、离心式水膜除尘器、文丘里除尘器等。

(3)静电除尘

使含有颗粒污染物的气体通过电晕放电的电场，其中的颗粒物荷电，在电场力的作用下，尘粒向集尘极表面沉积而与载气分离，常用的设备有干式静电除尘器、湿式静电除尘器等。

(4)过滤除尘

使含有颗粒污染物的气体通过具有很多毛细孔的滤料，而将颗粒污染物截留下来的方法，常用的设备有颗粒层过滤器和袋式过滤器等。

选择哪一种方法去除颗粒污染物，主要从颗粒污染物的粒径大小和数量以及操作费用等方面来考虑。一般情况下，较大颗粒(数十微米以上)宜采用干法，而细小颗粒(数微米)则宜采用过滤法和静电法。

2. 气态污染物的治理技术

大气中气态污染物的脱除一般是利用气态污染物的化学或物理化学性质将其从气体中除去，主要的治理技术有吸收法、吸附法、催化转化法、燃烧法、冷凝法、生物法等，其中吸收法和吸附法是气态污染物治理应用中最为广泛的两种方法。

(1)吸收法

吸收法是利用气体、液体中溶解度不同的这一现象,以分离和净化气体混合物的一种技术,常用来从工业废气中去除SO_2、NO_x等有害气体。吸收可分为化学吸收和物理吸收两大类。化学吸收,被吸收的气体组分与吸收液之间产生明显的化学反应的吸收过程。从废气中去除气态污染物多用化学吸收法,例如用碱液吸收烟气中的SO_2,用水吸收NO_x等。物理吸收,被吸收的气体组分与吸收液之间不产生明显的化学反应的吸收过程,仅仅是被吸收的气体组分溶解于液体的过程,如用水吸收醇类和酮类物质。在吸收法中,选择合适的吸收液至关重要,在对气态污染物处理中,这是处理效果好坏的关键。用于吸收气态污染物质的吸收液有下列几种:

1)水,用于吸收易溶的有害气体;

2)碱性吸收液,吸收那些能够和碱起化学反应的有害酸性气体,如SO_2、NO_x、H_2S等,常用的碱性吸收液有氢氧化钠、氢氧化钙、氨水等;

3)酸性吸收液,NO和NO_2气体能够在稀硝酸中溶解,而且其溶解度比在水中高得多;

4)有机吸收液,用于有机废气的吸收,洗油、聚乙醇醚、冷甲醇、二乙醇胺都可作为吸收液,并能够去除酸性气体,如H_2S、CO_2等。

目前在工业上常用的吸收设备有表面吸收器、板式塔、喷洒塔、文丘里塔等。

(2)吸附法

吸附是一种固体表面现象,它利用多孔性固体吸附剂处理气态污染物,使其中的一种或几种组分,在固体吸附剂表面,在分子引力或化学键力的作用下,被吸附在固体表面,从而达到分离的目的。

常用的固体吸附剂有骨炭、硅胶、矾土、沸石、焦炭和活性炭等,其中应用最为广泛的是活性炭。活性炭对广谱污染物具有吸附功能,除CO、SO_2、NO_x、H_2S外,还对苯、甲苯、二甲苯、乙醇、乙醚、煤油、汽油、苯乙烯、氯乙烯等物质都有吸附功能。用于净化气态污染物的吸附设备,与废水处理中的设备相同,可分为固定床、移动床和流化床3种。吸附法工艺简单、效率高,并可回收纯度较高的有机物质,以活性炭为吸附剂能够从废气中回收很多物质,如汽油、石油醚、甲醇、乙醇、丙醇、丁醇以及二氯乙烷、二氯丙烷、芳香烃等。

(3)催化转化法

催化转化法净化气态污染物是利用催化剂的催化作用,使废气中的有害组分发生化学反应并转化为无害物或易于去除物质的一种方法。催化转化法净化效率较高,净化效率受废气中污染物浓度影响较小,而且在治理过程中无需将污染物与主气流分离,可直接将主气流中的有害物转化为无害物,避免了二次污染,但所用催化剂价格较贵,操作上要求较高,废气中的有害物质很难作为有用物质进行回收等是该法存在的缺点。

(4)燃烧法

燃烧法是对含有可燃有害组分的混合气体进行氧化燃烧或高温分解,从而使这些有害组分转化为无害物质的方法。燃烧法主要应用于碳氢化合物、CO、恶臭、沥青烟、黑烟等有害物质的净化治理。燃烧法工艺比较简单,操作方便,可回收燃烧后的热量,但不能回收有用物质,并容易造成二次污染。

(5)冷凝法

冷凝法是采用降低废气温度或提高废气压力的方法,使一些易于凝结的有害气体或蒸气态的污染物冷凝成液体并从废气中分离出来的方法。冷凝法只适于处理高浓度的有机废气,常用作吸附、燃烧等方法净化高浓度废气的前处理,以减轻这些方法的负荷。冷凝法的设备简单,操作方便,并可回收到纯度较高的产物。

(6)生物法

利用微生物的代谢活动过程把废气中的气态污染物转化为少害甚至无害的物质,该法应用广泛,成本低廉,但只适用于低浓度污染物。

第三节　固体废物污染防治

一、固体废物处理处置利用原则

对固体废物污染的控制,关键在于解决好废物的处理、处置和综合利用的问题。《中华人民共和国固体废物污染环境防治法》[6]确立了固体废物污染防治的"三化"原则,即固体废物污染防治的"减量化、资源化、无害化"原则,明确了对固体废物进行全过程管理的原则,以及危险废物重点控制的原则。

(1)减量化

固体废物减量化是通过适宜的手段减少固体废物的数量和减少固体废物的体积的处理方式。这需要从两个方面入手:一是减少固体废物的产生,二是对固体废物进行处理利用。如果能够采取措施,最小限度地产生和排放固体废物,就可以从"源头"上直接减少或减轻固体废物对环境和人体健康的危害,最大限度地合理开发利用资源和能源。减量化的要求,不只是减少固体废物的数量、减小固体废物的体积,还包括尽可能地减少固体废物的种类、降低危险废物的有害成分的浓度、减轻或清除其危险特性等。减量化是对固体废物的数量、体积、种类、有害性质的全面管理,是防治固体废物污染环境的优先措施。我国工业固体废物产生量过大,提高我国工业生产水平和管理水平,鼓励和支持开展清洁生产,开发和推广先进的生产技术和设备,充分合理地利用原材料、能源和其他资源,减少废物产生量是固体废物污染控制的最有效的途径之一。

针对城市固体废物的减量化,可以通过如下措施来实现:推行垃圾分类收集,城市垃圾收集方式分为混合收集和分类收集两大类。混合收集是对不同产生源的垃圾不作任何处理或管理的简单收集方式,而按垃圾的组分进行垃圾分类收集,不仅有利于废品回收与资源利用,还可以大幅度减少垃圾处理量。分类收集过程中通常把垃圾分为易腐物、可回收物、不可回收物等几大类,其中可回收物又可按纸、塑料、玻璃、金属等几类分别回收。城市垃圾中一次性商品废物和包装废物日益增多,既增加了垃圾产生量,又造成资源浪费,因此,避免过度包装和减少一次性商品的使用是实现城市固体废物减量化的又一个重要措施。为了减少包装废物产生量,促进其回收利用,世界上许多国家颁布包装法规或者条例，强调包装废物的生产者、进口者和销售者必须“对产品的整个生命周期负责”，承担包装废物的分类回收、再生利用和无害化处理处置的义务，承担其中需要的费用，促使包装制品的生产者和进口者以及销售者在产品的设计、制造环节上少用材料，减少废物产生量，少使用塑料包装物，多使用易于回收利用和无害化处理处置的材料。

(2)资源化

固体废物资源化是采取工艺技术，从固体废物中回收有用的物质与能源。资源化主要包括三个方面：一是物质回收，即处理废物并从中回收指定的二次物质，如纸张、玻璃、金属等；二是物质转换，即利用废物制取新形态的物质，如利用废玻璃和废橡胶生产铺路材料，利用炉渣生产水泥和其他建筑材料，利用有机垃圾生产堆肥等；三是能量转换，即从废物处理过程中回收能量，作为热能和电能，如利用有机废物的焚烧处理回收热量，进一步发电，利用垃圾厌氧消化产生沼气，作为能源向居民和企业供热或发电。

固体废物的“资源化”具有环境效益高、生产成本低、生产效率高、能耗低等特点，如用废铁炼钢代替铁矿石炼钢可节约能耗 74%，减少空气污染 85%，减少矿山垃圾 97%，用铁矿石炼钢 1t 需 8 个工时，而废铁炼钢仅需 2～3 个工时。因此，固体废物“资源化”不仅可获得良好的经济效益，还可节约资源、能源，在“资源化”的同时除去某些潜在的毒性物质，减少废物产生量。

(3)无害化

固体废物无害化处理是指对已产生又无法或暂时尚不能综合利用的固体废物，经过物理化学或生物方法，进行对环境无害或低危害的安全处理、处置，达到废物的消毒、解毒或稳定化，以防治并减少固体废物的污染危害。目前，固体废物无害化处理已经发展为一门崭新的工程技术，如垃圾的焚烧、卫生填埋、堆肥、粪便的厌氧发酵、有害废物的热处理和解毒处理等。其中，“高温快速堆肥处理工艺”、“高温厌氧发酵处理工艺”在我国都已达到实用程度。根据我国大多数城市生活垃圾的特点，在近期内，着重发展卫生填埋和高温堆肥处理技术是适宜的。卫生填埋处理量大、投资少、见效快，高温堆肥进行深加工成为垃圾复混肥则有更为广阔的发展前景。这两种处理方式可以迅速提高生活垃圾处理率，解决当前带有爆炸性的垃圾出路问题。

二、固体废物的全过程管理原则

《中华人民共和国固体废物污染环境防治法》[6]确立了对固体废物进行全过程管理的原则，对固体废物从产生、收集、运输、利用、储存、处理和处置的全过程及各个环节都实行控制管理和开展污染防治，故亦称为“从摇篮到坟墓”的管理原则。这主要是基于固体废物从其产生到最终处置的全过程中的各个环节都有产生污染危害的可能性，如固体废物焚烧处理中产生的空气污染、固体废物土地填埋处理中产生的渗滤液对地下水体的污染，因而有必要对整个过程及其每一个环节都实施控制和监督。

(1)管理体系

依据上述原则,可以将固体废物从产生到处置的全过程分为五个连续或不连续的环节进行控制。其中,各种产业活动中的清洁生产是第一阶段,在这一阶段,通过改变原材料、改进生产工艺和更换产品等来减少或避免固体废物的产生。在此基础上,对生产过程中产生的固体废物,尽量进行系统内的回收利用,这是管理体系的第二阶段。对于已产生的固体废物,则进行第三阶段,即系统外的回收利用。第四阶段是无害化、稳定化处理。第五阶段是固体废物的最终处置。

我国的固体废物管理体系是以环境保护主管部门为主,结合有关的工业主管部门以及城市建设主管部门,共同对固体废物实行全过程管理。各级环保主管部门对固体废物污染环境的防治工作实施统一监督管理。国务院有关部门、地方人民政府有关部门在各自的职责范围内负责固体废物污染环境防治的监督管理工作。各级人民政府环境卫生行政主管部门负责城市垃圾的清扫、贮存、运输和处置的监督管理工作。

(2)固体废物管理制度

1)分类管理制度。固体废物具有量多面广、成分复杂的特点,需对城市生活垃圾、工业固体废物和危险废物分别管理。《中华人民共和国固体废物污染环境防治法》[6]第58条规定:"禁止混合收集、储存、运输、处置性质不相容而未经安全性处置的危险废物,禁止将危险废物混入非危险废物中储存。"

2)工业固体废物申报登记制度。实施该制度有利于掌握工业固体废物和危险废物的种类、产生量、流向以及对环境的影响等情况,进而进行有效的固体废物全过程管理。

3)进口废物审批制度。《中华人民共和国固体废物污染环境防治法》[6]明确规定:"禁止中华人民共和国境外的固体废物进境倾倒、堆放、处置","禁止经中华人民共和国过境转移危险废物","禁止进口不能用作原料或者不能以无害化方式利用的固体废物;对可以用作原料的固体废物实行限制进口和自动许可进口分类管理"。

4)危险废物行政代执行制度。《中华人民共和国固体废物污染环境防治法》[6]规定:"产生危险废物的单位,必须按照国家有关规定处置危险废物,不得擅自倾倒、堆放;不处置的,由所在地县级以上地方人民政府环境保护行政主管部门责令限期改正;逾期不处置或处置不符合国家有关规定的,由所在地县级以上地方人民政府环境保护行政主管部门指定单位按照国家有关规定代为处置,处置费用由产生危险废物的单位承担。"

5)危险废物经营许可证制度。危险废物的危险特性决定了并非任何单位和个人都可以从事危险废物的收集、储存、处理、处置等经营活动,必须由具备一定设施、设备、人才和专业技术能力并通过资质审查获得经营许可证的单位进行危险废物的收集、储存、处理、处置等经营活动。

6)危险废物转移报告单制度。也称危险废物转移联单制度,这一制度是为了保证运输安全、防止非法转移和处置,保证废物的安全监控,防止污染事故的发生。

另外,还有固体废物污染环境影响评价制度及其防治设施的"三同时"制度、排污收费制度以及限期治理制度等固体废物管理制度。

三、固体废物的处理处置技术

固体废物处理是指将固体废物转变成适于运输、利用、储存或最终处置的过程。固体废物处置是指最终处置或安全处置，是固体废物污染控制的末端环节，是解决固体废物的归宿问题[7,8]。

1. 固体废物的处理技术

固体废物的处理技术可以分为物理处理、化学处理、生物处理、热处理以及固化处理等方法。其中，物理处理是指通过浓缩或相变化改变固体废物的结构，使之成为便于运输、储存、利用或处置的形态。化学处理是指采用化学方法破坏固体废物中的有害成分从而达到无害化，或将其转变为适于进一步处理、处置的形态。生物处理是指利用微生物分解固体废物中可降解的有机物，从而达到无害化或综合利用。热处理是指通过高温破坏和改变固体废物组成和结构，同时达到减容、无害化或综合利用的目的，热处理方法包括焚烧、热解等。固化处理是指采用固化基材料将废物固定或包覆起来以降低其对环境的危害，因而能较安全地运输和处置的一种处理过程。这些处理技术中目前采用的主要具体方法包括压实、破碎、分选、固化、焚烧、热解、生物处理等。

（1）压实

压实是一种通过对固体废物实行减容化，降低运输成本、延长填埋场寿命的预处理技术。它是一种普遍采用的固体废物预处理方法，如汽车、易拉罐、塑料瓶等通常首先采用压实方法处理。适于压实减少体积处理的固体废物还有松散废物、纸带、纸箱及某些纤维制品等。对于那些可能使压实设备损坏的废物不宜采用压实处理，某些可能引起操作问题的废物，如焦油、污泥或液体物料，一般也不宜做压实处理。

（2）破碎

破碎是通过人力或机械等外力的作用，破坏物体内部的凝聚力和分子间作用力而使物体破裂变碎的操作过程。破碎是固体废物处理技术中最常用的预处理工艺。破碎不是最终处理的作业，而是运输、焚烧、热分解、熔化、压缩等作业的预处理作业。换言之，破碎的目的是为了使上述操作能够或容易进行，或者更加经济有效。固体废物经过破碎之后，尺寸减小，粒度均匀，这对于固体废物的焚烧、堆肥和资源化处理均有明显的好处。

（3）分选

分选是根据被分选物的颗粒大小、密度、电磁性能和光学性质等方面的差异，把固体废物中的有用成分分离出来的操作。固体废物的分选具有很重要的意义。在固体废物处理、处置与回用之前必须进行分选，将有用成分分选出来加以利用，并将有害成分分离出来。因选出对象的特性差异较大，具体分选方法多种多样，包括手工拣选、筛选、重力分选、磁力分选、涡电流分选、光学分选等。

（4）固化

固化技术是通过向废物中添加固化基材，使有害固体废物固定或包容在惰性固化基材中的一种无害化处理过程。理想的固化产物应具有良好的抗渗透性、良好的机械特性，以及抗浸出性、抗干湿、抗冻融特性。这样的固化产物可直接在安全土地填埋场处置，也可用做建筑的基础材料或道路的路基材料。固化处理根据固化基材的不同，可以分为水泥固化、沥青固化、玻璃固化、自胶质固化等。固化处理的主要对象是危险固体废物。

(5)焚烧

焚烧是固体废物高温分解和深度氧化的综合处理过程，其作用是把大量有害的废料分解变成无害的物质。由于固体废物中可燃物的比例逐渐增加，采用焚烧方法处理固体废物，利用其热能已成为必然的发展趋势。以焚烧法处理固体废物，占地少，处理量大，在保护环境、提供能源等方面可取得良好的效果。欧洲国家较早采用焚烧法处理固体废物，焚烧厂多设在10万人口以上的大城市，并设有能量回收系统。焚烧过程中获得的热能可以用于发电；利用焚烧炉产生的热量，可以供居民取暖，用于维持温室室温等。目前，日本及瑞士每年把超过65%的都市废料进行焚烧而使能源再生。但是焚烧法也有缺点，如投资较大，焚烧过程排烟造成二次污染，设备锈蚀现象严重等。

(6)热解

热解是一种古老的工业化生产技术，该技术最早应用于煤的干馏。20世纪70年代初期，世界性石油危机对工业化国家经济的冲击，使得人们逐渐意识到开发再生能源的重要性，热解技术开始用于固体废物的资源化处理。热解是将有机物在无氧或缺氧条件下高温(500～1 000℃)加热，使之分解为气、液、固三类产物。与焚烧法相比，热解法的显著优点是：减轻对大气的二次污染；回收能源性气体；基建投资少。

(7)生物处理

生物处理技术是利用微生物对有机固体废物的分解作用使其无害化。有机固体废物的堆肥技术是一种最常用的固体废物生物转换技术，是对固体废物进行稳定化、无害化处理的重要方式之一，也是实现固体废物资源化、能源化的系统技术之一。根据在处理过程中起作用的微生物对氧气需求的不同，生物处理可以分为好氧生物处理和厌氧生物处理两类。

2. 固体废物的处置技术

固体废物的处置是指最终处置或安全处置，是解决固体废物的归宿问题。固体废物的处置主要目的是使固体废物最大限度地与生物圈隔离，防治其对环境的扩散污染，确保现在和将来都不会对人类造成危害或影响甚微。因此，处置场所要安全可靠，通过天然或人工屏障使固体废物被有效隔离，使污染物质不会对附近生态环境造成危害，更不能对人类活动造成影响。处置场所要设有必须的环境保护监测设备，要便于管理和维护，被处置的固体废物中有害组分含量要尽可能少，体积要尽量小，以方便安全处理，并减少处置成本，处置方法要尽量简便、经济，既要符合现有的经济水准和环保要求，也要考虑长远的环境效益。

广泛应用的处置技术主要是填埋处置，填埋处置就是在陆地上选择合适的天然场所或人工改造出合适的场所，把固体废物用土层覆盖起来的技术，分为卫生土地填埋和安全填埋两类。卫生土地填埋用于一般城市垃圾与无害化工业废渣，将被处置的固体废物进行土地填埋，以减少对公众健康及环境卫生的影响。安全填埋主要是处理有毒有害固体废物的处置，从填埋场结构上更强调了对地下水的保护、渗出液的处理和填埋场的安全监测。

第四节　物理性污染防治

物理性污染不同于大气、水、土壤环境污染，后三者是有害物质和生物输入环境，或者是环境中的某些物质超过正常含量所致，而引起物理性污染的声、光、热等在环境中是永远存在的，它们本身对人无害，只是在环境中的强度过高或过低时，会危害人的健康和生态环境，造成污染或异常，如声音对人是必需的，但声音过强，会妨碍人的正常活动，反之，长久寂静无声，人会感到恐怖，乃至疯狂。物理性污染也不同于化学性、生物性污染，物理性污染一般是局部性的，在环境中不残留，一旦污染源消除，物理性污染即消失[9]。

一、噪声污染防治

产生噪声的声源很多，按其污染源种类来分，有交通运输噪声、工业噪声、建筑施工噪声和生活噪声。交通运输噪声是由各种交通运输工具在行驶中产生的，许多国家的调查结果表明，城市噪声源有70%来自交通噪声。载重汽车、公共汽车、拖拉机等重型车辆的行进噪声为89~92dB，电喇叭为90~100dB，汽喇叭为105~110dB（距行驶车辆5m处）。市区内这些噪声平均值都超过了人的最大允许值85dB，严重干扰着人们的正常生活、工作和学习。

工业噪声是指工厂在生产过程中由于机械振动、摩擦、撞击及气流扰动而引起的噪声。我国工业企业噪声调查结果表明，一般电子工业和轻工业的噪声在90dB以下，纺织厂噪声为90~106dB，机械工业噪声为80~120dB，凿岩机、大型球磨机为120dB，风铲、风镐、大型鼓风机在120dB以上。这些声音传到居民区常常超过90dB，严重影响居民的正常生活。

建筑施工噪声主要指建筑施工现场产生的噪声。在施工中要大量使用各种动力机械，要进行挖掘、打洞、搅拌，要频繁地运输材料和构件，从而产生大量噪声。这类噪声常在80dB以上，扰乱邻近居民的正常生活。

社会生活和家庭生活的噪声也是普遍存在的，如宣传用的高音喇叭、家庭用收录机、电视机、缝纫机发出的声音都对邻居产生影响。随着人们生活水平的提高，家庭常用的设备如洗衣机、电冰箱、除尘器、抽水马桶等产生的噪声已引起了人们的广泛重视。如洗衣机、缝纫机噪声为50~80dB，电风扇的噪声为30~65dB，空调机、电视机为70dB。这些噪声虽然对人体没有直接危害，但能干扰人们正常的谈话、工作、学习和休息，使人心烦意乱。

噪声在传播过程中有三个要素，即声源、传播途径和接受者。只有当声源、传播途径和接受者三个因素同时存在时，噪声才能对人造成干扰和危害，因此，控制噪声必须考虑这三个因素。

1. 声源控制技术

控制噪声的根本途径是对声源进行控制。控制声源的有效方法是降低辐射声源声功率，可以采用以下措施：一是选用内阻尼大、内摩擦大的低噪声新材料；二是改进机器设备的结构，提高加工精度和装配精度；三是改善或者更换动力传递系统和采用高新技术，对工作机构从原理上进行革新；四是改革生产工艺和操作方法。

2. 控制噪声的传播途径

吸声降噪是一种在传播途径上控制噪声强度的方法。当声波入射到物体表面时，部分入射声能被物体表面吸收而转化成其他能量，这种现象称为吸声。物体的吸声作用是普遍存在的，吸声的效果不仅与吸声材料有关，还与所选的吸声结构有关。相同的机器，在室内运转与在室外运转相比，其噪声更强。这是因为在室内，我们除了能听到通过空气介质传来的直达声外，还能听到从室内各种物体表面反射而来的混响声。混响声的强弱取决于室内各种物体表面的吸声能力。光滑坚硬的物体表面能很好地反射声波，增强混响声；而像玻璃棉、矿渣棉、棉絮、海草、毛毡、泡沫塑料、木丝板、甘蔗板、吸声砖等材料，能把入射到其上的声能吸收掉一部分，当室内物体表面由这些材料制成时，可有效地降低室内的混响声强度。这种利用吸声材料来降低室内噪声强度的方法称为吸声降噪。它是一种广泛应用的降噪方法，试验证明，一般可将室内噪声降低 5~8dB。

消声器是一种既能使气流通过又能有效地降低噪声的设备。通常可用消声器降低各种空气动力设备的进出口或沿管道传递的噪声，如在内燃机、通风机、鼓风机、压缩机、燃气轮机以及各种高压、高气流排放的噪声控制中广泛使用消声器。

隔声技术是噪声控制工程中常用的一种技术措施。对于空气传声的场合，可以在噪声传播途径中利用墙体、各种板材及构件将接受者分隔开来，使噪声在空气中传播受阻而不能顺利通过，以减少噪声对环境的影响，这种措施统称为隔声。对于固体传声，可以采用弹簧、隔振器以及隔振阻尼材料进行隔振处理，这种措施通称为隔振。隔振不仅可以减弱固体传声，同时可以减弱振动直接作用于人体和精密仪器而造成的危害。常用的隔声构件有各类隔声墙、隔声罩、隔声控制室及隔声屏障等。

3. 个人防护

当在声源和传播途径上控制噪声难以达到标准时，往往需要采取个人防护措施。在很多场合下，采取个人防护还是最有效、经济的方法，目前最常用的方法是佩戴护耳器。一般的护耳器可使耳内噪声降低 10~40dB，护耳器的种类很多，按构造差异分为耳塞、耳罩和头盔。

二、电磁辐射污染防治

电磁辐射是以电磁波的形式在空间环境中传播，不能静止地存在于空间某处，人类工作和生活的环境充满了电磁辐射。电磁辐射污染是指人类使用产生电磁辐射的器具而泄露的电磁能量流传播到室内外空间中，其量超出环境本底值，且其性质、频率、强度和持续时间等综合影响引起周围受辐射影响人群的不适感，并使健康和生态环境受到损害。

电磁辐射防护技术措施的基本原则是：一是主动防护与治理，即抑制电磁辐射源，包括所有电子设备以及电子系统；具体做法包括设备的合理设计、加强电磁兼容性设计的审查与管理、做好模拟预测和危害分析工作等。二是被动防护与治理，即从被辐射方着手进行防护；具体做法包括采用调频、编码等方法防治干扰、对特定区域和特定人群进行屏蔽保护。

根据上述电磁辐射防护技术原则，可将电磁辐射防护的形式分为两大类：一是在泄漏和辐射源层面采取防护措施，其特点是着眼于减少设备的电磁漏场和电磁漏能，使泄漏到空间的电磁场强度和功率密度降低到最小程度。二是在作业人员层面（包括其工作环境）所采取的防护措施，其特点是着眼于增加电磁波在介质中的传播衰减，使到达人体时的场强和能量水平降低到电磁波照射卫生标准以下。

使用某种能抑制电磁辐射扩散的材料，将电磁场源与其环境隔离开来，使辐射能被限制在某一范围内，达到防止电磁污染的目的，这种技术手段称为屏蔽防护。目前屏蔽高频电磁辐射源是解决电磁污染的主要措施，具体方法是在电磁场传递的路径中，安设用屏蔽材料制成的屏蔽装置。屏蔽防护主要是利用屏蔽材料对电磁能进行反射与吸收。传递到屏蔽上的电磁场，一部分被反射，且由于反射作用使进入屏蔽体内部的电磁能减到很少，进入屏蔽体内的电磁能又有一部分被吸收，因此透过屏蔽的电磁场强度会大幅度衰减，从而避免了对人与环境的危害。

吸收防护：采用对某种辐射能量具有强烈吸收作用的材料，敷设于场源外围，防止大范围污染，吸收防护多用于近场区的防护上。常用的吸收材料有谐振型和匹配型两种。谐振型吸收材料是利用某些材料的谐振特性制成的，材料厚度小，但只对频率范围很窄的微波辐射具有良好的吸收率；匹配型吸收材料是利用某些材料和自由空间的阻抗匹配，吸收微波辐射能，适于吸收频率范围很宽的微波辐射，如泡沫吸收材料、涂层吸收材料和塑料板吸收材料等。

个人防护措施主要有穿防护服、戴防护头盔和防护眼镜等，但个人防护措施因电磁辐射作用于人的特点不同而异。例如，对于微波与激光应着重采取对眼睛和皮肤的防护措施。此外，由于电磁污染的危害与接触时间长短有关，所以减少暴露时间也可以减轻电磁污染对人的危害。

三、热污染防治

热污染即工农业生产和人类生活中排放出的废热造成的环境热化，损害环境质量，进而又影响人类生产、生活的一种增温效应。根据污染对象的不同，可将热污染分为水体热污染和大气热污染。

1. 水体热污染的防治

水体热污染的主要污染源是电力工业排放的冷却水，要实现水域热污染的综合治理,首先要控制冷却水进入水体的质和量。火电厂、核电站等工业部门要改进冷却系统,通过冷却水的循环利用或改进冷却方式,减少冷却水用量、降低排水温度,从而减少进入水体的废热量,同时应合理选择取水、排水的位置,并对取、排水方式进行合理设计,减轻废热对受纳水体的影响。

排入水体的废热均为可再利用的二次能源,通过热回收管道系统将废热输送到田间土壤或直接利用废热水灌溉可在温室中种植的蔬菜或花卉等。将废热水引入污水处理系统中调节水温(20～30℃)可加速微生物酶促反应,提高其降解有机物的能力,从而提高污水处理效果。此外,利用废热水可以在冬季供暖,在夏季作为吸收型空调设备的能源,因此,废热的综合利用是控制水体热污染的一个重要途径。

2. 大气热污染的防治

增加自然下垫面的比例,大力发展城市绿化,营造各种"城市绿岛"是防治城市热岛效应的有效措施。绿地是城市自然下垫面的主要组成部分,它所吸收的太阳辐射能量一部分用于蒸腾耗热,一部分在光合作用中被转化为化学能储存起来,而用于提高环境温度的热量则大大减少,从而有效缓解城市热岛效应。加强工业整治及机动车尾气治理,限制大气污染物的排放,减少对城市大气组成的影响,同时调整能源结构,提高能源利用率,通过发展清洁燃料、开发利用太阳能等新能源,减少向环境中排放人为热。此外,还可以通过开发使用反射率高、吸热率低、隔热性能好的新型环保建筑材料,控制人口数量,增加人工湿地,加强屋顶和墙壁绿化,建设城市"通风道",以及完善环境监察制度等来综合防治热岛效应。

对温室效应,一是要控制温室气体的排放,二是要增加温室气体的吸收。众所周知,要减少温室气体的排放必须控制矿物燃料的使用量,为此必须调整能源结构,增加核能、太阳能、生物能和地热能等可再生能源的使用比例。此外,还需要提高能源利用率,特别是发电和其他能源转换的效率以及各工业生产部门和交通运输部门的能源使用效率。保护森林资源，通过植树造林提高森林覆盖面积可以有效提高植物对二氧化碳的吸收量,同时加强二氧化碳固定技术的研究，二氧化碳可与其他化学原料发生许多化学反应,可将其作为碳或碳氧资源加以利用,用于合成高分子材料,所合成的材料具有完全生物降解的特性。

阅读材料:莱茵河流域治理对我国流域管理的启示

[摘自张璐璐《光明日报》(2014年06月25日16版)]

自20世纪90年代开始,我国以"三河三湖"(淮河、辽河、海河、太湖、巢湖、滇池)、三峡库区、南水北调沿线等流域为重点,开展流域水污染防治工作。20多年过去了,水质状况并没有从根本上得到改善，我国流域水污染形势依然严峻，流域水污染治理仍然任重道远。莱茵河被称为德国的父亲河，半个世纪前曾经在理论上死去，成为生物学意义上的“死亡之河”。如今，莱茵河“死而复生”，它经历了怎样的治理过程？对我国当下的流域管理又有哪些有益的借鉴？

1. 莱茵河流域相关情况及其治理

莱茵河这条“映照着整个欧洲历史和文明的辉煌与自豪的骄傲之河”从18世纪中期开始出现环境问题。20世纪50年代，莱茵河水资源环境进一步恶化。到了70年代，伴随着德国工农业的高速发展，人口数量激增，城市化步伐加快，莱茵河的生态灾难也达到顶峰。大量没有经过处理的工业废水排入河中，河水中溶解氧含量极低，莱茵河基本丧失自净能力。“生存还是死亡？”德国政府痛定思痛，决心开展莱茵河流域治理。1987年，开始实施旨在保护莱茵河的“莱茵河2000行动计划”，莱茵河流域的生态环境出现改善，1992年，莱茵河所有污染物实现了50%以上消减率的目标，部分污染物排放减少了90%。作为治理效果试金石的“鲑鱼2000行动计划”效果显著：1990年，鲑鱼出现在莱茵河支流；1994年，鲑鱼鱼卵在同河段被发现。2003年，河水基本清澈。水中溶解氧饱和度达到90%以上，氮、磷等营养物质和非点源污染实现有效控制，河水富营养化明显改善，水体中氯化物显著下降，重金属浓度控制在较低水平。莱茵河“死而复生”。

2. 德国对莱茵河流域治理的经验

从立法的角度看，德国对莱茵河的治理体现了德国环保立法的三项原则。

（1）风险预防原则

在德国现行环境法规中，风险预防是一项最基本的原则，其核心内容被表述为“社会应当通过认真提前规划和阻止潜在的有害行为来寻求避免对环境的破坏”。例如，德国在1975年制定了《洗涤剂和清洁剂法规》，规定了磷酸盐的最大值，又于1990年对含磷洗涤剂加以明文禁止，有效避免了含磷洗涤剂和化肥的过量使用，遏制了莱茵河的富营养化趋势。

（2）污染支付原则

德国最早提出“谁污染谁买单”的主张，通过充分运用经济手段，来保证环保法规的法律效力，因为对于流域管理中的外部不经济问题，法律化的经济手段最为有效。德国在1976年制定了《污水收费法》，向排污者征收污水费，对排污企业征收生态保护税，用以建设污水处理工程。同时，相关法规令污染企业得不到银行贷款，企业声誉和形象也会受到影响，这就促使企业不得不重视环境利益。

（3）广泛合作原则

环境管理涉及每一个人的利益，理所当然需要公众的广泛参与，以使环保政策得到普遍的认同和执行。德国在1994年颁布了《环境信息法》，规定了公众参与的详细的途径、方法和程序，在立法上保证公众享有参与和监督的权力。公众参与水资源利用、保护的途径包括听证会制度、顾问委员制度以及通过媒体或互联网获取监测报告等公开信息，这就保证了流域管理措施能够切实符合广大公众的利益。公众环保意识高涨，以各自不同的方式自动自觉地保护莱茵河，成为对流域立体化管理的重要组成部分。

审视我国环保立法秉持的五项原则，即“同步协调发展，预防为主、防治结合，全面规划和综合决策，谁污染谁治理，地方政府对辖区环境治理负主要责任”。比较起来，德国环保立法的“风险预防原则”和“污染支付原则”基本类似于我国的“预防为主，防治结合”和“谁污染谁治理”原则。而最具特点的“广泛合作原则”，在我国相关环保法规中却没有明确提出。由此可见，德国更强调和重视环保政策的公开及公众的广泛参与，而我国的环境保护主要由政府职能部门推动，强调自上而下进行。

3. 莱茵河流域治理经验对我国流域管理的启示

(1)充分保障公众的知情权

我国应制定相关信息公开法律，为公众参与进一步提供法律依据。政府职能部门有义务定期公布关于水资源保护的各项政策法规及职责履行情况，接受公众的监督和质询。公众只有及时而全面了解了水资源实际状况，才能更加积极主动地参与到水资源保护行动当中。

(2)强化环境影响评价中的公众话语权

我国《水污染防治法》规定，“环境影响报告书应有建设项目所在单位和居民的意见”。实践表明，立法需要进一步明确公众参与的途径、方法和程序，强化公众所表达意见的法律效力及对意见的处理，尤其要重视发挥专家、社会团体的作用，特别是汲取有利害关系当事人的意见，力争建设项目同时兼顾到经济、社会和生态效益。

(3)将环保自力救济行为法制化

在通常情况下，被污染者会行使包括停止请求权在内的公力救济方式，以制止污染者的污染行为。如果公力救济未能奏效，被污染者就应该有权依法行使自力救济，通过适当方式施以适当强力以迫使污染者污染行为的停止，从而保护环境权益。

(4)完善环境公益诉讼制度

由于我国现行法律关于公益诉讼缺少相关规定，导致公益诉讼在司法实践中往往投诉无门。应该对日益增多的环境公益诉讼予以支持和鼓励，这是保证公众参与权利实现的最好形式。取消环境公益诉讼主体必须与案件有直接利害关系的限制，保障所有与案件有直接或间接利害关系的公民以及法人或其他组织都享有环境诉讼权和索赔权。拥有了诉讼权和索赔权，公众才有动力参与环境保护行动，从而形成对政府机构的制衡。

参考文献

[1] 章丽萍. 环境保护概论. 北京:煤炭工业出版社，2013.
[2] 张自杰，林荣忱，金儒霖. 排水工程(第四版).北京: 中国建筑工业出版社，2000.
[3] 钱易，唐孝炎. 环境保护与可持续发展(第二版). 北京: 高等教育出版社，2010.
[4] 全国人民代表大会常务委员会. 中华人民共和国大气污染防治法，2000.
[5] 郝吉明，马广大，王书肖. 大气污染控制工程(第三版). 北京: 高等教育出版社，2010.
[6] 全国人民代表大会常务委员会. 中华人民共和国固体废物污染环境防治法，2014.
[7] 环境保护部. 中华人民共和国国家环境保护标准:固体废物处理处置工程技术导则. 北京: 中国环境出版社，2014.
[8] 聂永丰. 固体废物处理工程技术手册. 北京: 化学工业出版社，2013.
[9] 任连海. 环境物理性污染控制工程. 北京: 化学工业出版社，2008.

第九章　循环经济与清洁生产

第一节　循 环 经 济

一、循环经济的概念

循环经济(cyclic economy)即物质闭环流动型经济，是指在人、自然资源和科学技术的大系统内，在资源投入、企业生产、产品消费及其废弃的全过程中，把传统的依赖资源消耗的线型增长的经济，转变为依靠生态型资源循环来发展的经济。

循环经济就是以资源的高效利用和循环利用为目标，以“减量化、再利用、资源化”为原则，以物质闭路循环和能量梯次使用为特征，按照自然生态系统物质循环和能量流动方式运行的经济模式。

循环经济要求运用生态学规律来指导人类社会的经济活动，组成一个“资源 - 产品 - 再生资源”的反馈式流程，实现“低开采、高利用、低排放”，以最大限度地利用进入系统的物质和能量，提高资源利用率；最大限度地减少污染物的排放，提升经济运行的质量和效率，并保护生态环境。循环经济是把清洁生产和废弃物的综合利用融为一体的经济，本质上是一种生态经济[1]。

循环经济是对传统发展方式的变革，它的根源在于自然资本正在成为制约人类发展的主要因素。从亚当·斯密奠定经济原理开始，经济学就有两个基本观点：一是资源存在着某种稀缺性；二是人类发展需要最有效地配置稀缺资源。自工业革命以来，如何最有效地配置稀缺资源一直是人类面临的重大的社会经济问题，但是目前人类面临的稀缺资源的类型已发生了重大的变化。

以物质流动的形式看工业革命以来的经济，本质上是一种不考虑自然生产效率的线性经济。在线性经济中，资源输入经济系统变成产品，经消费后又输出变成废弃物，导致环境问题。这一过程是单通道的，因此表现为线性。线性经济模式下，经济规模越来越大，GDP 总量变大的时候，外面的生态系统则越变越小，因此，此时的经济增长是以消耗自然资本为代价的。循环经济考虑的则是如何在既定资源存量下提高经济发展的质量而不是经济增长的数目。21 世纪的主要矛盾由不断提高劳动生产率(单位劳动力带来的经济增长)转变为需要大幅提高自然资源生产率(单位自然资源带来的经济发展)。

二、3R 原则

循环经济不但要求人们建立“自然资源 - 产品 - 再生资源”的新经济模式，而且要求从生产到消费的各领域倡导新的经济规范和行为准则。“3R”原则(减量化、再使用、再循环)和避免废物产生原则是把循环经济的战略思想落实到操作层面的两个指导性原则[2]。

(1)减量化原则(reduce)

减量化原则要求用较少的原料和能源投入来达到既定的生产目的或消费目的，进而从经济活动的源头就注意节约资源和减少污染。减量化有几种不同的表现：在生产中，减量化原则常常表现为要求产品小型化和轻型化；此外，减量化原则要求产品的包装应该追求简单朴实而不是豪华浪费，从而达到减少废物排放的目的。

(2)再使用原则(reuse)

再使用原则要求制造产品和包装容器能够以初始的形式被反复使用。再使用原则要求抵制当今世界一次性用品的泛滥，生产者应该将制品及其包装当作一种日常生活器具来设计，使其像餐具和背包一样可以被再三使用。再使用原则还要求制造商应该尽量延长产品的使用期，而不是非常快地更新换代。

(3)再循环原则(recycle)

再循环原则要求生产出来的物品在完成其使用功能后能重新变成可以利用的资源，而不是不可恢复的垃圾。按照循环经济的思想，再循环有两种情况：一种是原级再循环，即废品被循环用来产生同种类型的新产品，如报纸再生报纸、易拉罐再生易拉罐等；另一种是次级再循环，即将废物资源转化成其他产品的原料。原级再循环在减少原材料消耗上达到的效率要比次级再循环高得多，是循环经济追求的理想境界。

三、我国循环经济实践

自改革开放以来，我国经济快速增长，各项建设取得了巨大成就，同时也付出了很大的资源和环境代价，经济发展与资源环境的矛盾日趋尖锐，这与我国传统的高消耗、高排放、低效率的粗放型增长方式密切相关。因此，必须改变这种经济增长方式，以最少的资源消耗、最少的废物排放和最小的环境代价换取最大的经济效益，实现经济、环境和社会的全面协调可持续发展。发展循环经济是转变经济增长方式的突破口，是贯彻科学发展观构建资源节约型和环境友好型社会的重要举措。

我国国情决定了发展循环经济的性质和手段与发达国家有很大的不同。我国不仅要面对伴随人口增长和生活水平提高而来自消费环节的大量废物问题，更要面对经济高速增长中由于生产经营粗放、资源能源利用效率较低、污染产生排放严重引发的生产性资源环境问题。概言之，我们发展循环经济的目的在于实现国家和区域经济发展的战略转型，建立一个资源环境与经济发展协调一体化的循环型社会[3]。

1. 理念倡导

中国是发展中国家最早进行循环经济理论研究与探索实践的国家之一。从20世纪80年代初中国科学院著名生态经济学家马世骏先生应邀参加布伦特兰夫人领导的世界环境与发展委员会(WCED)研究编写《我们共同的未来》这一划时代的经典文献开始,许多学者和研究机构即开始进行可持续发展理论研究。1992年里约会议以后,这一领域的研究更是进入全盛时期,有关可持续发展和循环经济的学术专著和经典文献相继问世,发展观念逐步转变,可持续发展战略逐步形成,许多成熟的理论成果相继上升为国家经济政策和国家法律规范,循环经济的发展实践逐渐成为人们的自觉行动和国家的规范要求。从1992年6月李鹏同志代表中国政府在世界可持续发展《里约宣言》上签字开始,可持续发展就正式进入中央政府的议事日程。1994年3月,国务院通过《中国21世纪议程》。1996年3月,全国人大八届四次会议批准《中华人民共和国国民经济和社会发展"九五"计划和2010年远景目标纲要》,将科教兴国和可持续发展并列为国家的基本发展战略。2001年3月,全国人大九届四次会议通过《中国人民共和国国民经济和社会发展"十五"计划纲要》,再次将可持续发展战略置于核心地位,要求节约保护资源,实现永续利用,完成了从确立到推行可持续发展战略的历史进程。2001年7月1日,江泽民同志在中国共产党建党八十周年纪念大会上全面阐述我国可持续发展战略:"坚持实施可持续发展战略,正确处理经济发展同人口、资源、环境的关系,改善生态环境和美化生活环境,改善公共设施和社会福利设施,努力开创生产发展、生活富裕的生态良好的文明发展道路。"在2002年11月召开的中国共产党第十六次全国代表大会上,江泽民同志在《全面建设小康社会,开创中国特色社会主义事业新局面》的报告中,要求转变经济增长方式,"走新型工业化道路,大力实施科教兴国和可持续发展战略——走出一条科技含量高、经济效益好、资源消耗低、环境污染少、人力资源优势得到充分发挥的新型工业化路子"。2002年6月,第九届人大常委会通过《中华人民共和国清洁生产促进法》,该法规定"县级以上地方人民政府应当合理规划本行政区域的经济布局,调整产业结构,发展循环经济,促进企业在资源和废物综合利用等领域进行合作,实现资源的高效利用和循环使用"。2003年3月,胡锦涛同志在中央人口、资源、环境工作座谈会上强调:"要加快转变经济增长方式,将循环经济的发展理念贯穿到区域经济发展、城乡建设和产品生产中,使资源得到最有效的利用,最大限度地减少废弃物排放,逐步使生态步入良性循环。"

2. 国家决策

2004年3月,全国人大十届二次会议以贯彻科学发展观为主题,温家宝总理在政府工作报告中指出:"积极实施可持续发展战略,按照统筹人与自然和谐发展的要求,做好人口、资源、环境工作——大力发展循环经济,推行清洁生产。"2005年,国务院发布了《国务院关于加快发展循环经济的若干意见》,为循环经济的发展提供了明确的政策依据。近年来,各地区、各部门认真贯彻党中央、国务院的部署,从多方面采取措施,促进循环经济发展。国务院有关部门与各省区市和重点企业签订了节约能源、保护环境的目标责任书,实施了重点节能和环保工程,国务院有关部门会同有关省市人民政府在重点行业、重点领域、产业园区和省市先后开展了两批循环经济试点,取得了一定的经验。为了进一步促进循环经济发展，十届全国人大环境与资源保护委员会起草了循环经济法（草案),于2007年8月26日提请十届全国人大常委会第二十九次会议审议，经过十一届全国人大常委会第三次会议第二次审议,十一届全国人大常委会第四次会议在2008年8月29日通过了循环经济促进法。该法共七章五十八条,于2009年1月1日起开始实施。将发展循环经济纳入法制轨道,有利于促进循环经济发展,提高资源利用效率,保护和改善环境,实现可持续发展。

在国家确立和推行可持续发展战略的进程中，国家环保总局协调组织各方面力量，积极开展循环经济的理论研究和发展实践,经过世纪交替前后几年的探索和努力,实践了从理论创新到立法规范,从污染防治到区域生态经济建设,从清洁生产到循环经济生产方式的构建的历史转变,循环经济的发展实践开始有了初步的成果。

3. 全面试点示范

2005年7月,《国务院关于加快发展循环经济的若干意见》出台。这标志着我国循环经济由前期准备和理念倡导阶段正式进入国家行动阶段。循环经济作为转变经济增长方式、进行资源节约型和环境友好型社会建设的重要途径,在我国第十一个社会经济五年规划和中共十七大会议中都得到了体现。这一阶段的特征是伴随着示范试点的深入开展,正式启动了战略、立法、政策的全方位研究、探究和制定工作。

第二节　清洁生产

一、清洁生产的定义

“清洁生产”这一概念的提出源于现实生产实践中对资源利用效率以及污染的削减的迫切需求,许多国家和地区,对这一概念存在不同的提法。美国称之为“废物最少化”,日本称之为“无公害工艺”,欧洲有“少废无废工艺”,在我国,曾长期使用“无废少废工艺”这个概念,其他还有“绿色工艺”、“生态工艺”等,不一而足。

真正将“清洁生产”作为具体概念提出是在1989年,当时联合国环境规划署(UNEP)使用了“清洁生产”这个词语,并将其定义为一种环境战略,该战略的作用对象是工艺和产品,特点为持续性、预防性和一体化性。1996年,UNEP又对该概念重新进行了定义,把它定义为:关于产品的生产过程和服务的一种新的、创造性的思维方式。它运用综合性、预防性的环境策略,目标是在提高整体生产效率的基础上降低对人类与环境的风险。在生产方面,要达到几项标准:节约资源能源、拒绝有毒材料、源头控制物料排放及其毒性;在产品方面,要极力避免产品在生产、使用、最终处置过程中造成的一系列危害;在服务方面,整个设计及流通服务过程中必须体现对环境的关注。

我国1994年发布的《中国21世纪议程》中对清洁生产有如下定义:清洁生产是指既可以满足人民的需要,又可以合理使用自然资源和能源,同时保护环境的实用生产方法和措施,其实质是一种物料和能耗最少的人类生产活动的规划和管理方式。将废物消灭在生产过程中,或进行减量化、无害化、资源化。

2002年出台的《中华人民共和国清洁生产促进法》第二条对清洁生产作了如下解释:本法所称清洁生产,是指不断采取改进设计、使用清洁的能源和材料、采用先进的工艺技术与设备、改善管理、综合利用等措施,从源头削减污染,提高资源利用效率,减少或者避免生产、服务和产品使用过程中污染物的产生和排放,以减轻或消除对人类健康和环境的危害[4]。

时至今日,各国对清洁生产的解释仍然不尽相同,而且各自立足于不同的角度。同时,对清洁生产的定义也是一再更新,其内容正日趋准确以及完备,以期望其中的原则和方法能更加全面地覆盖所有的生产及服务系统,更多地使环境生态及人类获得切实利益。

二、清洁生产的内涵

清洁生产的出现是为了应对愈演愈烈的环境和资源危机,它所设定的根本目标在于保护环境,达成可持续发展的最终梦想,而同时又要保持生产的发展和经济效益的提高。所以,清洁生产是个追求环境与经济双赢的综合战略。

1. 清洁生产的目标

(1)合理使用自然资源和能源

所谓合理使用,即尽量实现资源与能源消耗的减量,同时将产品产出与服务供应尽可能增量。这要求企业要做到以下要求:节约能源,利用可再生能源和清洁能源,开发和推广新能源,实施各种节能技术和措施,节约原材料,使用无毒原材料,做到循环利用原则。

(2)实现经济效益最大化

满足人类的需求和追求经济效益是生产活动的根本宗旨,企业需要依靠各种手段获取最大经济利益。所以以下方法是必须的:减少原材料和能源的使用,减少副产物,降低物料和能源的损耗,合理安排生产制度和人才选拔培养制度,完善企业自身管理。

(3)最大限度压制对人类和环境的危害

这里关注的是人类生活的质量,为此,企业必须减少有毒有害物料的使用,生产技术工艺中避免废物产出,重视循环利用,合理安排产品功能,延长产品寿命。

2. 基本特征

清洁生产是个全新的战略对策,它具有三个关键性的基本特征要素,即预防性、综合性、持续性。

预防性是整个清洁生产过程中的核心要素,它贯穿整个清洁生产的过程。清洁生产强调源头控制,对生产过程及产品生命周期进行综合预防,达到预防为主、过程控制的理念。最终实现有效遏制污染源,防止污染发生。

综合性改变了过去先污染后治理的末端治理原则,它将生产的预防性贯穿渗透到生产过程、产品和服务过程中,防治污染时采取多环节、多样性的措施,采取多角度的问题审视方法,进行科学的规划与设计,分析每个因素,协调所有关系,切实解决问题。

持续性体现出清洁生产的动态特征,它需要在整个生产过程中持续地深化与改进,这是一个不间断的过程。伴随科技进步和管理理念提升,更加清洁的生产体系不断涌现,它们的出现促进了生产向着对环境及人类更有利的方向发展[5]。

3. 重要原则

(1)全过程控制

全过程策略同末端治理策略相对立。末端治理很少改变上游核心工艺,但是往往需要投入高昂的设备安装、运营和维护费用,而且它本身也具有高能耗和高资源消费的特点,因此不能有效地解决生产过程中造成的污染问题。

清洁生产将着眼点放在产品生产及产品全生命周期上,通过对生产过程中排污环节的审核,分析排污部位、排污原因等因素,相应采取消除或减少的措施,预先防控生产中产生的所有污染物排放。

一是生产的全过程控制,包括产品开发、规划、设计、建设、生产和运营。

二是产品生命周期全过程控制,这里包含原材料加工提炼、产品产出、产品使用、产品的报废和处置等过程。

(2)源头削减

源头削减是清洁生产当中很重要的一项原则,它强调的是直接把生产中可能产生有害废弃物的环节进行改造或净化处理,使污染在源头上得到有力控制。它大致包括两大类,产品生态设计和生产过程改进;而生产过程改进又可以细分为:物料清单优化、工艺技术革新、生产管理改善(图 9-1)[6]。

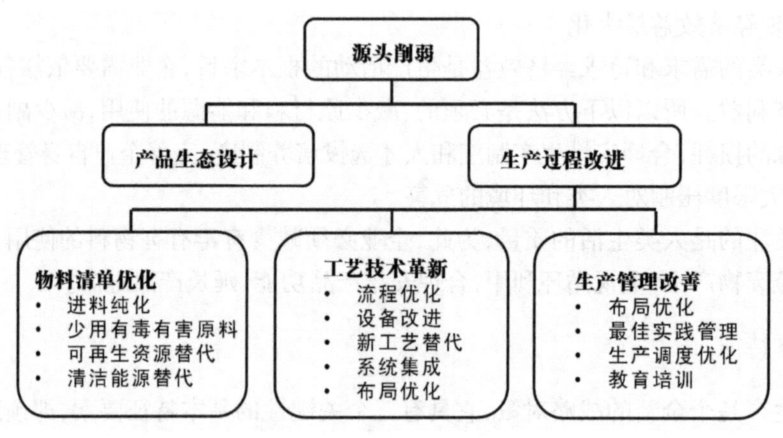

图 9-1 源头控制的主要措施

(3)“3R”理念

在一些国家,循环经济理念正在逐渐萌发,建设循环型社会正成为社会发展的重要目标之一,“3R” 理念正是在循环经济的大环境下应运而生的。所谓 “3R”, 指的是减量(reduce)、重复利用(reuse)、再生利用(recycle)[6]。

三、清洁生产的实施途径

要实施清洁生产,仅从技术、经济角度出发改进生产活动显然是不够的,生态、经济、技术、法律等都应该纳入视野之中。提高资源利用效率,保护生态环境,这是清洁生产的前提;其次,应当对产品生产从研究、设计、生产到消费等过程加以考察,最终要达成的目标是消除造成污染的根源。清洁生产的主要方法途径大致包括:产品的清洁生产、生产过程的清洁生产、清洁生产的审核等。

(一)产品的清洁生产

产品的清洁生产是整个清洁生产体系中最关键的一项,产品设计、原材料的采取与加工、能耗控制、生产过程污染削减、产品循环利用,一切产品生产消费过程中涵盖的环节都要保证对环境的无害性。

产品是人类生活的必需物,它是人类与自然环境间进行交流的媒介物。它不仅包括日常所见的各种实体物品,如汽车、服装、建材、家电等,也包括一些无形的事物,如医疗、金融、通讯等。无论产品形态如何,它总会对人类所处的周边环境带来或轻或重的效应,这种对环境的影响会贯穿产品整个生命周期。在产品生产阶段,原材料的开采会关系到某种资源的丰缺,原材料加工及制造过程会造成能源及资源的耗费,并由此带来“三废”等对环境不利的因素。当产品投入使用后,它本身可能会继续产生对环境不利的物质能量,或者是造成对资源能源的不良消耗。而当产品废弃,如不加以适当处置,产品本身就是对环境的破坏物。基于这种现实,必须对产品进行全周期的清洁控制。

产品清洁生产包括设计的清洁化、原辅材料的清洁利用、能源的清洁利用[7]。

1. 产品设计的清洁化

产品设计的清洁化的核心是绿色设计, 它是指在产品的开发设计阶段把环境因素纳入参考因素,综合考虑此产品在生态环境中的地位和污染的防治,将环境保护、人类的健康安全等作为产品设计的出发点和最终目的,力图将环境影响控制到最小。绿色设计大体应当秉承以下原则:①材料消耗和能耗的减量化;②削减污染,减少对环境的不利影响;③危害最小化,产品必须体现健康、安全、无危害;④产品寿命的延长和实现产品的循环性。

产品绿色设计的主要内容包括：

(1)材料选取时优先采用绿色材料

绿色材料即在材料的获取加工及后期应用中能高效率利用资源、减少环境破坏的材料。材料选取时要把握两个要点：一是关注可再生材料和回收材料；二是材料必须具有低污染、低能耗的特点，同时提前进行污染消除。

(2)产品的可回收性设计和可拆卸性设计

可回收性设计是在产品设计初期充分考虑其零件材料的回收可能性、回收价值大小、回收处理方法、回收处理结构工艺性等与回收性有关的一系列问题，达到零件材料资源、能源的最大利用，并对环境污染最小的一种设计思想和方法。可拆卸性设计：是指产品在停止使用后能进行拆解，同时其中各部件可以进行物料回收以及能量回收，并且能转移污染源的设计。可拆卸性是实现废旧物品循环利用和无害化处理的重要基础。

2. 原辅材料的清洁利用

原辅材料的清洁利用是将自然资源进行最合理的利用，这是有效利用资源、防止污染产生的有效手段。它大体可以包括以下几个方面。

(1)清洁原料的采用

清洁原料是在生产过程中能有效利用而又能较少产生废物和污染的原材料，可以包括无污染材料、可更新原料、低能量材料、可再生循环材料。清洁原料的采用在清洁生产中处于重要地位，它首先要求原材料能在生产中充分利用，尽量不夹杂用途低的杂质；第二点它要求原材料无毒无害，保证材料在利用中不存在任何的有害性。

(2)原料的减量化

在不影响产品质量和技术寿命的前提下，产品必须尽可能地做到小体积和轻重量，减少原材料的消耗。减少原料的消耗，一方面能减轻资源和能源的消费压力，另一方面还能确保在产品的运输分配过程中尽量地减少能源消费和废物的排放。

(3)可再生可循环材料的利用

一些较易回收和再循环的材料，如纸张、塑料、一些金属材料，它们在材料和材质节能方面具有良好优势，如果能良好地加以使用，就能节约能源降低消耗，降低生产成本，同时为企业节省成本增加利润空间(图9-2)。

(4)采用低能耗能源

能源是人类活动的能量来源，它本身是物质资源的一种。能源广泛应用于人类生活的方方面面，包括工农业生产、交通运输、科技文化，它与物质资源共同构成了人类生存发展的两大基础。能源的种类有很多，大体可以归为三种：一种是太阳能及其转化物，如地球上的植物、煤炭石油、风能、波浪能等；另一种是地球本身储存的能量，如地热能、核能等；第三种是天体间的相互作用力产生的能量，如水能、潮汐能等。

在产品整个的生命周期中，能源使用起到了至关重要的作用。在生产的每个环节中都能体现出对能源的使用，原材料的开采、材料加工和产品生产、产品的运输都要依赖能源，有时产品本身的使用就要用到能源，而后期回收处置过程中也离不开能源的维持。能源同原材料一样，本身的利用也能对环境产生一定的危害。一方面，能源作为能量的供应源，除了为生产活动提供必要的能量外，也可能向环境中排放多余的能量，由此会造成一些能量污染，如热污染；另一方面，能源作为一种物质，本身的使用也可能产生次生污染物危害环境，造成酸雨、烟尘污染、温室效应等；另外，能源开发过程中也会造成一些连带的环境破坏效应（图 9-2[8]）。

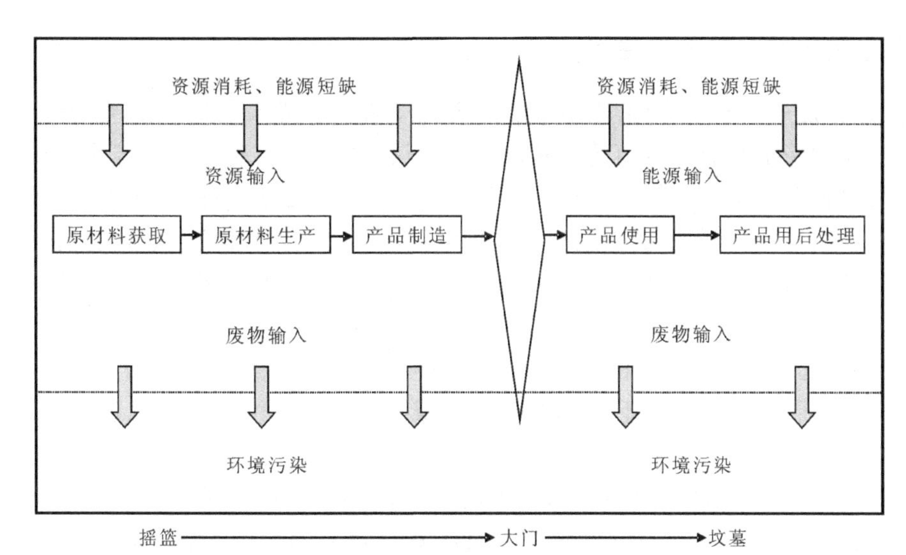

图 9-2　产品全生命周期内与环境的关系

3. 能源的清洁利用

生产活动中能源的清洁利用，可以从以下几点进行考虑。

（1）清洁利用矿物燃料

矿物燃料是一次能源中重要的一部分，在如今的能源消耗中仍处于控制地位。矿物燃料的环境风险性比较强，因此应当进行清洁化的利用。矿物燃料清洁利用主要包括两种方式：一种是将原有的燃料能源进行净化处理，消除其中可能产生污染物质的成分，或通过一些技术控制污染物质的产出，具有代表性的是“洁净煤技术”；另一种是将原有的高环境风险的能源转化为危害性小的二次能源，如电能、乙醇汽油等，最具代表性的是燃料电池技术。

（2）重视使用节能技术，提高能源利用率

减少能源使用量，可以从源头上减少由能源导致的环境影响和对生命安全造成的威胁。减少能源使用，节能技术至关重要。以循环经济理论为指导，以科技创新和管理创新来提高能源利用效率，最大限度利用能源资源，使生态环境最大程度得到保护，达到经济效益最佳。

（3）利用可再生能源和新能源

可再生能源种类繁多，如风能、水能、地热能、太阳能。可再生能源分布广泛，可以就地利用,运行成本低,它的应用可以减轻对化石能源等一次性能源的依赖,减少因为大量使用非可再生资源导致的资源消耗,有效控制由此带来的一系列污染。新能源是一系列最近兴起的优质能源的集合,它包含一部分可再生能源,此外还加入了许多资源性强、环境破坏性弱的能源。典型的新能源有:核能、氢能、海洋能、太阳能等。它是对传统可再生能源的一种有力补充,在发展清洁生产,加强环境保护,建设环境友好型社会方面发挥着重要作用。

(二)生产过程的清洁生产

生产过程是一个输入、转化、输出的连续过程。原材料进入企业,经过生产环节进行形态转化,最终形成具有新价值的产品,然后将产品输出企业,整个过程彼此相互关联,层次鲜明,过程循环往复。它是企业生产经营的核心内容,是企业各项工作的重中之重。

生产过程在产出产品或提供服务的过程中,或多或少会给环境造成影响,它包括三大类:第一类是由原材料使用和能源使用造成的环境影响,主要内容是各类资源的消耗;第二类是生产过程本身所造成的环境影响,比如噪声污染、震动污染、电磁污染等;第三类是由废物引起的直接或间接的环境影响,如气候变暖、臭氧层损耗、酸雨等。这些影响有大有小,但共同点是都会对环境造成损害,并威胁人类健康和自身安全,所以必须加以控制。

在生产过程中,清洁生产的宗旨在于预防与控制。在清洁生产模式下,生产过程致力于源头控制废物的产生,节约资源与能源。具体来说,生产过程中的清洁生产包含四个重要的内容。

(1)原材料、能源的有效替代

原材料通常是废物的源头,也是资源消耗的中心。因此,选择合适的原材料是清洁生产开展的重要内容,其主要方式包括:将原材料替换成无毒无害的材料;改变原料配比或降低其使用量;去除原料中无用途的组分;采用二次资源或废物作原料替代稀缺资源。

(2)改革工艺和设备

工艺是生产过程的灵魂,设备是生产过程的载体,工艺和设备在清洁生产中起到举足轻重的作用。推进生产过程的清洁化,改革工艺和设备可以从以下几点来入手:采用先进的技术和生产工艺,对落后的技术进行改造,淘汰落后工艺;采用最新技术,主动开发新工艺和新设备;简化繁杂的工艺流程,淘汰不合理的工序和设备,减少资源消耗和能耗;优化工艺条件,高效利用资源,提升设备生产能力,减少浪费和损失。

(3)改良和规范运行操作的过程

实践当中,通常工艺流程合理,设备运行正常高效,而问题往往就发生在操作者身上。许多工业污染的发生都是由于生产运营过程中操作者技术的不规范,或者是管理的松懈。因此,应当改进操作方法,规范操作规程。这里有几个关注点:合理安排生产计划,加强物料管理,提高生产效率;改进物料储存方法,消除跑冒滴漏,改进投料方式,消除物料浪费;加强设备的维护管理,提高设备的正常运转和安全性;加强员工培训,定期进行检查考核，杜绝不良操作导致的资源浪费和废物滋生。

(4)生产系统的内部循环

生产系统的内部循环就是将企业生产中各环节产生的废物进行收集，进行循环处理或是直接循环利用。它的优点是不改变主体流程，仅在个别环节增加几个循环处理环节，构成废物循环系统。废物循环系统在生产中较常见，其内容包括：从废水、废气中回收多余的能量，加以利用；将流失的原料和产品加以回收，返回主体流程中使用；废水的循环系统。

(三)清洁生产的审核

清洁生产审核，又被称作清洁生产审计，是指对生产和服务过程进行分析，综合评定该过程能耗、资源消耗和污染状况，采取相应的方法减少有毒有害物料并降低能耗、物耗以及废物产生，同时选定技术可行、经济合算、符合环境保护的方案，对清洁生产方案加以实施的过程。清洁生产审核是一种系统化的分析和实施过程，它是组织实行清洁生产的重要前提，也是组织实施清洁生产的核心。通过预防污染和物质损耗的评价，可以找寻高效率利用资源能源的方式，减少或消除废物的产生和排放，最终削减或消除环境污染，以达到良好的环境效益和经济效益。

施行清洁生产审核，总目标是判定废物的来源，提出解决方案，减少污染的发生，达成节能、降耗、减污、增效的作用。具体说来，清洁生产审核必须达成以下几项目标：①核查单元操作、原材料、产品、用水、能源和废物的资料；②确定废物的来源、数量以及类型，确定废物削减的目标；③判定企业运作效率低的环节和管理不善的地方；④确定经济有效的削减废物的策略；⑤提高企业的整体效益，提升产品质量和服务质量。

清洁生产审核工作一般有以下几项原则可遵循：①清洁生产审核的对象是企业，要对企业生产全过程的每个环节、每道工序进行定量的监测和分析，有的放矢地提出对策，制订切实可行的方案。②自愿审核与强制性审核应当结合，对企业指导性的要求和自愿性的较多，有关强制性的要求较少；对于那些污染严重，可能对环境造成极大危害的企业，应依法强制实施清洁生产审核。③掌握了清洁生产审核的方法和程序，企业可以开展全部或部分清洁生产审核工作；对于不熟悉清洁生产审核方法的，需要企业外部引进指导和帮助。④因地制宜、注重实效、逐步开展。

《企业清洁生产审计手册》对清洁生产审核工作的实施程序作了详细的规定，便于实施者进行参考学习。我国已经建立了一套相对完备的清洁生产审核程序方法，具体包括 7 个环节共 25 个步骤(图 9–3)。

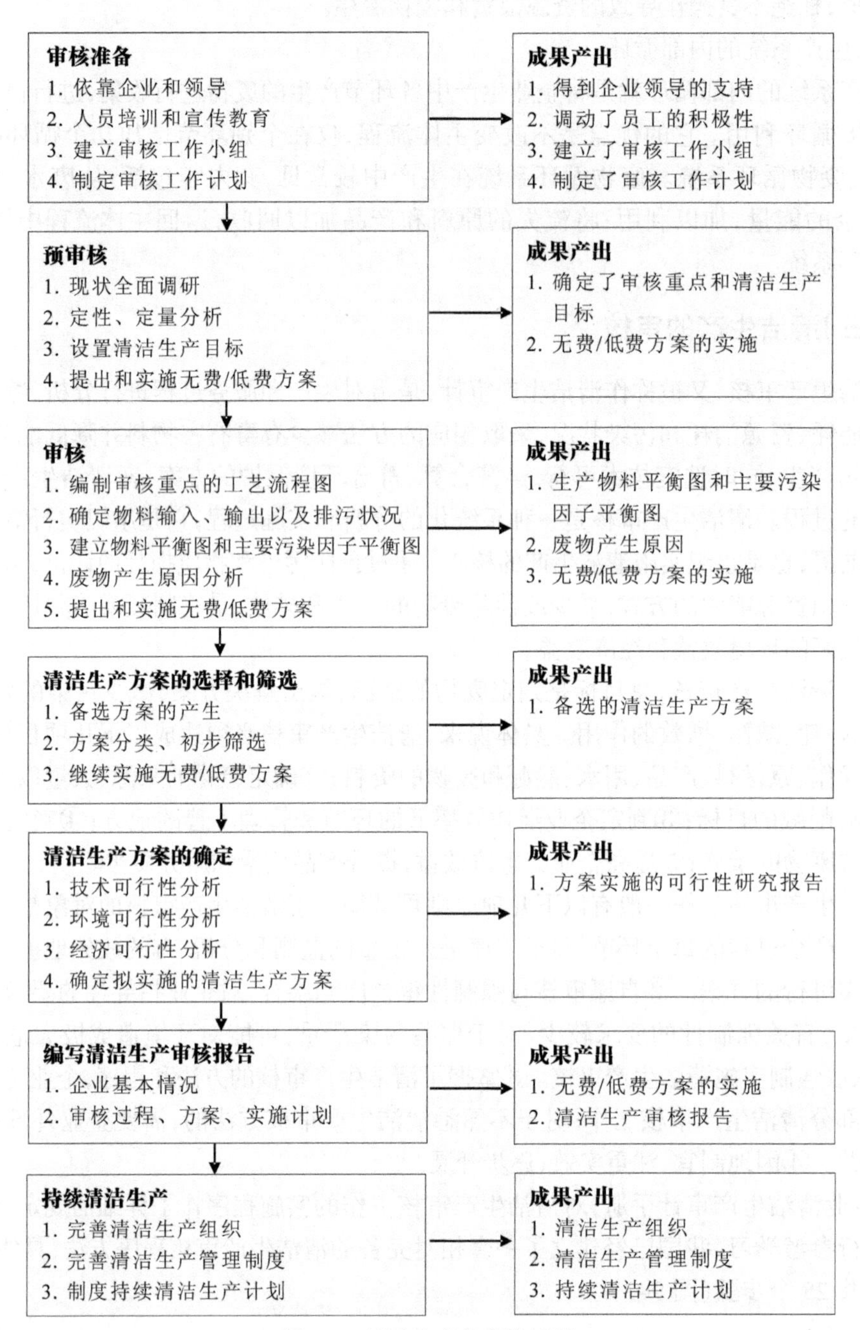

图 9-3　清洁生产的审核过程

(1)筹划和组织阶段

这一阶段主要是进行清洁生产审核的组织、宣传发动、前期准备,其中的重点是取得企业高层领导的支持和参与;其次应当组建审核小组,获取整个企业组织的整体配合联动,以便更加方便有效地开展审核工作。小组成立后,及时编制审核工作计划表,计划表包括各阶段的工作内容、完成时间、责任部门及负责人、考核部门及人员、产出等。

(2)预评估阶段

预评估是从生产全过程出发,调研和考察企业现状,摸清污染现状和产污重点并确定审核重点。这一阶段的工作重点是确定审核重点,并针对审核重点设置清洁生产目标。审核重点(应用现状调查结论分析确定审核重点)应当根据各备选重点的废弃物排放量、毒性和消耗等情况,进行对比、分析、论证后选定。清洁生产目标分为近期目标和中长期目标,设立目标要考虑下面几点:环境管理要求和产业政策要求;企业生产技术水平和设备能力;国内外类似规模的厂家水平;本企业历史最好水平;企业资金状况。

(3)评估阶段

这一阶段主要任务是建立审核重点物料平衡,进行废物产生原因分析。本阶段的工作重点是实测废物流的输入输出,建立物料平衡,分析废物产生原因。首先应准备审核重点资料,该步骤需要由生产、环保、管理等部门协力配合。其次应实测输入输出物料以及时间和周期,该步骤由生产部门按照审核工作小组提出的要求,实测输入输出物料,依标准采集数据,环保计量部门配合,之后建立物料平衡并分析废物产生原因。最终提出和实施无低费方案,交生产部门具体实施。

(4)方案产生和筛选阶段

这一阶段需要针对废物产生原因,提出多种方案,对各种方案加以筛选。本阶段旨在通过方案的产生、筛选、研制,为可行性分析提供足够的清洁生产方案。方案的产生是其中最关键的环节,必须在审核重点的基础上产生清洁生产的方案。在此过程中要注意整个生产系统层面的分析。

(5)可行性分析阶段

在结合市场调查和收集一定资料的基础上,进行方案的技术、环境、经济的可行性分析和比较,从中选择和推荐最佳的可行方案。完成这一任务需要进行四项工作:市场调查、技术评估、环境评估、经济评估。选定并推荐可实施方案时需注意,最佳的可行方案是指该项投资方案在技术上先进适用、在经济上合理有利又能保护环境的最优方案。

(6)方案实施阶段

这一阶段的任务是实施推荐方案,在实施过程中,要经常汇总方案实施后已经获得的成果,总结评价实施中的方案对企业的利弊,并将其总结为实践经验。

(7)持续清洁生产阶段

制定完整的持续清洁生产计划,编写清洁生产审核报告,准备下一轮审核工作。

参考文献

[1] 骆泽敬. 消费资本化理论与绿色消费模式的构建. 商业时代,2007,23: 25-26.
[2] 高慧荣. 发展循环经济的创新作用机制探析. 商业时代,2009,19:71-72.
[3] 钱易,唐孝炎. 环境保护与可持续发展(第二版). 北京: 高等教育出版社,2010.
[4] 钱易. 清洁生产与循环经济——概念、方法和案例. 北京:清华大学出版社,2006.

［5］ 郎铁柱,钟定胜. 环境保护与可持续发展. 天津:天津大学出版社,2005.
［6］ 马光. 环境与可持续发展导论. 北京: 科学出版社,2006.
［7］ 张鄂. 现代设计理论与方法. 北京:科学出版社,2013.
［8］ 崔亚伟,梁启斌,赵由才. 可持续发展——低碳之路. 北京:冶金工业出版社,2012.

第十章　环境伦理观

第一节　环境伦理观的由来

一、人类对自然态度的变化

在人类的文明史中，人类对自然环境的认识和态度占据了重要的地位，并在不断地变化发展。按照人类与自然打交道的方式，人类经历了三种社会形态，即渔猎社会、农业社会和工业社会，而目前正向信息社会迈进。

渔猎社会的人类只能现成地从自然界里获取食物，人类仅仅是利用自然界的物质资源，还谈不上对自然环境的改造。在这个时代，由于自然力异常强大，人们不得不依赖于自然，归属于自然。

在农业社会时代，农业与畜牧业逐渐代替采集和狩猎成为社会的主要产业。在这个阶段，除耕种利用土地以外，人们还掌握了利用自然的各种知识和技术。人类通过与自然的交往，对各种自然现象和自然生态环境渐渐积累了规律性知识，对自然力和各种自然现象不再盲目崇拜，人们开始懂得如何与自然协调好关系以及适应自然。

英国工业革命标志着人类进入工业社会时代，人与自然的关系发生重大历史转折：机器生产代替手工生产，用地球上的石化资源代替人力、兽力资源，科学的运用和技术的发明，使人类改变和利用自然的能力极大地提高，人类与自然的关系为征服与被征服。人们认为自然世界和自然规律都是为人而立，即“人类中心主义”，它从人的利益来判定一切事物的价值，它不仅主张人类对自然的征服，而且主张人类有权根据自身的利益和好恶来随意处置和变更自然；它还进一步主张人类文明和文化的每一种进步，都是建立在自然的屈服之上，必然以自然价值的支付为代价[1,2]。

二、协调人类与环境的关系

人类的经济活动以对自然界的无情榨取为代价。这种对自然不负责任的态度已经产生了严重的环境问题，如“温室效应”加剧、臭氧层遭破坏、大面积的“酸雨”、有毒化学品的危害加剧、固体废物的增加、土壤侵蚀、森林锐减、沙漠化严重、资源短缺、水环境污染、生物多样性减少等。

今天全球性的生态环境问题，从根本上说，是由于人类在发展经济和科学技术的过程中,没有能正确地处理好人类活动与自然生态的关系导致的。因此,要真正克服人类遭遇到的生态环境危机,首先必须从端正人与自然关系的认识做起,创建一种适合于21世纪人类生存的新方式,重建人与自然和谐统一的关系,这意味着在价值观上要对自然有新的认识。

三、环境伦理观的产生

伦理是一种自然法则,是有关人类关系(尤其以姻亲关系为重心)的自然法则,是按照某种观念建立起来的一种规范的秩序。伦理与道德都在一定程度上起到了调节社会成员之间相互关系的规则的作用。而环境伦理观是人类在长期的实践过程中总结的经验,为协调人类与自然环境的关系,约束自己的行为而建立起来的一种新秩序,是人对自然的伦理。它涉及人类在处理人与自然之间的关系时,何者为正当、合理的行为,以及人类对自然界负有什么样的义务等问题。

关于环境伦理学各种观点如下:

1)生命中心主义主张不仅动物有“权利”,而且包括植物在内的所有生命体都有其自身的“固有的价值”。因此,它们都应当受到同等的尊重,其目的是为了保护野生的动植物,避免被人类伤害。

2)地球整体主义主张不仅生命体具有内在的价值,包括土地、岩石和自然景观在内的整个自然界都有其“固有的价值”和“权利”。其代表为李奥波德所说的“大地伦理”,其特征是将“共同体”的概念从以往伦理学所研究的人类社会共同体的关系扩展到了整个自然生态系统。

3)代际均等的环境伦理观主张以人类为中心,考虑环境问题的出发点是人们对自然界的道德义务,最终都源于人类社会各成员相互间所应承担的义务。它把人类社会各成员间的关系从“代内”扩展到“代际”,认为在享有自然与拥有良好的环境上,我们的子孙后代与我们当代人具有同等的权利。

第二节 环境伦理观的主要内容

环境伦理学主要包括以下三个方面的内容[1,2]。

一、尊重与善待自然

环境伦理学要回答的基本问题是:自然界到底有没有价值?有什么样的价值?人类对待自然界的正确态度是什么?人类对于自然界应该承担什么样的义务?

1. 自然界的价值

自然界对于人类的价值是多种多样的。它包括:

(1)维生的价值

人类生活在地球上,离不开自然界的空气、水、阳光,需要大自然给我们提供各种动植物作为营养。从这方面说,自然生态为人类提供了最基本的生活与生存的条件。

(2)经济的价值

人类在发展经济的过程中,需要从大自然开采各种资源(如石油产品的开发利用),这些资源经过加工、改造成为产品以供人类利用,也可以作为商品得到流通,这些产品和商品都具有极大的经济价值,这种经济价值首先是大自然所赋予的。

(3)娱乐和美感上的价值

自然生态不只满足人类的物质方面的需要，还可以使人们获得精神与文化上的享受。例如,人们到郊外旅游度假,可以解除身心疲劳,在消遣中发现娱乐的价值,大自然的种种奇观,以及野地里的各种奇葩异草和珍稀动物,可以使人们获得很高的美学享受。

(4)历史文化的价值

人类的活动离不开自然,人类发展历程的每一步脚印都铭刻在自然界的景观和场所里。自然界是人类文明进步的最好见证和记录,它可以使人类获得历史的归宿感和认同感。此外,人类的历史要比自然史短暂得多,自然界是一所丰富的自然历史博物馆,它记录了地球上出现人类以前的久远的历史。

(5)科学研究与塑造性格的价值

科学研究是人类特有的一种高级智力活动。从起源上说,科学研究来自对自然的想象、好奇和探索,大自然是人类从事科学研究最重要的源泉之一。例如,生命科学和仿生技术的发展,就源于对大自然中生命现象的观察和研究。除了满足人类科学研究方面的好奇心之外,大自然还有塑造人类性格的价值。例如,大自然有助于人类生存技能的培养,自然界有让人们重新获得谦卑感与均衡感的机会。更何况,人类的生存和发展,需要有面对危害、挑战和敢于冒险的精神与性格,而这些性格与品格在大自然中可以得到磨炼。

2. 人类对自然界的责任和义务

对自然生态价值的认识与承认导致了人类对它的责任和义务。人类对自然生态的责任与义务,从消极的意义上说,是要控制和制止人类对环境的破坏,防止自然生态的恶化;而从积极的意义上说,则是要保护和爱护自然,为自然生态的自组织进化和达到新的动态平衡创造并提供更有利的条件和环境。从维持和保护自然生态的价值出发,环境伦理学要求人类尊重自然、善待自然,具体应做到以下几点。

(1)尊重地球上一切生命物种

地球生态系统中的所有生命物种都参与了生态进化的过程,并且具有它们生存的目的性和适应环境的能力,它们的生态价值是平等的。因此,人类应该平等地对待它们,尊重它们的自然生存权利。人类应该放弃自以为高于或优于其他生物而“鄙视”较“低”等生物的看法。相反,人类作为自然进化中最为晚出的成员,其优越性是建立在其具有道德与文化之上的。人类特有的这种道德与文化能力,不仅意味着人类是自然生态系统中迄今为止能力最强的生命形式,同时也是评价力最强的生命形式。从环境伦理来看,人类的伦理道德意识不只表现在爱同类,还表现在平等地对待众生万物和尊重它们的自然生命权利上。人类应当体会到,保有、珍惜生命是善;摧毁、遏阻生命是恶。

平等对待众生万物,不意味着抹杀它们之间的差别,而是平等地考虑到所有生命体的生态利益。由于每一种生命物种在自然进化阶梯中的位置不同,它们的要求与利益也不一样。在对待不同生物物种时,我们可以而且应该采取区别对待的原则。例如草原上生存着羊和狼,为了获得更多的食物和保护自身的安全,人类圈养羊而赶走狼,然而草原上狼的数量过少,放养羊的数量过多,最终将破坏草原的生态。因此,从生态平衡和环境伦理的角度,人类应当适度尊重狼的存在;推而广之,人类应当对草原生态环境中存在的各种生命体,采取平等而有区别的对待方式,从而使草原生态环境能持久地维系其中的各类生命活动。所以说,区别性地对待不同的生物,在道德上不仅许可,而且是必须的。

(2)尊重自然生态的和谐与稳定

地球生态系统是一个交融互摄、互相依存的系统。在整个自然界,无论海洋、陆地和空中的动植物,乃至各种无机物,均为地球这一“整体生命”不可分割的部分。作为自组织系统,地球虽然有遭受破坏后自我修复的能力,但是它对外来破坏力的忍受终究是有极限的。对地球生态系统中任何部分的破坏一旦超出其忍受值,便会环环相扣,危及整个地球生态,并最终祸及包括人类在内的所有生命体的生存和发展。因此,为了保护人类和其他生命体的生态价值,首要的是必须维持它的稳定性、整体性和平衡性。在整个自然进化的过程中,只有人类最有资格和能力担负起保护地球自然生态及维持其持续进化的责任,因为人类是地球进化史上晚出的成员,处于整个自然进化的最高级,只有人类对整个自然生态系统的这种整体性与稳定性具有理性的认识能力。

(3)顺应自然的生活

顺应自然的生活不是指人类要放弃自己改造和利用自然的一切努力,返回到生产极不发达的原始人的生活中去,而是说,人类应该从自然中学习到生活的智慧,过一种有利于环境保护和生态平衡的生活。历史的发展证明,人类的活动可能与自然生态的平衡相适应,也可能会破坏自然的生态平衡。由于人类在自然生态系统中与自然的关系是对立统一的,因此,即便人类认识到要保护与爱护自然环境,但在历史发展的过程中,还是会遇到人类自身利益与生态利益相冲突、人类价值与生态价值不一致的情形。为此,所谓顺应自然的生活,就是要从自然生态的角度出发,将人类的生存利益与生态利益的关系加以协调。下面几条原则是顺应自然的生活所必须遵循的。

最小伤害性原则:这一原则从保护生态价值与生态资源出发,要求在人类利益与生态利益发生冲突时,采取对自然生态的伤害减至最低限度的做法。例如,人类在与各种野生动物或有机体相遇时,只有当自己遭受和可能遭受到这些生物体和有机体的伤害或侵袭时,才允许采取自卫的行为,而那些主动伤害生物体和有意招来伤害的行为则是不符合这一原则的。又如,人类为了提高自己的免疫能力,不可避免地要用动物或生物体进行试验,在选择不同试验对象能达到同样的目的时,该尽量选用较低等的动物而不选用较高等的动物。这一原则还要求我们在改变自然生态环境时慎重行事,尤其是在其后果不可预测时更应如此。例如，当我们必须毁坏一片自然环境以修建高速公路、机场或房屋时，最小伤害原则要求选择生态破坏减少至最低的方案。

比例性原则：所有生物体的利益，包括人类利益在内，都可以区分为基本利益和非基本利益。前者关系到生物体的生存，而后者却不是生存所必需的。比例性原则要求人类利益与野生动植物利益发生冲突时，对基本利益的考虑应大于对非基本利益的考虑。从这一原则出发，人类的许多非基本利益应该让位于野生动植物的基本利益。例如，在拓荒时代，人类曾经为了生存的需要而不得不猎取兽皮，这与当今社会一些人为了显示豪华高贵而穿着兽皮服装，其利益要求的层次是不一样的。同样，为了娱乐而打猎与远古时代人类为了生存而捕获野生动物也属于不同层次的两种需要。比例性原则要求我们不应为了追求人们消费性的利益而损害自然生态的利益。

分配公正原则：在人类与自然生物的关系中，有时会遇到基本利益相冲突的情形。就是说，冲突的双方都是为着维持自己的基本生存，而发生自然资源占有的争执。这时候，依据分配公正原则，双方应该共享双方都需要的自然资源。例如，人类在发展经济的过程中不至于使野生动植物消失，人类可划分野生动植物保护区，实行轮作、轮耕和轮猎等。这样，人类只是消费了野生动物和自然资源的一部分，野生动植物至少还有一片不受人类干扰的生存环境和活动空间。分配公正原则还要求我们在自然资源的利用上尽可能地实行功能替代，即用一种资源来代替另一种更为宝贵和稀缺的资源。例如，用人造合成药剂代替直接从珍贵野生动物体内提取某些生物性药素，用人造皮革作为某种珍贵野生动物皮毛的代用品等。

公正补偿原则：在人类谋求基本需要和经济的活动中，不可避免地给自然野地和野生动植物造成很大的危害。这时候，根据公正补偿原则，人类应当对自然生态的破坏予以补偿。例如，人们由于发展经济曾经毁掉了大片的森林，但从保护和维持自然生态平衡出发，必须大力植树造林。这条原则尤其适合对濒危物种的保护和处理。大自然在演化过程中，一方面不断地产生新物种，另一方面也淘汰一些不适应环境的物种，但自然进化的倾向是使物种不断地增多和繁衍。人类的活动使自然界的物种趋于减少，工业革命以来，自然界中不少物种已经永久地消失了，而且这种趋势还在不断加剧。因此，我们应该按照公正补偿原则，对濒危物种加以保护，为它们创造出适宜生存和繁衍的生态环境。

二、关心个人并关心人类

环境伦理学在关心人与自然的关系的同时，也关心人与人的关系，因为人类本身就是自然中的一个种群，人类与自然发生各种关系时，必然牵涉到人与人之间的关系。只有既考虑了人对自然的根本态度和立场，又考虑了人如何在社会实践中贯彻这种态度和立场，环境伦理学才是完善的。环境伦理学要求我们确立这样的行为原则：关心个人并关心人类。

从权利角度看，环境权是个人的基本人权。1972 年联合国环境与发展大会发布的《里约热内卢宣言》指出："人类拥有与自然相协调的、健康的生产和活动的权利。"人类对环境的保护和对环境污染的治理，都应当是为了保护人类的这种权利。但必须看到，人类对环境的行为往往不是个人的行为,而是需要群体的努力与合作才能奏效的。另外,任何人对待环境的做法和行为,其环境后果也是不限于个人的,会对周围乃至整个人类产生影响。例如,居住在河流上游的人们,应当看到自己排放废水对河流的污染会对生活在下游的人们造成危害,因此应采取谨慎行事的态度,切实治理污染。还有,某些国家将有害废弃物转移到另一些国家的做法,这是损害他国人民环境权益的做法,是不能容许的。又如,发达国家长期以来释放了大量温室气体,引起了全球气候变暖的严重倾向,威胁着全人类的生存和发展,就应该率先减排温室气体,采取有效的措施减缓全球气候变暖。随着全球经济一体化和各国间交往的密切,当今世界较之以往任何时候都更加成为一个整体,生态环境问题已无国界可分。在这种情况下,环境伦理学要求我们确立如下原则,作为在环境问题上处理个人与人类之间关系的行为准则。

1. 正义原则

从生态价值观与人类的整体利益出发,那种不顾及环境后果,仅仅追求生产率增长的行为不仅是不道德的,而且是不正义的,因为它直接侵犯了每个人平等享用自然环境的权利。按照环境伦理学,任何向自然界排放污染物以及肆意破坏自然环境的行为都是非正义的,应该受到社会的谴责;而任何有利于维护生态价值和环境质量的行为都是正义的,应该受到社会的褒扬。

2. 公正原则

公正原则要求我们在治理环境和处理环境纠纷时维持公道,造成环境污染的企业应该承担责任,治理环境和赔偿损失。某些企业不承担责任,采取落后的工艺进行生产,导致环境污染,这种行为不仅侵犯了社会公众的利益,而且对于其他采取先进工艺、承担环境责任的企业来说是不公正的。应该强调的是,环境伦理学中的公正原则其实是“公益原则”,因为自然环境和自然资源属于全社会及全人类所有,对它的使用和消耗要兼顾个人、企业和社会的利益,这才是公正的。

3. 权利平等原则

在环境和资源的使用与消耗上,要讲究全人类权利的平等。权利平等原则不仅适用于人与人之间、企业与企业之间,而且适用于地区与地区、国与国之间。应该看到,地球上每个人都享有平等的环境权利,不应因种族、肤色、经济水平、政治制度的不同而有丝毫的差异。在人类的经济活动中,往往有人只顾自己、只顾地方却不顾他人、不顾他乡、他国,这是不道德和不公正的。发达国家利用自己的技术和经济优势,消耗大量的资源,而且用不平等的方式掠夺穷国的资源,是不符合环境伦理的原则的,应该做的是节制自己的奢侈和浪费行为,并帮助穷国发展经济,摆脱贫困。

4. 合作原则

在环境问题上,地球是一个整体,命运相连,休戚与共。而且全球性环境问题具有扩散性、持续性的特点，任何一个国家和地区采取单独的行动都不能取得良好的效果，也不能保证自己免受环境问题的危害。因此，在解决环境问题，特别是全环境问题的过程中，地区与地区、国与国之间要进行充分的合作。

总之，环境问题不仅是人与自然的关系问题，而且涉及人与人之间、地区与地区、国与国之间的利益和关系的调整。自然环境的保护取决于地球上所有人的共力，更需要人与人之间的合作。因此，环境伦理学要求人们关心个人、关心全人类。

三、着眼当前并思虑未来

人与自然界其他生物一样，都具有繁衍和照顾后代的本能。人类不同于其他生物之处在于：除了这种本能之外，他还意识到个体对后代承担的道德义务与责任。在环境伦理学中，人类与子孙后代的关系问题之所以引起重视，是因为环境问题直接牵涉到当代人与后代人的利益。在环境问题上，个人利益和价值同群体利益和价值有时会不一致，人类的当前利益、价值与长远的、子孙后代的利益和价值也难免会发生冲突，环境伦理学要求我们在这种冲突发生时，要兼顾当代人与后代人的利益，要着眼当前并思虑未来。在涉及后代人的利益时，如下几条准则是必须考虑的。

1. 责任原则

环境伦理学强调，环境权不仅适用于当代人类，而且适用于子孙后代。因此，如何确保子孙后代有一个合适的生存环境，是当代人责无旁贷的义务和责任。可持续发展的定义是“能够满足现代人类的需求，又不致损害未来人类满足其需求能力的发展”。因此，当代人类不可推卸的责任就是要把一个完好的地球传给子孙。

2. 节约原则

地球上可供人类利用的资源是有限的，为子孙后代的利益着想，人类不仅要保护和维持自然生态的平衡，而且要节约使用地球上的自然资源。地球上可供人类利用的资源有两大类：不可再生资源和可再生资源。不可再生资源只有一次性的使用价值，如被当代人消耗殆尽，后代人将得不到这类资源；可再生资源尽管可以再生，但它的再生往往需要很长的时间。还有许多的自然环境，一旦被当代人改变，将永远无法复原，从这个意义上说，自然环境也是不可再生的。环境伦理学要求人类奉行节约的原则，具体应体现在人类的生产方式和生活方式上。资源节约的生产方式要求我们改革生产工艺，减少对资源的消耗，尽可能采取循环利用、重复利用的系统，并尽量回收废弃物，把一切废弃物转化为有用的资源。在生活方式上，应该提倡节俭朴素，反对铺张浪费，尽可能地使用绿色产品。总之，节约原则的实施不仅出于经济上节约成本的考虑，而且要为子孙后代留下一个可供永续利用的自然环境。

3. 慎行原则

人类改变和利用自然行为的后果有时不是显然易见的，而且这些后果有时可能对当代人有利，却会给后代人带来长远的不利影响，这就要求我们在进行各种活动时采取慎行原则。当我们采取一项改变自然的计划时，一定要顾及到它的长远的生态后果，防止给后代人造成损害，人类在这方面已经有过失误的教训。例如，为了提高农作物单位面积的产量，大量地施用无机化肥，其结果是土地的日益贫瘠；又如，某些农药的施用，在短期内可以达到消灭虫害的目的，但从长远来看，却导致整个自然食物链的破坏，其长期的恶果将要由子孙来承担；又如，人类对热带雨林的破坏，不仅造成地球表面气温的上升，而且使地球上许多物种灭绝或濒临消失，给后代人造成的损失更是无法估量。在人类利用和改造自然力量空前巨大的今天，慎行原则要求人类要对科学技术可能出现的后果进行充分的估算，要改变认为科学技术只是“中立”手段的传统看法。事实上，人类的技术是一把“双刃剑”，它一刃对着自然，一刃对着人类自己。也许，人类对于技术给人类自己带来和可能带来的短期后果容易了解和认识，但对其可能给人类和整个自然生态系统造成的长远后果还缺乏预见和认识，目前受到普遍关注的全球气候变暖问题就是一个例子。慎行原则的意义在于提醒人们，地球不仅是当代人的，更是子孙后代、千秋万代的；我们的行为不仅要对当代人负责，更要对后代人负责。

综上所述，环境伦理学将人类对待自然、全人类和子孙后代的态度和责任作为一种道德原则看待，其目的在于更好地规范人们对待自然的行为，以有利于地球生态系统，包括人类社会这个子系统的长期、持续和稳定发展。一种全面的环境伦理，必须兼顾自然生态的价值、个人与全人类的利益和价值，以及当代人与后代人的利益和价值。虽然从总体和一般性的原理看，自然与人类、个体与群体、当代与后代之间的利益是可以兼顾的，互相一致的，但在人类的实践活动中，已经出现了这些利益与价值之间的冲突。因此，在论述了环境伦理学的原则和内容的基础上，我们还有必要对本类的行为方式进行分析和研究。

第三节　环境伦理观与人类行为方式

在实施可持续发展战略的过程中，有三类人发挥着最重要、最关键的作用，他们是决策者、企业家和公众。他们是否树立了环境伦理观将在很大程度上决定他们的行为方式，影响可持续发展战略的实施[2]。

一、环境伦理观对决策者行为的影响

1. 环境伦理观对决策者的重要性

在相当长的时期里，人类一直认为自然资源是取之不尽的，而生态环境是享之不竭

的,因而存在乱采滥用的倾向;决策者也倾向于制定加快开发资源、高速发展经济的政策。

每个国家的各级政府和官员都应该把保护地球作为重要的政治目标,使保护环境的要求进入所有的决策领域,全面改变单纯追求经济增长的发展模式。在决策过程中,环境伦理观所发挥的重要作用体现在以下 5 个方面。

1)决策者应充分尊重每个社会群体的利益,所制定的政策在不同区域之间,特别是贫困和富足的地区之间,应保障人们公平分享地球资源和共同分担保护责任。

2)决策者应具有睿智的长远眼光,所制定的政策不仅应满足当代人的生存与发展的需要,而且应为后代留下足够的生存与发展的资源条件。

3)决策者应具有无私的博爱胸怀,所制定的政策不仅应满足人类的生活与生产的必需,而且还要为地球上其他生物保留足够的生存空间,保护它们免受不必要的摧残和屠杀。

4)决策者应具有深刻的自然情怀,所制定的政策应促进人们节俭和有效地利用所有资源,不仅使人类对自然界的影响降为最低,而且有助于保护生态过程和自然界的多样性。

5)决策者应如同尊重物质文明一样尊重人类精神成果,所制定的政策不仅能有效保护世界文化的多样性,而且能促进各文化体系的健康发展。

2. 环境伦理观指导下的决策

在 1997 年的世界环境日,联合国环境规划署发表了《环境伦理的汉城宣言》,对世界各国政府的决策提出了行动指南,包括政策协调、预防措施、接近群众、支持环境友好技术、推进平等、环境教育和国际合作 7 个方面。

(1)政策协调

为了使政策有利于保障整个生命系统的可持续性,决策者必须在更宽广的范围内平衡各相关部门的利益与责任,在更深远的层次上协调人类与自然的关系。

在这方面,中国黄河流域生态保护和水资源合理利用是有代表性的一个事例[3]。历史上奔流不息的黄河自 1972 年开始出现断流现象，以后逐年加剧，最为严重的是 1997 年的断流,长达 700km、226 天。人们对上游生态环境的破坏以及全流域水资源的过度开发是黄河断流的根本原因。黄河水资源的 90%以上被用于浇灌数量不断增长的农田,但由于灌溉设施不配套,灌水方式落后,每年造成 100 亿 ~120 亿 m^3 的水资源浪费。

黄河断流的现象反映出人们对待黄河的矛盾心态，一方面黄河是中华文明的摇篮,被尊为母亲河;而另一方面,黄河长期受到人们“不道德”的损害,她仅仅因为对人类有用而被称颂,而自身存在的价值被完全漠视。1998 年中国 163 位院士联名呼吁:“行动起来,拯救黄河。”他们指出:黄河断流的现实,令所有的炎黄子孙进行深刻反思,解决黄河断流首先要加强对黄河水资源的统一管理,加强保护和恢复黄河全流域的植被,特别是中上游的植被。

1999 年，中国国务院授权黄河水利委员会对黄河资源实行统一调度和合理配置,通过水量调度公报、快报和省界断面及枢纽泄流控制日报制度,实施黄河水量实时和精细的统一调度。这一政策很快收到了实效,2000 年以后,黄河即使在大旱之年也再未断流。2006 年,国务院颁布的《黄河水量统一调度条例》正式实施,从法律上明确了黄河水量调度的管理体制,即水利部和国家发展和改革委员会负责黄河水量调度的组织、协调、监督、指导;黄河水利委员会负责黄河水量调度的组织实施和监督检查;有关地方人民政府的水行政主管部门和黄河水利委员会所属管理机构负责所辖范围内黄河水量调度的实施和监督检查。在这样的科学决策下,黄河有限的水资源在分布上得到了调整,保证了沿黄地区科学合理的用水。

黄河流域的治理、保护和发展需要政府进行科学认证、协调全局、有力监管,而这些都需要决策者具有公正和平等、尊重和关爱的环境伦理观。在这样的前提下,才能从根本上转变长期以来人们对黄河的掠夺型利用方式,使黄河永葆生命力,永续造福人类。

(2)预防措施

决策者在制定任何发展项目的同时,必须严格实施环境影响评价(EIA),确保项目建设对环境的不利影响最小化;而"在那些可能受到严重的或不可逆转的环境损害的地方,不能使用缺乏充分和可靠科学依据的技术,不能延误采用防止环境退化的经济有效的措施"(《里约宣言》)。

在这方面,中国青藏铁路建设的环境影响评价与保护性预防措施是一个成功典范[4,5]。青藏铁路北起青海省西宁市,南至西藏自治区拉萨市,西至格尔木的 1 期工程已于 1984 年建成,由格尔木至拉萨的 2 期工程于 2006 年建成。青藏铁路 2 期全长 1 142km,其中经过海拔 4 000m 以上地段 960km,经过多年连续冻土地段 550km,经过九度地震烈度区 216km,是世界上海拔最高、线路最长和施工难度最大的高原铁路,被国际社会誉为"可与长城媲美的伟大工程"。

更值得称道的是:由于决策者具有敏锐的环境意识,工程执行严格的环境影响评价,使穿越在生态脆弱的青藏高原上的青藏铁路在铁路选线、工程施工和实际运营时,对高原生态环境、江河水源、自然景观及野生动植物均未造成过度的负面影响。

青藏铁路经过海拔 4 650m 的错那湖,它是当地藏族人民心中的"天湖"。铁路离湖最近处只有几十米,为防止施工污染湖水,建设者们用 24 万多个沙袋沿错那湖一侧堆起一条近 20km 的防护"长城",将美丽宁静的"天湖"与热火朝天的施工工地隔开。为了不影响野生动物种群的栖息和繁殖,青藏铁路在设计时尽可能避开保护区,在沿线野生动物经常通过的地方,设置了 33 处野生动物通道,其中包括著名的可可西里、三江源地区"以桥代路"的铁道线,既保证了藏羚羊等野生动物迁徙,还减少了对沿线草地、冻土和湿地生态环境的破坏。为了减少建设对当地生态环境的干扰,青藏铁路尽量减少车站设置;对沿线必须设置的车站,采用了太阳能、电能、风能等清洁能源;运营后产生的各类垃圾集中收集堆放,定期运交高原下邻近城市的垃圾场集中处理。这些设计和建设中实施的污染预防与生态防护措施,显示出决策者对大自然的尊敬,对其他生命的关照,对自我行为的约束,这些正是环境伦理观所要求的。

(3)接近群众

决策者在制定有关发展和环境保护的政策和计划时,必须反映所有相关人员的利益,并接受他们无拘束的评判。为了使公众充分参与决策,相关政策资料应尽可能提供给公众,给予他们充分的时间提出意见,并将合理的意见与建议纳入政策中。

(4)支持环境友好技术

环境友好技术,是经过研究和评估后,确认对各环境要素影响小、资源消耗水平低、废弃物产生量少的技术。决策者应支持和鼓励对环境友好技术的研究与应用,为此政府应该给予必要的财政补贴,创造有利的条件,启动环境友好技术的发展和应用,并推动科学技术情报资料的交流。

(5)推进平等

环境伦理观主张代内平等和代际平等,而代内平等是代际平等的前提,它要求同一时代的不同地域、不同人群之间对资源利用和环境保护所带来的利益与所支付的代价实行公平的负担和分配。当前国际社会越来越重视社会弱势群体的发展,如妇女、贫困者、残疾者、土著人、老人、儿童等群体,因为他们的需求往往与其赖以生存的土地、水源、林区、草原等各类环境的可用性和安全性相关联。因此,决策者应当跳出自身的利益圈,倾听弱势群体的需求,鼓励他们参与环境保护,在人人有机会参与的前提下,才能保证弱势群体能够分享到因发展和环境政策而产生的利益,促进社会平等。

以妇女为例。首先,她们在社会生活中扮演多重角色——每一位母亲是孩子的第一位老师,大多数妻子决定家庭的生活方式与消费模式,女性在工作中影响到周围人们的视角,一些女性领导已经对决策过程起着重要的作用;其次,妇女的天性和母爱精神使她们更亲近环境,热爱环境;最后,妇女更易受到环境污染和破坏的损害,而且这种损害对人类后代的健康也带来潜在的威胁。因此,1995 年在北京召开的联合国第四次世界妇女大会上将“妇女与环境”列为一个重要领域。会议《行动纲领》还特别强调:“妇女对无害生态环境的经验及贡献必须成为 21 世纪议程上的中心组成部分, 除非承认并支持妇女对环境管理的贡献,否则可持续发展就将是一个可望而不可即的目标。”

(6)环境教育

政府决策者应通过各种渠道传播环境伦理观,对社会各阶层进行环境教育,特别是为青少年设计环境意识与环境伦理观的教育内容。

当前一系列新的环境伦理观念与学说已构成一门“环境伦理学”,它把伦理道德的对象从人与人的关系扩展到人与自然的关系,承认并尊重生命和自然界的生存权利。世界上许多国家已在基础教育中增加了有关环境保护的课程和户外活动,一些自然科学的课程内容也从新的视角作了修订,如地理课中增加了全球气候变暖对南极和北极影响的内容,生物课中增加了保护生物多样性的内容;在高等教育中,很多学校面向各种专业的学生开设了“环境保护与可持续发展”的公共课,一些专业也增加了有关环境思考的设计与技术课程,如建筑节能技术、绿色化工工艺、环保汽车设计等。

此外,决策者还应当认识到,环境教育不仅局限于学校和课堂,还应扩展到全社会和大自然。在环境教育中重要的是传递一种理念与态度,不应该只限于知识资料的整理与传达。在一些动物园,管理人员已经将一些写“肉可食用”、“骨可入药”、“皮可制革”的标牌更换为“人类的朋友”、“国家一级保护动物”等;在一些旅游景点,管理人员在景区内严格控制客流量和经营活动，拆除有损自然景观、大兴土木的人工建筑，设置介绍环境保护知识、动植物常识、民族传统文化的标牌；一些城市管理者不再为清除杂草而喷洒除草剂，让生命力顽强的野草为城市增添些绿色，也不再为消除积雪而投洒盐水，通过人力铲雪把宝贵的雪水填进树坑，有时，一个小的决策变化，会对公众产生深刻的教育意义。

(7)国际合作

"只有一个地球"，世界各国应共同承担保护地球环境的责任。具体行动包括各地区和国家积极参与合作，共同执行对环境有利的政策，遵守已建立起来的多边协议；相互交流制定政策的经验和科技进展情报，以利于全球环境保护和改善，并对即将来临的环境问题提出早期警报。

二、环境伦理观对企业家行为的影响

在环境伦理观指导下的决策必然使工业发展的模式发生根本性转变，企业家也需要站在一个更高的高度，重新审视企业行为是否符合环境伦理观的要求。

1. 环境伦理观指导下的企业理念

工业生产是人类高强度影响环境的活动。传统的工业发展模式以资源消耗型为主，产业链是一个经历原料—产品—废弃物的直线型过程。人类从环境中摄取原料，排放废物，自然环境既是工业生产原材料的廉价仓库，又是其废弃物的免费排放场。

环境伦理观要求企业的发展不应以牺牲环境、破坏资源为代价，而要在生产全过程以及产品生命周期的每个环节体现对自然的尊重和对资源的珍惜。在这一观念影响下，企业界提出生态工业的理念，将自然的生态原理应用到工业生产过程中，使直线型产业链转变为封闭循环型产业链结构，从而提高资源利用率，以达到自然资源合理与有效利用的目的。

美国的保尔·霍根等环保人士提出了"自然资本论"[6]，将经济发展所需要的资本总结为四种：以劳动和智力、文化和组织形式出现的人力资本；由现金、投资和货币手段构成的金融资本；包括基础设施、机器、工具和工厂在内的加工资本；以及由资源、生命系统和生态系统构成的自然资本。"自然资本论"第一次真正赋予了自然资源以资本的平等地位，为工业发展提供了一条新型发展方案，其中包括提高资源的利用率、模仿生态系统的物质循环模式、以提高服务和产品性能替代提供产品实物、向自然资源投资等重要措施。这些措施已经逐渐渗透进工商业系统并影响到企业家对企业发展战略的选择。当前企业环境问题所引发的伦理、责任越来越复杂而新奇，它要求企业权衡科技、经济、社会、伦理等多方面因素，往往要考虑长远，而且要勇于面对未知事物和承担环保责任。

2. 环境伦理观指导下的企业行为

《环境伦理的汉城宣言》对企业家提出了行动指南，包括开展环境友好的商业实践、扩大企业责任、实施环境管理体系3方面的行动[2]。

(1)开展环境友好的工商业实践

企业应该效法自然,使同样的产出消耗最少的能源和物资、排放最少的废物。为此,企业应广泛采用环境友好的生产工艺,节约使用能源和材料,增加使用再循环物资和可再生资源,减少排放有害物,利用废旧物资生产。同时,为支持环境友好的工商业实践,金融和保险机构也必须增加对环境有利的投资。

(2)扩大企业责任

企业必须认识到他们的环境责任不仅停留在生产环节,而要扩大到生产的全过程,并关注产品生命周期的各个阶段,包括产品的回收利用和最终处置。对于一个有远见的企业,必须摒弃"末端治理"的生产方式和"消费主义"的生活主张,由此还可能触发新的商机。

(3)实施环境管理体系

企业需要有一套制度化的环境管理体系,定期审计生产和经营活动,检查对环境产生的影响,防止污染和治理污染,使对环境造成的压力最小化。企业可将污染防治和治理技术所需的费用打入预算,作为正常生产活动的一部分。

环境管理体系是企业内部全面管理体系的组成部分,包括制定、实施、实现、评审和保持环境方针所需的组织机构、规划活动、机构职责、惯例、程序、过程和资源,还包括企业的环境方针、目标和指标等管理方面的内容。通过实施环境管理体系,企业开展环境友好的实践就不再是一时或一事的行为,可转化为企业运营的长期行动。

三、环境伦理观对公众行为的影响

在环境伦理观的影响下,人们的日常生活方式和消费模式也在悄然发生改变,通过适度消费、健康饮食、环保居家、绿色出行等实践,每个人留在地球上的生态足迹正在缩小。

1. 环境伦理观指导下的现代生活理念

从根本上追溯,环境污染、生态退化、物种灭绝的原因在于人类自身对"更多、更全、更舒适"生活的过度追求。中国可可西里的藏羚羊被盗猎者屠杀,濒于灭绝,是因为一条以藏羚羊腹部底绒织成的"沙图什"披肩,在英国和意大利可以卖到上万美元;全球原始森林面积急剧缩减,无数原本生机勃勃的参天大树被砍伐,是由于人们偏爱"纯天然"实木家具或地板;为出行快捷方便,越来越多的家庭购买汽车,全球石油资源因此而加速消耗,城市空气质量也因此日益恶化。这样的事例比比皆是,工业革命所带来的经济高速增长,也使许多地区陷入"更多的工作,更多的消费,以及对地球更多的损害"的困境之中。

人类开始反思:什么是高质量的生活?拥有更多的财富能够得到幸福吗?事实上,超过一定界限后,更多的物质并不带来更多的充实,心理学家的调查证实:在富裕和极端贫穷的国家中得到关于幸福水平的记录并没有什么差别。

人类的生命源泉来自大自然，虽然现代社会已经织成一张“无所不能”的消费网络，但人类的衣、食、住、行终究离不开大自然的馈赠。环境伦理观呼唤人们要从心底尊重我们的“衣食父母”——地球。

2. 环境伦理观指导下的公民行为

《环境伦理的汉城宣言》对公民也提出了行动指南，包括选择对环境有利的生活方式、积极参与、关怀与同情3个方面的行动[2]。

(1)对环境有利的生活方式

公民应当学会合理规划，拒绝浪费的生活方式；学会理性消费，拒绝奢侈的物质消费。用对环境有利的生活和消费方式寻求保护我们这个星球的途径。

(2)积极参与

普通公众是环境污染的最大受害群体，为了改善决策质量，并保证公众利益有专门的代表，公民在道德上和在政治上应积极参与环保公共事务的决策过程，充分行使宪法赋予的知情权、参与权、表达权和监督权。

1)公众可进行环保投诉和建议：对发生在身边的引资、立项、征地、勘察、建厂及施工等涉及环保的工作，公众可以通过有效的途径，如利用环保信箱和市长电话等及时提出批评、投诉、举报和建议，将可能的污染控制在预期和前期。

2)公众可发挥监督和举报的力量：任何污染源的出现，都不会是悄无声息的，知情者要勇于承担起投诉和举报的责任，不让污染事件在身边继续蔓延和扩大。

3)公众可积极参加相关的调查：环保部门经常进行社会问卷调查或开通24小时的电子信访调查，公众可自由充分地向环保部门表达自己的观点和立场，提出自己的建议和意见。

4)公众可充分利用宣传工具：公众可通过广播、电视和网上的交流，与相关部门的负责人定期或不定期地沟通，及时咨询制度和事务，了解环保的新规定和要求，更好地行使自己的知情权和参与权。

(3)关怀与同情

为了实现环境伦理观所提倡的生命平等的理念，每个公民应主动帮助那些在环境上、经济上和社会上处于弱势的群体，如贫困人群、少数民族、受灾群众、残疾人等，保障他们与其他人公平地分享环境资源；社区可以将界限扩大到所有活着的生命，使生活于其中的有益动植物均受到关怀。

社区在引领环保生活中大有可为，如开展垃圾分类、募捐赈灾、增加无障碍设施、植树种草、家庭旧物交换、环保宣传等。每个热心环保公益的公民，都可以把一个人、一个家的经验与社区邻居分享，使社区成为和谐发展的社会单元。

参考文献

[1] 曲向荣. 环境保护与可持续发展. 北京: 清华大学出版社，2010.
[2] 许欧泳. 环境伦理学. 北京: 中国环境科学出版社，2002.

[3] 国家环境保护局自然保护司. 黄河断流与流域可持续发展——黄河断流生态环境影响及对策研讨会论文集. 北京: 中国环境科学出版社,1997.
[4] 席新林, 许兆义. 青藏铁路建设中生态环境保护措施. 环境科学与技术,2005,28(S2):119-121.
[5] 辛勤. 青藏铁路建设与青藏高原环境保护. 铁道知识,2006,3(1): 4-7.
[6] 霍根. 自然资本论: 关于下一次工业革命. 王乃粒译. 上海: 上海科学普及出版社,2000.